식물과 곤충의 공존전략

현재선 지음

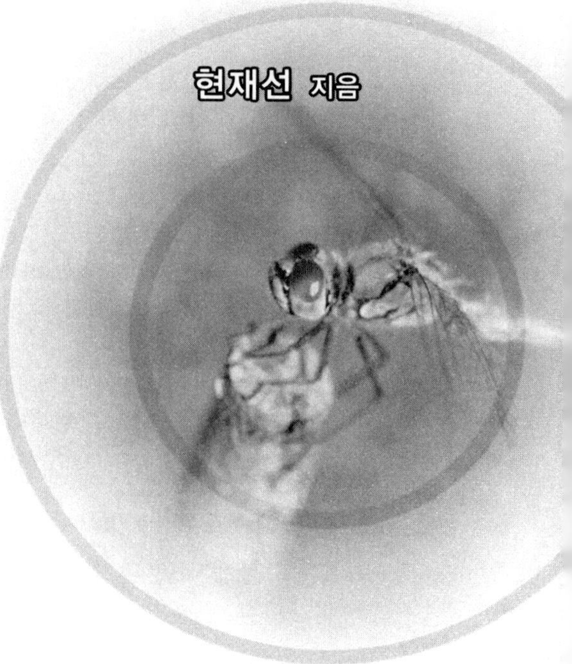

아카데미서적

머리말

저자가 천박한 학식을 생각지 않고 "곤충과 식물"이라는 극히 복잡하고 광범위한 문제를 다루게 된 경위에 대하여 독자들의 이해를 얻기 위하여 저자의 경력을 간단히 소개하여 저자의 분수를 모르는 무모함에 대한 양해를 구하려 한다.

저자는 1956년부터 1991년 정년 할 때까지 해충학 특히 해충생태학을 연구하였다. 이 시기는 해충학은 물론 생태학 분야에서 많은 변화가 있었다. 즉 제2차 세계대전을 전후하여 출현한 강력하고도 광범위한 살충력을 가진 유기합성살충제의 출현은 "살충"이라는 측면에서는 크게 성공하였으나 그의 사용에 따르는 저항성 해충의 출현이나 그들에 의한 환경오염 등의 부작용으로 또 다른 문제를 야기하게 되어 해충문제의 합리적 해결은 살충이 아닌 해충의 작물에 미치는 경제적 손실의 합리적인 억제라는 해충의 종합적 관리로 연구중심이 전환되면서 실제 야외포장에서의 해충의 실상에 관한 해충의 생태학적 연구가 보다 강조되게 되었다.

그리고 생태학 분야에서는 1930년대 이후 주축이 되어 왔던 실험실 개체군에서의 경쟁이나 포식자-피식자 문제와 같은 1:1의 환원주의적 연구에서 실제 야외 군집내에서의 종 개체군을 대상으로 한 연구로 연구대상이 전환되면서 개체군의 파악을 위한 표본조사이론 그리고 자연개체군의 공간적, 시간적 분포의 해석, 여러 가지 밀도 변동에 미치는 요인의 평가 그리고 평가된 요인을 이용한 Simulation,

기타 보다 Holistic한 접근이 1960년대 이후에 강조되고 있다.

한편 우리나라의 농업은 1970년대 이후 농업생산체제나 생산기술면에서 세계적으로 유례없는 발전을 거듭하였으며 쌀 생산은 자급을 달성하였고 국민생활의 향상은 채소류나 과실류 그리고 화훼류에 대한 수요를 증가시켜 이들의 해충문제가 중요성을 더하였다. 이와 같은 농업여건의 변화는 해충발생에도 변화를 초래하여 종래 중요하였던 해충 중에는 현재에는 별로 문제가 안 되는 것이 있는가 하면 종래 문제가 되지 않던 해충의 피해가 커지는 수가 있는 등 해충문제는 복잡성을 더하였다.

저자는 이와 같은 학문적 발전 속에서 호흡하면서 목전에서 일어나고 있는 해충상의 급격한 변동을 피부로 느끼면서 지나왔다. 1960년대에는 솔나방을 비롯하여 솔잎혹파리, 애멸구, 이화명나방 등의 야외개체군 동태학을 연구하여 각각의 밀도변동에 관여하는 치사인자를 생명표를 이용하여 분석하였고 1980년대에는 수집된 자료를 이용하여 몇 가지 주요 해충류의 발생상의 지역적 특성을 검토하고 그들의 발생상 변동이 작물의 재배시기(생육단계)나 재배양식의 변화 즉 해충과 식물의 접촉상의 변화와는 어떤 관계가 있는가를 검토하였다.

이러한 과정을 거치면서 어떤 작물에는 해충의 종류가 많은데 다른 작물에는 왜 해충의 종류가 적을까? 그리고 어떤 해에는 해충이 많은데 다른 해에는 왜 발생률이 적으며 그 이유는 무엇일까? 해충류는 가해를 위하여 어떻게 적응하고 반대로 식물은 가해에 대하여 어떻게 적응하고 있으며 그것은 해충의 종류나 식물의 종류에 따라 어떻게 다를까? 그들간의 상호관계는 군집의 구조나 기능과 어떤 관계가 있을까? 등 여러 가지 근본적 문제가 뇌리를 감돌았다.

곤충류와 그가 가해하는 식물과의 관계는 대단히 복잡하여 곤충류와 식물의 생리, 생태, 생화학 그리고 유전학과 같은 개생태학적 문제는 물론 개체군이나 군집에 관한 군생태학적 문제가 총체적으로 관련되어 있는 것이다.

이와 같은 것을 천학 비재하고 경험도 충분치 못한 저자가 다룬다는 것은 힘에 겨운 일임에는 틀림없다. 그러나 지금까지의 경험으로 이와 같은 근본적 문제는 앞으로 해충학이나 작물학에서는 물론 자연계에서의 생물의 "생활"을 이해하는데 극히 중요하다는 것을 뼈저리게 느끼게 되어 감히 분에 넘치는 일에 용기를 내었다.

이 책은 저자가 지금까지 야외생태학자로 걸어 온 길을 되돌아보고 생태학적 실천에 필요한 "생태학적 보는 눈"에 대한 반성인 셈이며 이런 뜻에서 이 책은 저자의 반성의 기록이며 내일에의 출발을 위한 일종의 발판이 되었으면 하는 간절한 소망을 담은 것이다.

현재 알려져 있는 고등생물의 반 이상이 식물과 그를 먹는 곤충류일 것이다. 따라서 곤충류와 그의 숙주식물에 관한 연구는 헤아릴 수 없을 정도로 많다. 따라서 이런 연구결과들을 완전히 종합한다는 것은 불가능한 일이다. 여기서는 식물을 가해하는 곤충류 군집의 구조나 동태와 관련 식물과 곤충류의 상호작용관계를 중심으로 다분히 주관적이지만 가능한 범위에서 많은 자료를 조사하여 종합하였다.

이 책의 내용은 여러 가지 전문분야에 걸친 극히 다양한 것이어서 잘못된 점이 상당히 많을 것으로 생각된다. 이런 잘못은 전적으로 저자의 오해나 잘못된 해석에 기인한 것으로 독자여러분의 이해와 편달이 있기를 바라는 바이다.

이 책을 쓰는 동안 여러 사람들의 도움을 받았다. 먼저 이런 일을 할 수 있도록 여러 가지 여건을 만들어 주시고 돌보아 주신 농촌진흥청 농업과학기술원 농업해충과 한만종 과장님에게 감사를 드리고, 그 동안 문헌수집에 적극 협조해 주신 박창규, 박홍현, 김황룡 등 세

박사님에게 진심으로 감사의 뜻을 표하며, 특히 박홍현 박사는 문헌 정리까지 어려운 일을 도와주어 감사드린다.

전 안동대학교 이영인 교수는 원고내용을 꼼꼼히 검토하고 다듬어 주었는데, 이 교수의 성의어린 노고에 깊은 감사를 드린다.

그리고 민희옥 양은 일차원고에서부터 최종 원고까지 정성을 다하여 작성하고 탈고할 수 있게 해 주었으며, 염문옥 씨는 어렵고 복잡한 그림을 훌륭하게 전사해 주었고, 김영순 씨는 여러 가지 일에 많은 도움을 주어 세 사람에게 깊은 감사의 뜻을 표한다.

끝으로 어려운 사정에도 불구하고 이 책의 출판을 흔쾌히 승낙하여 주신 아카데미서적의 사장님께도 진심으로 감사의 뜻을 표하는 바이다.

현 재 선

차 례

제1장

서 론

자연계는 무생물계와 생물계로 대별되며 이들 간에는 물질과 에너지 교류를 통하여 긴밀하게 연관되어 있다. 즉 자연계의 물질과 에너지는 생산자(주로 녹색식물)를 통하여 생물계로 도입되어 소비자(주로 동물)로 유전(流轉)하고 종국적으로는 분해자(주로 미생물)에 의하여 분해되어 다시 무생물계로 돌아가 식물이 이용하게 된다.

곤충류는 동물계에서 가장 종류가 많고 대양의 깊은 곳을 제외한 지구 어디에서나 살고 있으면서 이런 자연계의 기능에 중요한 역할을 한다.

식식성(植食性) 곤충류의 종류는 30만 종을 넘을 것으로 추정되며, 이것은 새의 8,500종이나 포유류의 4,500종과 비교하면 놀라운 종수이다. 그리고 곤충류 이외의 주요 식식성 동물인 유제류(소나 말 등)의 종류는 불과 200여 종이다.

Price가 동식물종류에 대한 조사가 잘되어 있는 영국의 생물군을 대상으로 추정한 것을 보면 식식성 곤충이 26%, 부식성 곤충류와 포식성 곤충류가 31%로 곤충류가 전체의 57%이고, 곤충류를 제외한 그 밖의 무척추동물류가 15%, 원생동물이 2%, 척추동물이 4%, 그리고 녹색식물이 22%로 되어 있다. 이와 같은 종류비율은 세계적으로도 대체로 비슷하다고 생각된다. 한국식물보호학회지(1987)의 조사 결과를 보면 우리나라 곤충 10,647종(한국곤충명감, 1994) 중 해충류의 종수는 2,478종으로 23.3%로 Price의 그것과 큰 차가 없다.

곤충류의 분류군(目)은 학자에 따라 다소의 차가 있으나 대체로 29목 내외로 분류하고 있는데, 그 중 식식성 곤충류는 대부분이 8개 목에 걸쳐있다. 그림 1-1은 주요 식식성 곤충류가 그 목에서 차지하는 비율을 Price(1977)가 영국의 곤충류를 기준으로 한 추정치이다.

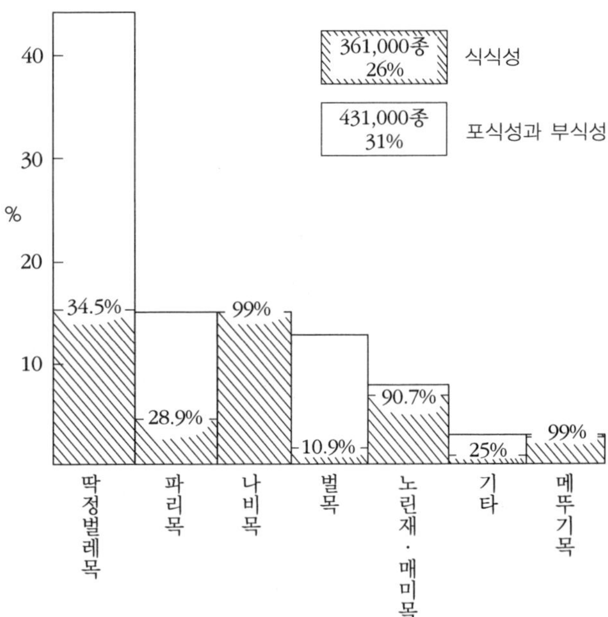

그림 1-1. 주요 식식성 곤충류의 비율

분류군의 크기는 Southwood(1978)의 자료를, 식성은 Price(1977)의 영국 곤충상에서 추정 식식성 곤충류가 분류목에서 차지하는 비율은 차이가 있어 나비목, 노린재목, 매미목, 그리고 메뚜기목에서는 거의 전부가 식식성 곤충이고, 딱정벌레목과 파리목에서는 약 30%인데, 벌목에서는 10% 내외이다.

식식성 곤충류는 첫째 외부에서 식물체의 일부를 뜯어먹거나 씹어 먹는 것, 둘째 흡즙하는 것, 셋째 식물체내에 굴을 만들면서 조직을 파먹는 것, 그리고 넷째 식물체에 벌레 혹을 만드는 것 등 여러 가지가 있으며, 가해 부위는 눈, 잎, 줄기, 열매, 종자 등 다양하며, 가해 식물의 종류도 곤충에 따라 한 종류 또는 소수인 것이 있는가 하면, 여러 가지 종류를 먹는 것, 그리고 한 곤충에서도 생활사 단계에 따라 먹는 식물의 종류나 기관이 달라지는 등 다양하다.

같은 종류의 자원을 같은 방법으로 이용하는 생물들을 같은 길드(guild)에 속한다고 하는데, 그림 1-2는 Moran과 Southwood(1982)가 영국과 남아프리카의 수목류 6종에서 조사된 곤충류의 주요 길드별 종수, 개체 수, 그리고 생체 중의 구성비이다.

수상(樹上) 곤충류의 상대적 비율은 기준에 따라 상당한 차이가 있어, 흡즙성 곤충류의 경우 개체수를 기준으로 하였을 때 비율이 대단히 높으나, 종수를 기준으로 하였을 때는 씹어먹는 것과 비율이 거의 같다. 그리고 생체 중이나 개체수를 기준으로 하였을 때는 식식성 곤충류(씹어먹는 것과 흡즙성)가 포식성이나 기생성 곤충류에 비하여 그 비율이 대단히 높으나 종수를 기준으로 하였을 때는 거의 비슷한 비율로 나타나고 있다. 식식성 곤충류의 비율은 종수를 기준으로 하였을 때는 기생성 곤충류와 포식성 곤충류와 비슷하여 약 1/4 정도이다. 그러나 개체수에 있어서는 약 2/3 그리고 생체 중에 있어서는 약 1/2을 차지하고 있다.

이 조사는 살충제를 살포하여 녹다운법을 이용한 여름철의 조사이

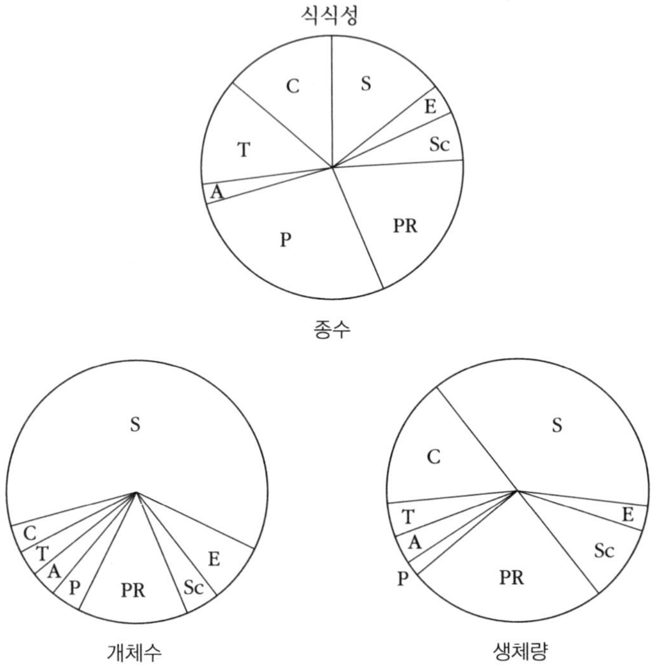

그림 1-2. 영국과 남아프리카 수목류 6종에서 조사된 길드별 종수, 개체수, 생체량 (Moran과 Southwood 1982)

C:씹어 먹는 것, S:흡즙성, E:착생류, Sc:부식성, PR:포식성, P:기생곤충류, A:개미류, T:방문자

기 때문에 계절적인 영향이 컸을 것으로 생각된다. 따라서 봄철에 새순이 나오는 시기에 조사한다면 내용은 달라져 씹어먹는 곤충류는 많아지고 흡즙성 곤충류는 줄어들 것이다. 표 1-1은 조림연도가 다른 잣나무 조림지에서 조사된 초관부(草冠部)와 수관부(樹冠部)의 식식성 곤충류의 길드 별 종수와 개체수이다.

초관부 조사는 난획법으로 포충망 20회 왕복 10회 반복의 평균이고, 수관부 조사는 1m^{2}의 씨트를 지상에 깔고 타락법에 의하여 조사한 것이어서 두 서식처 조사치를 직접 비교할 수는 없으나 같은 서식

표 1-1. 조림년도가 다른 잣나무림의 곤충류 (현 1986)

	종수				개체수			
	초관부							
	1974	1979	1984 I	1984 II	1974	1979	1984 I	1984 II
씹어먹는 것	1.35	1.30	1.84	1.64	2.05	2.38	4.38	2.34
흡즙하는 것	2.85	2.44	2.54	1.80	3.88	3.12	2.48	1.70
계	4.20	3.74	4.38	3.44	5.93	5.50	6.86	4.04
수관부								
	1974	1979			1974	1979		
씹어먹는 것	1.58	0.60			1.26	0.85		
흡즙하는 것	2.16	0.64			2.84	4.52		
계	3.74	1.24			4.10	5.37		

처 간의 비교는 가능하다. 1984년도 조림지를 두 구(區)로 한 것은 I은 서북면(西北面)이고, II구는 동면(東面)이어서 벌목 후 환경에 차이가 있기 때문이다. 전체적으로 보아 초관부나 수관부를 막론하고 조림한 지 오래된 잣나무가 큰 1974년도 조림지에서 조림한지 오래되지 않은 1979년도 조림지에 비하여 종수나 개체수 모두에서 크며, 잣나무가 자라지 못한 1984년도 조림지에서는 서북면경사지에서 동면경사지에 비하여 높은 경향을 보이고 있다. 이와 같은 관계는 씹어먹는 곤충류에서 보다 흡즙성 곤충류에서의 증가가 뚜렷하다. 이와 같이 군집내의 식식성 곤충류의 종수나 개체수는 식물군집의 특성변화와도 관계가 있다. 표 1-2는 우리나라 주요 작물에서 보고된 주요 곤충목별 해충수이다.

이 표의 내용은 작물의 중요도와 관련하여 조사가 얼마나 깊이 있게 이루어졌느냐에 따라 다소의 차이가 있을 수 있으나 대체적인 경향은 반영되어 있는 것으로 생각된다. 해충의 종수가 많은 것은 300종이 넘는 것부터 적은 것은 10종 미만인 것까지 다양하나. 대체

표 1-2. 주요 작물의 해충군(목)별 해충종수 (한식보 1986)

	벼	맥류	조	옥수수	수수	감자	콩	무	배추	사과	복숭아
노린재목	14	16	4	5	–	7	20	6	4	8	8
%	10.4	13.0	7.8	9.2	–	13.7	12.6	13.6	7.8	2.7	3.8
매미목	53	28	14	14	7	17	18	7	6	48	48
%	39.5	22.7	27.4	25.9	77.8	33.3	11.3	15.9	11.7	16.6	22.9
딱정벌레목	16	28	11	12	–	12	22	9	9	61	38
%	11.9	22.7	21.5	22.2	–	23.5	13.9	20.4	17.6	21.1	18.1
나비목	28	18	13	15	1	12	81	16	25	165	104
%	20.8	14.6	25.4	27.7	11.1	23.5	51.2	36.3	49.0	57.2	49.7
기 타	23	33	9	8	1	3	17	6	7	6	11
%	17.1	26.8	17.6	14.8	11.1	5.8	10.7	13.6	13.7	2.0	5.2
총 종수	134	123	51	54	9	51	158	44	51	288	209
	배	귤	포도	밤나무	소나무류	참나무류	상수리류	벚나무	담배	파	오이
노린재목	9	10	1	5	–	–	9	10	3	4	2
%	3.6	5.6	0.8	3.2	–	–	2.8	3.8	9.3	11.7	6.8
매미목	62	66	26	26	22	31	49	51	4	2	3
%	24.8	37.5	23.0	16.9	14.0	47.6	15.6	19.3	12.5	5.8	10.3
딱정벌레목	46	38	30	56	79	3	89	54	5	7	12
%	18.4	21.5	26.5	36.6	50.3	4.6	28.3	20.5	15.6	20.5	41.3
나비목	116	50	48	57	36	27	150	138	11	13	8
%	46.5	28.4	42.4	37.2	22.9	41.5	47.7	52.4	34.3	38.2	27.5
기 타	16	12	8	9	20	4	17	10	8	3	4
%	6.4	6.8	7.0	5.8	12.7	6.1	5.4	3.8	25.0	23.5	13.7
총 종수	249	176	113	153	157	65	314	263	32	34	29

적으로 목본류 식물에서는 200종 이상의 것이 있는 반면 1년생 작물류에서는 콩이나 맥류 그리고 벼를 제외하면 50종 이하이고, 같은 화본류(禾本類) 작물에서도 벼와 맥류에서는 100종이 넘으나 다른 것들에서는 50종 이하로 적다.

전반적으로 나비목 해충류는 거의 모든 식물에서 우점종을 차지하고 있으며, 매미목 해충류는 화본류와 과수류에서 우점해충군이 되어 있고, 딱정벌레목 해충은 밤나무나 소나무, 그리고 오이에서 우위를 차지하고 있는 등 식물의 종류에 따라 우점해충군에 차이가 있다. 이와 같이 식물의 종류에 따라 식식성 곤충류의 종류에 큰 차이가 있고, 한 식물에서 중요도가 큰 식식성 곤충류에 차이가 있는 것은 식물의 생리, 형태적 특성에 차가 있음은 물론 생장형이나 생육상의 특성이 깊이 관련되어 있는 것으로 보고 이 책에서는 이 문제를 중심으로 식물과 식식성 곤충류의 관계를 살펴보려 한다.

제2장

식식성 곤충류의 진화

1. 식식성 곤충류의 진화 개황

현재 알려진 곤충화석으로 최고의 것은 스코틀랜드에서 발견된 톡토기류로 보이는 *Rhyniella paraecursor*로 3억 8천만 년 내지 4억 년 전의 데본기 지층에서 출토된 것이다. 이 종은 현재의 톡토기류 대부분이 식식성이 아닌 것과는 달리 양치식물(羊齒植物)에 상처를 내서 흘러나오는 즙액을 핥아먹었던 것으로 추정되고 있다(Kevan 등 1975). 석탄기 이후에는 식식성 곤충류는 종류는 물론 상위의 분류단위도 계속하여 증가하였다. 그림 2-1은 주요 곤충목과 아목의 진화상황이다.

석탄기는 피자식물(被子植物)을 제외한 모든 식물군이 출현한 시기이다. 이 때의 식식성 동물은 또 다른 중요 식식성 동물인 척추동물은 출현하기 전이므로 주로 곤충류이다. 석탄기에 앞서 데본기에

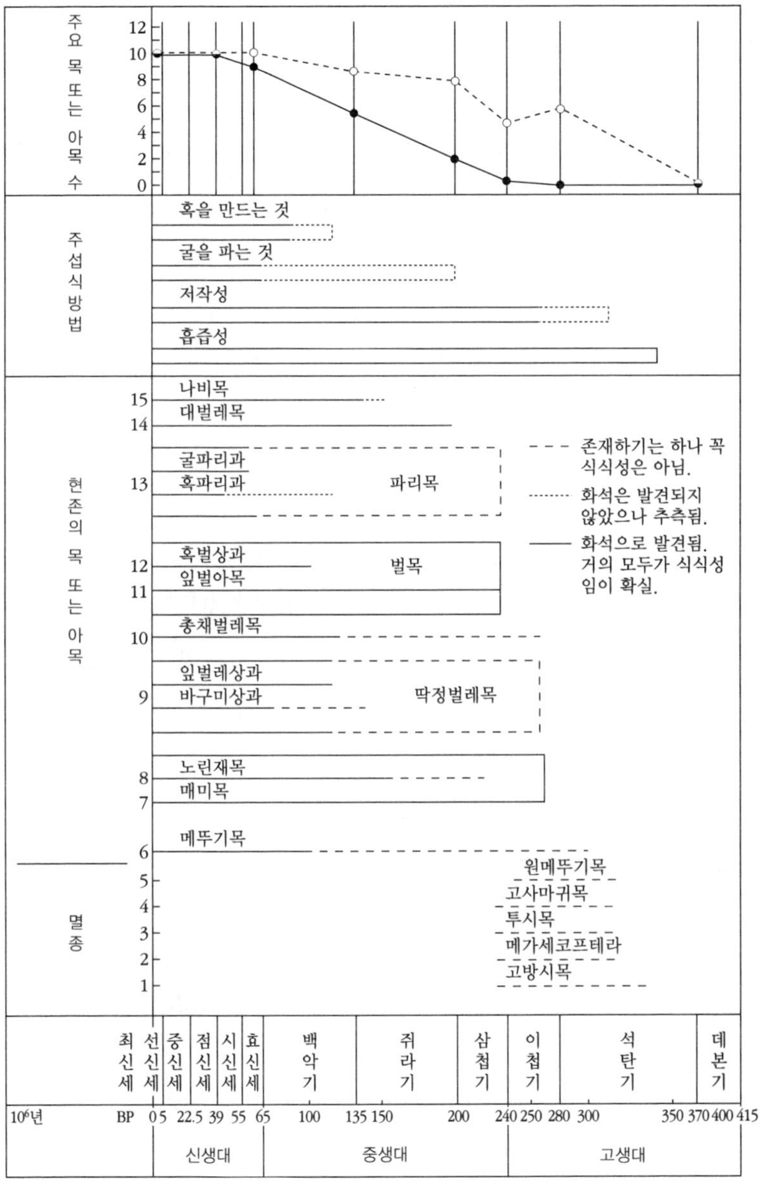

그림 2-1. 주요 화석곤충의 목과 아목의 진화 (Southwood 1984)

맨 위 칸은 1번부터 15번까지의 목과 아목의 총계

는 육상에서 유관속 양치식물과 나자식물(裸子植物)이 증가하였는데, 그 중 지상의 목본성(木本性) 식물류는 두 가지 측면에서 곤충의 진화에 중요한 의미가 있다. 하나는 목본성 식물이 공중생활을 할 수 있는 유시곤충류(有翅昆蟲類)의 출현을 유도한 것이고, 또 하나는 후술하는 바와 같이 목본성 식생은 구조가 복잡하여 곤충의 다방면으로의 진화를 촉진하였던 것으로 보인다. 석탄기의 곤충군은 대부분이 멸종하여 현재는 볼 수 없는데 이것은 고생대의 대륙표동(大陸漂動; 고생대 말기인 이첩기까지 있던 거대한 유일 대륙이 삼첩기 말에 분할되어 현재와 같은 대륙배치를 갖도록 이동한 것)으로 기후조건이 크게 변화하면서 그 때까지 번창하였던 식물들의 갑작스러운 쇠퇴와 유관한 듯하다. 초기 곤충류는 현재의 밑들이류의 유충과 같이 식물체의 잔체를 먹는 부식성이었던 것으로 생각되고 있다. 이 시기의 곤충군은 구기가 주둥이 모양을 하고 있었던 것으로 보인다. 그리고 석탄기 상층의 고(古)사마귀류는 일부가 완전변태를 한 것으로 추측되며, 유충은 나자식물의 열매 속에서 생활하였던 것으로 생각된다.

석탄기에 이어 이첩기가 되면서 19개목 곤충류가 출현하는데 그 중 10개목 곤충류는 이 시기에 처음으로 출현한다. 하층에서는 매미목 곤충류가 출현하고 상층에서는 노린재목 곤충류의 화석이 출현한다. 식식성 노린재류는 쥐라기 초기까지는 출현하지 않는다.

원시 딱정벌레류가 이첩기에 출현하는데 이들은 주로 썩어가는 나무의 수피하에서 생활하면서 곰팡이류를 먹이로 하였던 것으로 보인다. 현존의 바구미상과나 잎벌레상과 곤충류 화석은 쥐라기 상층까지는 출현하지 않는다. 총채벌레목의 일종으로 추정되는 *Karatothrips*의 화석이 쥐라기 후기에 출현하는데 이것은 숙주식물의 화분 주머니 속에 살면서 화분을 먹이로 하였던 것으로 보인다. 이와 같은 생활특성은 현존 총채벌레류의 특성인 몸이 작고 날개 구조가 간단하여지는데 도움이 된 것으로 생각된다.

중생대에는 주요한 것으로 벌목, 혹파리상과 그리고 나비목 곤충의 출현이다. 원시벌목 화석이 출현하는 것은 삼첩기 초기인데, 잎벌아목의 칼잎벌상과에 속하는 것이다. 그 밖의 잎벌류 화석은 다음 지층인 쥐라기에서 출토된다. 이들은 현존 잎벌류와 마찬가지로 식물체를 먹고 살았던 것으로 보인다. Malyshev(1968)는 초기 잎벌류는 현존 참새고사리(*Athyrium filix-femina*)의 줄기 속에 기생하는 유럽산 원시 잎벌류 *Blasticotoma filiceti*와 같이 식물체의 틈새에 숨어 살았던 것으로 추측하였다. 이와 같은 생활습성에서 현존의 나무벌이나 충영형성 잎벌류가 진화하였을 것이다. 참나무류나 장미류에 벌레혹을 만드는 혹벌류나 종자에 기생하는 좀벌상과 곤충류에 대하여 Malyshev(1968)는 이들이 식물의 배에 기생하던 것에서부터 진화한 것이라고 주장하였다. 배기생은 현존의 무화과벌에서 잘 발달되어 있다. 이런 벌류는 생식기관에서 생장점으로 그리고 나중에는 일반 조직에 자극을 주어 혹을 형성하게 하는 방향으로 진화한 듯하다.

파리목 곤충류의 화석은 삼첩기 하층에서 발견된다. 그러나 이들은 식식성 곤충류는 아닌 것으로 보이며, 시신세(始新世) 하층에서 출토된 발트해 지역 호박에서는 최소한 16개 속 혹파리 성충이 발견되고 있다. Malyshev(1968)는 혹파리류는 쥐라기 말 또는 백악기 초에 크게 분화하였는데 그들의 유충은 임상(林床)에서 부식물을 먹고 살았던 것으로 보았다. 이들이 식식성으로 진화한 과정은 낙엽에 생긴 곰팡이류를 먹던 종에서부터 생엽에 곰팡이류로 인하여 생긴 죽은 조직을 먹이로 한 과정을 거쳐 생엽을 먹게 되었을 것으로 생각된다.

나비목 곤충류도 백악기에 출현하는데 백악기 하층에서 미소나방상과의 화석이 발견된다. 이들의 유충은 이끼속에서 살면서 이끼류를 먹이로 하였으며, 성충은 화분을 먹었던 것으로 보인다. 현존의 나비목 곤충류화석이 다수 발견된 것은 백악기 중기 이후의 호박에서이며, 캐나다의 호박에서 많이 발견된다. Powell(1980)은 나비목의 단공구(單孔區)(박쥐나방류)와 이공구(二孔區)(박쥐나방류 이외의 나비목곤충)에 속하는 것들을 백악기의 피자식물 번영과 때를 같이 한다고 하였다.

피자식물의 출현은 쥐라기에서 백악기로 넘어가는 시기였으며, 백악기 중기 이후에는 육상 식물계는 피자식물이 우세하였으며, 이때 나비목, 혹파리상과 그리고 혹벌과 곤충류가 크게 번영한다. 피자식물이 번영하면서 그 이전의 식물들은 멸종 또는 쇠퇴하게 되는데, 이런 식물들의 쇠퇴로 곤충류도 많이 멸종하였다. 피자식물 출현 이후의 곤충류로 중요한 것은 잎벌류, 노린재류와 매미류 그리고 메뚜기류였는데, 이들 곤충류 중에서도 그 때까지의 곤충류는 쇠퇴하고, 현재 번영하고 있는 곤충류는 대부분이 피자식물 출현 이후에 나타난 곤충류이다. 물론 피자식물이 번영하기 훨씬 전인 쥐라기에 나타나 현재 번영하고 있는 몇몇 매미류와 노린재류도 있다. 예를 들면 매미충류나 꽃매미류, 나무이류, 노린재류, 장님노린재류 등은 현화식물에 기생하는 현재에도 번영을 거듭하고 있는 곤충군이다. 피자식물의 출현으로 일어난 식물계의 변화를 몇몇 곤충류가 어떻게 타개하였을까하는 문제는 분명치 않다. 현재 나무이상과 곤충류는 특히 호주에 많은데 이것은 다른 지역으로부터의 격리가 도움이 되었을 수 있으며, 장님노린재류는 포식성인 것이 많아 일종의 먹이 대체가 있었을 수 있었고, 노린재류의 경우는 주로 열매를 먹이로 하고 있어 잎을 먹이로 하는 것에 비하여 영향을 덜 받았을 수 있는 등 여러 가지 이유를 생각할 수 있다.

지금까지 발견된 곤충류의 화석은 양적으로나 질적으로나 진화의 확실한 과정을 뒷받침하기에는 대단히 불충분한 것으로 그림 2-1의 개황은 하나의 추론에 불과한 것은 현실이다. 그러나 여기서 확실한 것은 석탄기 이후 곤충의 분류목수나 아목수에 따라서 종수가 지질 시대를 거치는 동안 꾸준히 증가하였고, 그 증가가 특히 눈에 띄는 것이 목본성 식물의 출현시기와 피자식물이 출현한 시기로 이와 같은 식생의 변화가 곤충류의 섭식방법이나 행동, 기타에 변화를 일으켰을 것이라는 점은 쉽게 짐작할 수 있을 듯하다. 즉 먹이식물의 종수 증가로 이용자원의 종수가 다양화하고, 이를 이용하는 곤충의 이용방법도 다양화하면서 곤충의 종수도 크게 증가하였다고 볼 수 있다.

2. 현화식물과 식식성 곤충류

석탄기에 출현하여 백악기를 거치면서 크게 번영하게 된 피자식물은 현재 지상에서 다른 식물군을 크게 능가하고 있다. 피자식물이 그 이전에 번영하던 양치식물이나 나자식물을 대신하여 번영하게 된 이유에 관하여 확실한 것은 아직 모르고 있다. 일반적으로 피자식물은 동화기관인 잎이 크고, 물질이동 기관이 잘 발달하며 가해자에 대한 방어에 이용되는 알칼로이드류를 갖고 있는데 이런 특성이 피자식물의 번영에 도움이 된 것으로 생각된다. 그러나 나자식물 중에도 은행나무나 나한송류는 광엽을 갖고 있으며 어떤 종류의 원시피자식물에는 도관계가 없으며 나자식물 중에는 도관계가 잘 발달한 것도 있다. 알칼로이드류에 대하여도 이것이 나자식물의 수지류, 페놀류, 그리고 타닌류보다 식식성 곤충에 대한 방어능력이 크다는 확실한 증거는 없으며 이런 물질은 나자식물에서도 발견되며 양치류나 주목류,

금송류 등 나자식물들이 곤충의 탈피호르몬 또는 탈피호르몬류 유사물질인 식물성 엑디손을 합성할 수 있는 능력을 갖고 있기도 하다.

피자식물의 배주는 심방에 들어 있고, 화주와 주두는 수분과 수정에 유리하게 되어 있고 화기는 화분매개 곤충류를 유인할 수 있도록 발달되어 있다. 중복수정(배낭에 화분관이 도착하면 2개의 정핵이 각각 난핵과 극핵과 합하는 현상)과 3배성 배유(배의 양분이 된다)는 배아가 빨리 자랄 수 있도록 도와 생활사를 단시일 내에 끝낼 수 있게 할 뿐 아니라 꽃에 몰려드는 곤충류에 대한 영양가가 적어 배의 보호에 도움이 될 수 있는 특성을 갖고 있다.

곤충류와 박쥐 그리고 새들은 현화식물의 화분을 매개할 뿐만 아니라 새나 포유류는 종자분산과 깊은 관계가 있다. 현화식물의 과실이나 종자는 분산에 유용한 여러 가지 형태적, 생화학적 특성을 갖고 있다. 이런 점들을 생각할 때 화분매개곤충을 포함하여 새나 포유류가 현화식물의 진화와 깊은 관계가 있을 것이라는 점은 짐작할 수 있을 듯하다. 그러나 그들 간의 상호관계는 극히 복잡한 것이어서 최근에 와서 비로소 학자들이 관심을 갖고 연구를 수행하고 있다. 고도로 발달한 나비목이나 벌목 곤충류의 진화는 피자식물이 출현한 쥐라기 이후로 이것은 피자식물의 진화와 유관한 것으로 생각되나 쥐라기 이전인 이첩기에는 파리목이나 딱정벌레목 곤충류가 있었고, 삼첩기에는 벌목 곤충류가 있었는데, 곤충류의 존재가 문제라면 이 시기에는 왜 그런 변화가 없었을까? 그리고 종자의 분산에 중요한 새나 포유류가 문제였다면 그런 종자분산동물의 출현이 풍매식물에 비하여 충매식물에서 보다 유리하게 작용하였던 이유는 무엇일까? 더욱이 새나 포유류는 향나무류, 비자나무류, 은행나무류, 주목류 등 나자식물의 종자분산을 도우며 이들 식물의 과실은 동물을 유인하기 위한 과육이나 색의 변화 등 적응적 특성도 갖고 있다. 풍매수분은 바람이 없거나 바람의 방향이 일정치 않으며, 습도 변화가 심한 곳에서는 수분에 어려움이 있으며, 다량의 화분을 생산하는데 할애되는 대사물질이 많아 충매수분이 보다 유리하다. 그러나 이에 못지않게 중요한 것은 충매화분매개는 서로 멀리 떨어져 있는 개체 또는 개체군 간의 확실한 유전자 교환이다.

기본적 새의 형태적 특징을 가진 시조새(始祖鳥) 화석이 발견된 것은 쥐라기 상층이며, 백악기 말이 되면 다양한 수서조류(水棲鳥類)가 나타난다. 그러나 백악기에 육서조류가 있었다는 것은 의심스럽다. 시조새가 육서종이었으나 현재의 육서조류 대부분은 신생대의 제3기초에 갑작스럽게 나타난다. 박쥐류 화석은 시신세에 처음으로 나타난다.

조류의 출현은 식물에 대하여 종자의 장거리 분산을 가능케 하였고, 동시에 국지적 종자분산 방식에도 새로운 국면을 제공하였다. 새들은 먹이를 찾아 매일 수 km를 이동하며 참새는 약 1,000km를 이동한다. 해양고도(海洋孤島)의 식물들 중에는 새들에 의하여 분산된 것이 많다. 새들에 의하여 전파된 식물들은 새로운 분포직역에서 예전과는 다른 새로운 환경조건을 맞아 그에 적응하게 될 것이며, 그곳에는 이동해온 곳에 존재하던 병해충류나 경쟁자가 없어 번영할 수 있는 가능성이 크며, 이렇게 하여 생긴 새로운 적응식물은 변이폭이 커질 뿐만 아니라 특성에도 큰 변화가 생겨 이동지의 식물을 경쟁을 통하여 밀어내 그의 분포영역을 확대시키기도 할 것이다. 새는 상당히 큰 종자를 한 지역에서 환경조건이 비슷한 다른 지역으로 운반한다. 이것은 생태학적으로 상당히 중요한 의미가 있다. 즉 일반적으로 안정된 생태계에서는 표현형간의 경쟁이 크고 유전자재조합이 일어나기 쉬운데 이런 조건에서는 대형종자가 소형종자보다 유리하며, 반대로 불안정한 추이대(한 생태군집과 그와 인접한 다른 군집이 국지적으로 명백히 구분되어 있지 않을 때의 이행부) 같은 경우에는 빠른 생식을 하고 바람에 의하여 분산되는 것이 유리하다. 또 새는 짧은 시간 내에 상당히 큰 종자를 수백 미터 또는 그 이상 떨어져 있는 종자 가해자가 없는 유리한 곳까지 운반할 수 있어 분포가 고르지 못한 경우에도 종자분산에 도움이 된다. 더욱이 새나 포유류는 항온동물로 높은 대사율과 큰 뇌를 갖고 있는데, 이것은 종자식물을 보다 확실하게 찾게 하고, 비교적 짧은 시간 내에 소화관을 통과하게 하는데 이런 것도 분산에 도움이 된다.

결론적으로 새들은 비교적 크기가 큰 종자를 새로운 곳으로 운반하며, 이것은 종내개체군간의 변이폭을 증대시켜 화분매개곤충류와 현화식물 간의 상호작용 관계에 큰 영향을 미쳐왔다고 하겠다.

3. 방화곤충류와 식물

곤충과 식물은 육상생물의 출현시기부터 서로 밀접한 관계를 유지하면서 진화하여왔다. 현재 번영하고 있는 피자식물은 화분매개작용을 하였던 중생대의 곤충류의 섭식습성과 깊은 관련을 갖고 있다.

나자식물의 수정은 운동성인 유주자(游走者)로 이루어지는데 화분관을 갖게 되면서 수정에 필요한 액체성 또는 높은 수분의 문제는 해결되었다. 또 나자식물은 자웅이주여서 수정을 위하여는 다량의 화분생산이 필요하였다.

초기 화분매개생물로는 지상 파충류나 새도 있었으나 가장 중요하였던 것은 곤충류였을 것이다. 현재 원시적 피자식물들 중에는 딱정벌레류에 의하여 화분매개가 이루어지는 것이 있는 것으로 보아 종자나 부식물을 먹던 딱정벌레류가 화분매개로 발전한 것으로 추측된다. 그리고 화분매개가 딱정벌레류에 의하여 이루어지는 원시적 식물에는 밀선(꿀을 분비하는 기관)이 없는 것으로 보아 밀선의 발달은 그 이후의 일인 듯 하다. 현존의 나자식물에는 밀선이 없고 양치식물인 층층고사리(*Pteridium*)의 새잎에는 화외밀선이 있다.

최초의 밀선은 화외밀선(Extrafloral nectary: 탁엽이나 엽병 또는 자엽에 생기는 밀선)이었을 가능성이 크며, 그 역할도 화기밀선(Floral nectary)과는 달랐을 수 있다. 현존의 진딧물류는 체관부에 주둥이를 꽂고 흡즙하면서 감로를 배출하는데 식식성 곤충류의 포식자나 포식기생자(곤충류에 기생하는 다른 곤충류), 그 밖에 벌이나 나방류가 이런 감로에 유인이 되는 것을 보면 화외밀선도 이런 작용을 하였을 것이다.

개미류 화석은 백악기에서부터 발견되는데 개미와 진딧물류의 상호공생관계는 진딧물류가 배설하는 감로를 개미류가 이용하고 대신 이들을 천적으로부터 보호하면서 확립된 것으로 보인다. 따라서 밀선의 기원은 식물이 자신을 가해하는 해충류로부터 보호해 주는 개미류나 그 밖의 포식자를 유인하기 위한 것이었다고 생각된다.

화기밀선의 발달은 나비목이나 파리목 그리고 벌목 곤충류와 같이 탄수화물을 필요로 하면서 공중생활을 하는 곤충류에 유리한 조건을 제공하였다. 화기밀선이 분비하는 꿀은 감로나 화외밀선이 분비하는 꿀과는 성분에 상당한 차이가 있다. 고등식물의 꿀은 원시식물의 그것에 비하면 아미노산 농도가 높으며 화분이 나비류에 의하여 매개되는 식물의 꿀은 벌류가 화분매개하는 식물의 꿀에 비하면 아미노산 농도가 높다. 이것은 벌류는 화분을 먹이로 이용하나 나비목 곤충류는 대부분이 화분을 이용하지 못하는 것과 관계가 있다. 그런데, 신열대지역의 네발나비과의 *Heliconius* 나비류는 화분을 먹어 소화할 수 있는데 이 때문에 성충의 수명이 길어져 수꽃보다 훨씬 적은 수의 암꽃을 찾는데 유리한 특성을 갖고 있기도 하다(Gilbert 1972).

단백질이 많이 포함되어 있는 동물의 배설물을 먹는 파리목 곤충류도 화밀에 유인되는데 이때도 이런 식물의 꿀은 단백질 함량이 높다. 이와 같은 사실들은 생산하는 꿀의 내용이 화분매개 곤충류에 깊은 관계가 있음을 말해주고 있다.

화분매개곤충류는 대부분 딱정벌레목, 나비목, 파리목, 그리고 벌목 등 완전변태곤충류로 이들의 공통된 특징은 나는 능력이 강하며 고도로 발달된 감각기관을 갖고 있어 교미상대나 산란장소 그리고 먹이의 종류를 찾는데 유리하며, 어떤 것들은 학습능력을 갖고 있는 것도 있다.

곤충류가 찾는 식물의 종류는 단일 종일 수도 있고, 유연관계가 있는 두 종 이상일 수도 있다. 찾는 식물의 종이 한정되어 있다는 것은 식물의 입장에서는 그들이 효과적으로 교잡을 할 수 있어 유리하다 하겠다. 그리고 곤충의 입장에서는 먹이에 대한 경쟁을 줄이고 보다 효율적인 먹이 획득이 가능하며 목적으로 하는 식물을 찾는 학습이 가능하다는 점에서 유리하다.

꽃의 크기나 형태 그리고 색상이나 위치, 향기, 화밀의 성분 그리고 개화 시기나 기간 등은 화분매개곤충류의 크기, 형태, 먹이, 감각생리, 활동주기 그리고 섭식행동 등과 깊은 관계가 있다. 식물은 보다 효율적인 매개곤충류를 유인하여 비매개곤충류로 인한 화분이나 화밀의 손실을 줄이는 방향으로 적응하고, 같은 종의 다른 꽃들과의 화분교환을 극대화 시키고 있다. 밀선은 꽃의 깊숙한 곳에 위치하여 아무 곤충이나 접하지 못하게 하고 있다. 화분매개곤충류의 구기는 이런 점과 관련하여 긴 관상으로 되어 있다. 그림 2-2에 극도로 발달한 곤충류의 구기를 나타내었다.

유력한 화분매개 곤충류의 하나가 꿀벌상과에 속하는 벌들이다. 이 벌들은 가끔 꽃을 찾는 포식성 벌류에서 진화한 것으로 추정되며

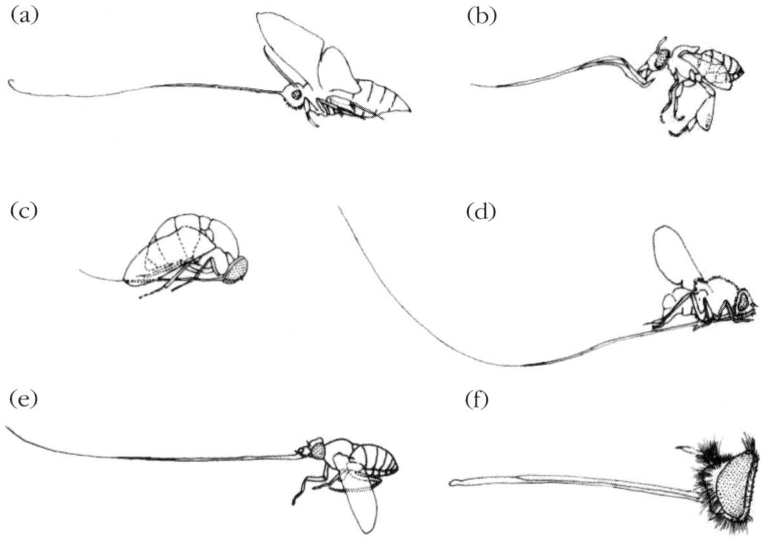

그림 2-2. 극도로 발달한 곤충류의 구기 (Daly 등 1978)

(a) *Manduca quinquemaculata* 박쥐나방 : 보통 때는 주둥이(12cm)를 머리 밑에 말아서 간직한다. (b) *Euglossa asarophora* 꿀벌의 수컷 : 보통 때는 주둥이(3cm)를 다리 사이에 간직한다. (c) *Lasia kletti* 꼽추등에 : 주둥이(2.4cm)를 앞으로 뻗어 이용한다. (d) *Megistorrhynchus longirostris* 어리재니등에 : 주둥이(8.4cm)를 앞으로 뻗어 이용한다. (e) *Philoliche longirostris* 등에 : 날 때 주둥이(5.8cm)를 그림과 같이 한다. (f) *Bombylius lancifer* 재니등에 : 그림과 같이 주둥이(9.7mm)를 간직한다. 괄호안 수치는 길이

암수 모두가 필요한 에너지를 화밀에서 얻는데, 암컷은 알 생산에 필요한 단백질을 화분을 먹어 얻고 여왕벌 이외의 암컷들은 유충양육을 위하여 화분과 화밀을 수집한다.

어리꽃벌아과의 *Hylaeus*속 벌과 같이 원시적인 벌의 구기는 땅벌류와 같이 씹고 핥아먹기에 알맞게 되어 있고 말벌류와 같이 몸에는 털이 비교적 적다. 이들은 화분을 먹이로 하나 후에 꿀과 같이 토하여 집을 짓는다. 대부분의 꿀벌상과 벌들은 구기가 주둥이 모양을 하고 중설(Glossa)은 꿀을 흡입하기에 알맞게 되어 있으며 몸에는 털

이 많아 꽃에서 화분을 수집할 수 있게 되어 있고, 때때로 이것들을 훑어 꽃가루솔(대부분의 벌에서는 뒷다리에 있는 긴 강모군, 가위벌류에서는 배 밑에 있다)이나 화분바구니(꿀벌, 뒤영벌 등의 뒷다리 종아리마다 바깥쪽에 있는 강모에 둘러싸인 우묵한 곳)에 모은다.

애꽃벌과, 어리꿀벌과, 꼬마꽃벌과 등의 벌들은 화외밀선에서 꿀을 얻거나 또는 몸이 작아 통째 꽃 속으로 들어가 꿀을 따므로 혀가 짧다. 그러나 가위벌과나 청줄벌과 그리고 꿀벌과의 벌들은 작은 턱과 아랫입술이 모여 긴 관상으로 된 혀(중설)를 갖고 있어 꽃의 깊은 곳에 있는 꿀을 딸 수 있도록 되어 있다.

벌류에 의하여 화분이 매개되는 식물들의 꽃은 모두가 낮에 피며 감미롭고 향기로운 냄새를 낸다. 꽃잎은 밝은 청색, 진한 홍색, 황색 등 벌이 감지할 수 있는 색을 갖고 있으며, 적색은 볼 수 없는 것이 공통점이라 벌 매개 꽃에는 적색은 극히 드물다(사람의 가시파장범위는 약 400~780nm이나 꿀벌의 그것은 300~650nm이다).

벌류 이외의 주요 방화곤충류로는 파리목과 나비목의 일부곤충류가 있는데, 이들 곤충류는 꽃 깊숙한 곳에 있는 꿀을 따기 위하여 구기가 긴 주둥이 모양으로 발달하고 있다. 나비목곤충류의 구기는 종류에 따라서는(특히 나방류) 퇴화하여 성충기에는 먹지 않는 것도 있으나 대부분은 꿀을 먹이로 하고 있으므로 긴 대롱 모양의 구기를 갖고 있는데 마다가스카르의 박쥐나방의 일종인 *Xanthopan morgani praedicta*는 주둥이의 길이가 22.5cm나 된다고 하며, 이것들은 밀선이 꽃 속 깊은 곳에 있는 *Angraecum sesquipedale* 난에 대한 유일한 화분매개곤충으로 알려져 있다.

파리목 곤충류의 구기는 집파리류에서와 같이 핥아먹기에 알맞은 것, 등에류와 같이 찔러서 흐르는 피를 핥아먹는 것, 모기류와 같이 찔러서 흡혈하는 것 등 여러 가지가 있는데, 재니등에과, 어리재니등에과, 참파리매과, 그리고 등에과의 일부 곤충류에서는 구기가 아주 길어서 꽃 속 깊은 곳의 꿀을 먹을 수 있다.

구기가 긴 파리류가 찾는 꽃은 벌류가 찾는 꽃과 같은 종류이다. 그러나 파리류가 찾는 꽃들은 특이성이 적은 것이 보통이다. 이런 파리류들은 구기가 짧고 보통은 동물의 사체나 배설물 또는 식물의 즙액을 먹었던 것으로 보인다. 식물의 꽃은 꽃의 모양보다도 향기를 이용하여 파리류를 유인한다. 이런 꽃은 깊이가 없으며 색은 백색이나 회색이다. 밀선은 밖으로 나와 있고 고약한 냄새를 내는 것도 있다.

나비류가 찾는 꽃들은 낮에 피며 감미로운 냄새를 내며 꿀은 꽃 깊숙한 곳에 있다. 꽃은 직립성이고 꽃잎은 나비가 앉기에 알맞도록 수평적 위치에 있다. 나비류는 벌류와 달리 적색을 볼 수 있어 나비류 방화식물의 꽃은 적색이 보통이다. 나방류가 찾는 식물의 꽃은 저녁 무렵이나 밤에 피며 그들 대부분은 짙은 감미향을 내며 색은 흰색이나 회백색이 보통이다.

꽃을 찾는 딱정벌레류는 잘 나는 것들로 밝은 곳에서 활동한다. 이들은 오래 꽃에 머물며 화분뿐 아니라 꽃의 일부분을 먹으며 꿀을 따먹기도 한다. 구기가 특별히 길어진 종류는 별로 많지 않으며 깔따구하늘소속 곤충의 구기는 머리가 몸과 한 축으로 된 전구식 구기로 되어 있다.

4. 무화과좀벌류와 육카나방류

방화곤충류 중 식물과 곤충류의 관계가 절대적인 극단적 상호의존 관계를 갖고 있는 것이 있는데 무화과류와 무화과좀벌류 그리고 육카속(백합과) 식물과 곡나방과의 육카곡나방류의 관계가 그것이다. 이들에서는 화분과 꿀이 1차적으로 중요한 유인이 아니라 성충은 숙주식물의 자방에 산란하고 여기서 부화한 유충이 자방에서 자라는 특이한 생활을 한다. 그러나 종자생산식물과 기생하는 곤충류 모두에 도움이 되며 완전히 서로에 도움이 되는 공생관계이다. 무화과좀벌과의 *Blastophaga psenes* 좀벌에 의한 무화과의 수정과정은 그림 2-3과 같다.

무화과속은 뽕나무과에 속하는 열대성 식물로 무화과나무속

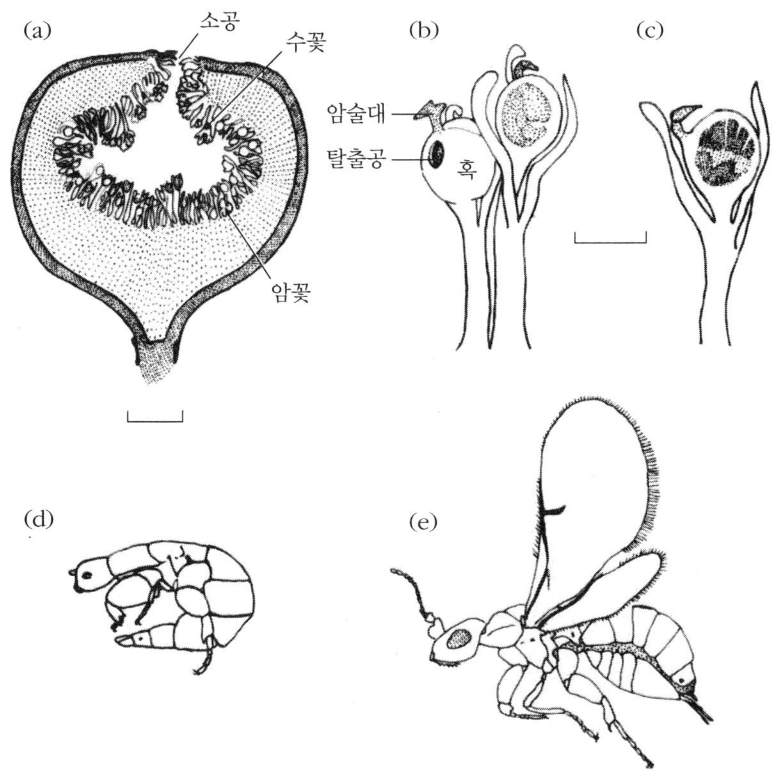

그림 2-3. *Blastophaga* 좀벌에 의한 무화과의 수정과정

(a) 무화과의 꽃(크기 5mm 기준), (b) 수컷이 들어있는 꽃과 탈출공, (c) 암컷이 들어있는 꽃(크기 b, c는 1mm 기준), (d) 수컷 *Blastophaga*, (e) 암컷 *Blastophaga*(크기 d와 e는 0.25mm 기준)

(*Ficus*)에는 약 900종이 알려져 있다. 그리고 좀벌 종류 하나하나는 모두가 한 종의 무화과와 연관되어 있다. 우리가 먹는 무화과 열매는 화탁(꽃받침)이 자란 것으로 속에는 다수의 작은 꽃들이 들어 있다.

무화과 꽃 속에는 화주가 긴 화분을 생산하는 수꽃과 화주가 짧은 암꽃이 같이 들어 있다. 암컷 벌은 알맞게 자란 무화과 꽃을 찾아 개구부 소공을 통하여 꽃 속으로 들어간다. 꽃의 개구부에는 인편이 있어 그곳을 통과할 수 있는 벌의 크기를 조절한다. 따라서 화분매개를 할 수 없는 곤충류는 여기서 걸러진다. 암컷은 꽃 속으로 들어가면서 날개와 촉각의 편절(촉각의 끝마디)을 잃고 꽃 속 깊숙한 곳에 있는 암꽃까지 들어간다. 암꽃에 달한 암컷 벌은 산란관을 짧은 화주에 꽂고 자방부근에 산란한다. 이 때 벌은 앞다리로 몸에 있는 특별한 주머니에서 화분을 묻혀 부근에 있는 암꽃의 화주에 묻혀주어 수분이 일어난다.

산란 후 암컷은 꽃 속에서 죽으며 알에서 부화한 유충은 꽃 속에서 자라면서 충영(벌레혹)을 만든다. 성숙한 수컷은 날지 못하며(그림 2-3, d), 눈과 촉각 그리고 다리는 퇴화하여 작아진다. 이들은 충영을 뚫고 밖으로 나와(그림 2-3, b) 암컷 성충이 있는 꽃을 찾는다. 수컷은 암컷 성충이 있는 충영에 구멍을 뚫고 들어가 배를 뻗어 암컷과 교미하고 죽는다. 교미한 암컷은 충영에서 탈출(그림 2-3, e)하여 꽃의 개구부 근처에 있는 수꽃에서 화분을 찾아다닌다. 암컷은 수꽃에서 얻은 화분을 몸에 있는 화분주머니에 챙긴 다음 꽃을 떠나 또 다른 알맞게 자란 무화과를 찾아 들어가 산란한다. 상세한 과정은 벌과 무화과의 종류에 따라 차이가 있다.

1800년대에 식용 무화과를 캘리포니아주에 수입하였을 때 Smyrna 품종의 결실을 볼 수 없었다. Smyrna 무화과 품종은 긴 화주를 가진 암꽃만을 갖고 있다. 화분을 가진 *Blastophaga*가 들어 있는 야생 무화과를 코가 엉성한 주머니에 넣고 이것을 무화과 가지에 매달음으로써 생산에 성공하였다. 우화한 *Blastophaga* 좀벌은 Smyrna 무화과 꽃 속으로 들어가기는 하나 산란관이 짧아 화주가 긴 Smyrna 암꽃에 산란할 수는 없으나, 수분은 이루어져 종자가 정상적으로 생기게 되어 과실이 자란다. 이것은 수정을 위하여 종자일부를 희생하는 셈이다. Janzen(1979)은 코스타리카의 4종 무화과에서 희생되는 종자는 41~77%라고 하였다.

숙주특이성 화분매개곤충의 또 하나의 예는 육카나방류의 경우이다. 육카류는 모두가 미주원산인데 현재에는 세계 각국에 도입되어 있다. 로키산맥 동쪽이나 모하브 사막에 분포하는 여러 가지 육카류는 곡나방과의 *Tegeticula yuccasella*가 유일한 화분매개곤충이며, 서부의 *Yucca brevifolia*는 *T. paradoxa*에 의하고 *Y. whipplei*는 *T. maculata* 그리고 *Y. schotti*는 *Parategeticula polleniferae*와 *T. yuccasella*에 의하여 화분이 매개된다(Davis 1967).

T. yuccasella 나방은 꽃향기가 가장 강하게 발산되는 밤 동안 활발하게 활동한다. 암컷은 흰 꽃 속으로 들어가 수술을 타고 화분주머니에 올라가 화분을 수집한다. 1~4개의 꽃밥을 모아 만든 꽃가루덩어리를 머리 밑에 뻗을 수 있는 작은 턱수염으로 앞다리 기부에 끼고 있게 된다. 이렇게 하여 꽃가루덩어리를 갖게 된 암컷 나방은 알맞게 성숙한 다른 꽃을 찾아 날아간다. 자방의 상태를 살핀 후 잘 발달한 산란관으로 자방 속에 산란한다(그림 2-4, b). 그리고 화주를 타고 올라가 주두에 화분을 붙여준다. 이와 같은 산란행동은 되풀이되는 경우가 많다. 대체적으로 자방의 3개 실 중 1실에 1개의 알을 낳는다. 수분으로 생긴 여러 개 종자 중 몇 개만이 유충의 먹이로 이용된다. 수분되지 않은 꽃에서는 종자가 생기지 않는다. 다 자란 유충은 꼬투리에서 빠져나와 땅 속에서 번데기가 되어 육카나무의 개화시기

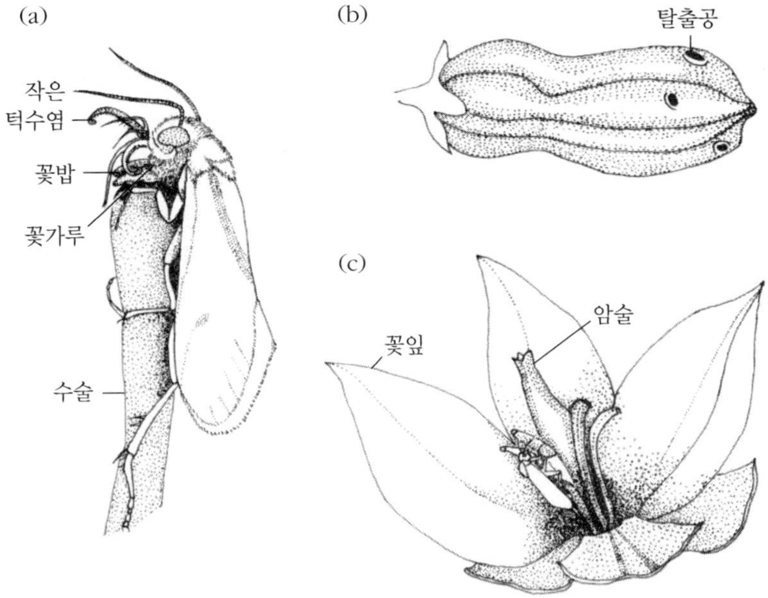

그림 2-4. *Tegeticula* 육카곡나방에 의한 육카의 수분 (Riley 1892)
(a) 암컷 *T. yuccasella*의 화분채취, (b) 탈출공이 있는 육카꼬투리, (c) 산란시의 암컷

에 맞춰 성충이 우화한다.

Davis(1967)는 육카나방류의 계통학적 연구를 통하여 이 나방류의 조상은 유충이 열매의 과육이나 화주에 기생하던 것이었다고 하였다. *T. maculata* 나방은 현재에도 수정이 되지 않은 자방 대신 자라고 있는 과육에 산란하는 경우가 있다. 이들 나방류의 기생 특성을 통하여 육카나무류와 이들 나방류 간의 관계가 적대적 관계에서 상리공생적 관계로 진화한 경우를 짐작할 수 있다.

끝으로 남미의 열대지방에 분포하는 벌의 수컷은 난류의 꽃을 찾는데, 이 벌의 수컷은 여러 가지 꽃에서 꿀을 딴다. 그러나 이 벌이 난을 찾는 것은 난에서 향기가 나는 물질을 얻기 위한 것이다. 수컷은 난에서 향을 얻어 뒷다리의 종아리마디에 있는 꿀벌의 화분주머니에 해당하는 우묵한 곳에 저장한다. 벌이 이 향을 무엇에 이용하는지는 확실치 않으나 아마도 성적 유인작용을 하는 것으로 생각된다. 난의 향에 접하면 수컷은 일시적으로 마비상태에 빠지게 된다. 마비상태에서 깨어나 빠져나오는 동안에 화분이 몸에 붙게 된다. 꽃에서 나와 다른 꽃으로 갔을 때 수분이 이루어진다.

5. 수분증후군과 화기특성

식물의 꽃이 갖고 있는 특성들이 여러 가지 화분매개동물들의 특성과 밀접한 관계가 있다는 것은 Kölreuter(1761)나 Sprengel(1783)이 식물과 화분매개동물의 상호작용관계와 이런 관계를 나타내는 꽃의 특성에 관한 연구 결과를 보고한 이래 Darwin(1862)을 비롯한 수많은 학자들이 식물의 꽃은 화분매개양식을 반영하는 특성을 갖고 있다는 주장을 펴왔다. 진화적 측면에서 볼 때 이와 같은 비교생물학적 연구결과들은 여러 가지 화분매개동물은 식물의 꽃의 특성에 영향을 미쳐 화분매개와 관련된 다양한 특성을 낳게 한다는 것이다. 여러 가지 보상이나 매개동물군의 유인 또는 특정 동물을 화분매개자로 이용하는 것과 같은 화분매개와 관련된 꽃의 특성들을 Fenster 등(2004)은 수분증후군(Pollination Syndrome)이라고 하였다.

한편 많은 종류의 식물들에서 보면 방화동물은 종류가 대단히 많아 수분증후군이 꽃의 특성에 대한 수렴적 선택의 결과를 반영한 적응현상이라는 비교생물학적 추론에 의문을 낳게 하기도 한다. 더욱이 꽃의 특성이 수분증후군을 반영한 것으로 더 많은 분화를 일으키는 적응적 반응이라는 주장은 분화가 일어나면 생식성공률이 해에 따라 변이가 커지면서 선택작용을 크게 받게 되기 때문에 이론의 여지가 있다. 그러나 아직까지도 비교생물학에서는 여러 가지 화분매개동물에 대한 꽃의 분화는 중심과제이다. 따라서 꽃을 찾는 동물의 종류가 많다는 사실과 실제 꽃의 특성에서 볼 수 있는 여러 가지 수렴현상간의 얼핏 보아 서로 모순된 현상을 어떻게 이해해야 할 것인가는 이런 문제를 이해하는데 중요한 일이라고 생각된다.

여러 가지 화분매개동물은 분류학적 측면을 떠나 그들의 화분매개기능과 관련된 특성을 몇 가지 군으로 분류할 수 있을 듯하다. 예를 들면 구기가 긴 파리류나 몸이 작고 화분을 수집하는 벌류는 행동이 비슷하여 선택압이 비슷하므로 화관이 가늘고 길며 화분의 위치에 특이성이 있고 꿀의 양이나 농도에 특이성이 있는 꽃을 가진 식물을 찾는다. 이와 같은 화분매개동물에 의한 꽃의 특성진화는 화분매개동물의 공진화를 동반하는 수도 있으나 동반하지 않는 수도 있다. 여기서는 화분매개동물의 기능군에 의한 수렴성 선택작용의 꽃의 특성분화상에 미치는 영향을 살펴보려 한다.

Collinsia heterophylla 현삼의 화분매개곤충은 약 14종이나 되어 종수로 보면 많은 매개곤충류를 갖고 있다. 그런데 이들 매개곤충류는 몸의 크기가 크고 구기가 긴 벌류로 군집내의 다양한 매개곤충류 중 한 기능군에 속하는 곤충류에 의하여 화분이 매개되고 있어 기능군에 대한 특이성을 갖고 있다고 생각할 수도 있다.

Robertson(1928)은 미국 일리노이주 카린빌 지방에서 10마일 이내에 분포하는 441종의 식물에서 방화곤충류의 15,172회 방화 예를 보고한 바 있는데 그 후 Waser(1996) 등은 이 보고를 검토하고 대부분의 식물은 여러 가지 다른 종류의 곤충류가 찾아 375종 식물 중 91%가 한 종 이상의 곤충의 방문을 받아 이점에서는 비선택적이라고 하였다. 그런데 Fenster(2004) 등은 이 자료를 9개 기능군(긴 구기를 가진 벌류, 짧은 구기를 가진 벌류, 기나 빌류, 파리류, 딱정벌레류, 나비류, 노린재류, 풀잠자리류 그리고 새류)으로 나눠 그들의 방화빈도를 바탕으로 재검토하여 278종의 식물 중 150종(약 54%)이 한 기능군에 의하여 화분이 매개되었다고 하고 2개 기능군에 의하여 화분이 매개되는 85종 중에도 69%인 59종은 아주 유사한 선택작용을 갖고 있어 또 다른 기능군에 의한 화분매개로 보아야 할 것이라고 하였다. 그리고 그들은 이런 식물들은 화분수집성으로 구기가 길거나 짧은 벌들, 꿀을 따는 긴 구기를 가진 벌류와 재니등에류, 몸의 크기가 작으면서 화분을 수집하거나 또는 꿀을 따는 짧은 구기를 가진 벌류와 파리류에 의하여 화분이 매개되는 군을 포함하고 있다고 말하였다. 물론 구기가 긴 벌들은 활동성이 큰 것이 보통이어서 화분매개에의 관여도가 크기 때문에 같은 방화빈도라 할지라도 수분에 미치는 영향이 크므로 방화빈도만으로 중요도를 평가하는 데에는 문제가 있을 수 있다. Fenster 등은 약 75%(209/278)의 식물은 방화곤충 기능군에 특이성을 보이고 있다고 하여 이것은 Waser 등의 분류군을 토대로 한 결론과는 큰 차를 보이고 있다. 이런 기능군의 개념은 여러 가지 문제점이 있기는 하나 단순한 종수에 의한 것에 비하면 특성화의 문제를 이해하는데 도움이 되는 것은 사실이다. 즉 이 개념은 화분매개동물의 종 풍부도보다는 적응성 진화라는 측면에서 꽃의 특성을 이해하는데 도움이 된다. 화분매개의 생태학에서는 하루 중 꽃이 피어있는 시간, 화분의 위치 또는 꽃이 갖는 특성의 성인적 상동(Homoplasy: 서로 다른 생물에서 같은 기관이 다른 배엽에서 발생하는 경우)과 같은 특성에 있어서의 차이와 같은 문제들도 중요한 요소이다.

화분매개동물의 기능군 분류에 있어서 동물의 특성 뿐 아니라 꽃의 구조도 중요한 요소가 된다. 예를 들면 어떤 종류의 *Bombus* 벌은 꿀샘이 꽃의 깊숙한 곳에 있고 화관이 가는 좌우상칭꽃(예 *Collinsia*

현삼)에 대하여는 화분매개범위가 좁은 선택적 기능군이지만 여러 종의 방문을 받는 방사상칭꽃(예 장미류)에 대하여는 가리지 않는 방화범위가 넓은 비선택적 기능군에 포함된다. 이런 점으로 보아 이런 두 식물분류군이 갖는 꽃 구조의 차이는 꽃을 찾는 동물들을 걸러내서 꽃의 특성진화의 양이나 방향성이 영향을 받은 것으로 생각된다. 전기 Robertson의 자료를 살펴보면 192종의 방사상칭꽃 중 52%가 한 기능군에 의하여 화분이 매개되는데 이것은 82종의 좌우상칭꽃 중 61%가 한 기능군에 의하여 화분이 매개되는 것에 비하면 명백히 적은 비율이다.

화분매개동물의 기능군에는 한 군에 여러 종이 포함될 수도 있고 한 종만으로 된 것도 있으며 어떤 화분매개동물은 몇 개의 기능군에 속할 수도 있다. 그리고 어떤 식물에 특이성을 갖는 기능군은 분류학적군과는 관련이 있는 경우가 많으나 꼭 그런 것은 아니다. 예를 들면 *Herminium monorchis* 난은 1mm 이하의 작은 곤충류에 의하여 수분되는데 그들은 분류학적으로는 다른 종들이다(Darwin 1877). 이런 곤충들은 꽃의 구조적 특성 때문에 종은 다르나 행동은 비슷하게 된 것으로 생각된다.

일반적으로 모든 화분매개동물은 동등한 매개능력을 갖고 있는 것으로 생각되어 여러 가지 화분매개동물들은 모두가 보다 효과적인 화분매개를 할 수 있는 방향으로 발전하고 비슷한 특성을 갖도록 꽃의 진화를 유도한 것으로 생각된다. 즉 선택작용은 더 많은 새로운 매개동물의 획득이라는 방향으로 작용한다는 뜻이다. 예를 들면 밤에 화분매개동물의 방문을 받는 꽃의 경우 낮에 활동하는 동물의 방문을 받기 위하여 낮에도 꽃이 피어 있다고 더 많은 비용이 소요되는 것은 아닐 것이다. 그러나 기능적으로 다른 군은 선택압에 차이가 있을 수 있어 현재 우리가 볼 수 있는 일반적 경향은 여러 가지 매개동물이나 기능군에 의한 다양한 선택작용의 총체적 결과를 나타내고 있는 것으로 생각된다. 방화곤충류의 특성분화에는 꽃의 색, 향기, 개화시기 등이 깊은 관계가 있다.

Fenster(2004) 등은 화분매개와 깊은 관계가 있는 보상, 형태, 색, 향기 등과 같은 꽃의 특성과 여러 가지 화분매개동물간의 관계를 검토하고 다음과 같은 경향이 있다고 하였다. 보상의 진화는 밤에 활동하는 나방류의 화분매개와 깊은 관계가 있고 꽃의 색은 나방류(옅은 색), 파리류(짙은 색), 새와 벌새류(붉은 색 또는 밝은 색)의 화분매개와 보다 깊은 관계가 있었으며 향기는 밤에 활동하는 나방류나 박쥐 그리고 벌류의 그것과 깊은 관계가 있다고 하였다. 그리고 형태적 특성은 모든 기능군에서 중요한 의미가 있어 꽃의 크기는 기능군의 몸의 크기와 관계가 있고 보상물을 제공하는 기관(예 관이나 큰 가시)의 크기는 화분매개동물의 주둥이의 크기를 반영하고 있다고 하였다. 그리고 수지를 제공하는 종이 약 45종 있었는데 이들 식물은 거의가 수지를 수집하는 벌류가 화분을 매개하였으며 향기를 가진 5종 식물은 모두가 수컷벌이 화분을 매개하였고 10종의 화분보상성 식물은 모두가 화분수집성 벌류, 딱정벌레류 그리고 파리류가 화분을 매개하였다고 하였다.

이런 사실들로 보아 계통분류학적 사실과 생태학적 연구결과를 비교하면 어떤 특성이 더 중요한 의미가 있고 수분증후군 진화가 어떤 특정 형질의 진화적 변화를 반영하고 있는지를 가늠할 수 있으며 이것은 특히 같은 군을 대상으로 하였을 때 보다 큰 의미가 있다. 이런 사실들은 모든 꽃의 특성은 화분매개동물의 기능군에 의한 선택작용을 반영하고 있는 것을 뜻하나 수분증후군의 여러 가지 요소 즉 꽃의 형태, 색, 향기 그리고 보상물 등은 이들 꽃을 찾아 화분을 매개하는 동물에 있어서의 차이를 설명하는 데에 같은 의미가 있는 것은 아닌 듯하다. 예를 들면 꽃의 색은 벌류, 파리류, 딱정벌레류, 나방류, 새류, 박쥐류 등과 같은 분류학적 상위군에 대하여는 중요한 요인이 되나 향기나 꿀 또는 화분을 수집하는 벌들을 유인하는 식물들과 같은 분류학적 하위군에서는 사정이 달라지는 경우도 있다. 또 보상물은 화분매개동물들의 분류학적 하위군(다른 기능군 벌들) 간의 화기특성 요소로는 대단히 중요하나 분류학적 상위군에서는 꽃의 다른 특성이 보다 중요한 경우도 있다.

한편 열대나 아열대의 식물 중에는 특이한 보상물을 생산하여 유인동물이 한정된 것이 있는데 이들은 서로 독립적인 진화과정을 거친 것으로 생각된다. 예를 들면 청줄벌류와 털보애꽃벌류 중에는 기름을 수집하는 것이 있는데 이들은 열대나 아열대의 여러 가지 식물들의 화분을 매개한다. 화분매개 숫벌류 중에는 향을 수집하는 것도 있다. 또 어떤 종류의 벌들은 집을 짓기 위하여 꽃의 수지류를 수집하는데 열대저지대에는 수지보상성 식물류가 수백 종이나 된다. 그리고 특이한 경우이나 자손의 발육장소가 대단히 중요한 보상이 되기도 한다. 열대 저지대 숲에는 900종 이상의 무화과류가 분포하며 이들은 종자를 벌류의 먹이로 제공하며 *Yucca*류나 선인장류에서도 그 예를 볼 수 있다.

이상으로 보아 꽃의 여러 가지 특성은 진화적인 특성분화라는 것을 알 수 있다. 꽃의 분화에 관한 연구는 화분매개동물들의 종 뿐 아니라 그들이 기능적 군이나 그들 군의 꽃 특성분화에 미치는 여러 가지 영향에 깊은 관심을 가져야 한다. 꽃의 적응적 특성이나 수분증후군은 비슷한 화분매개동물들의 기능군의 선택작용을 받아 새로 생기기도 하고 유지되기도 하는데 이런 동물들은 분류학적으로 유연성이 있을 수도 있고 없을 수도 있다.

Pellmyr(1997)는 무회괴좀벌류나 요기니방류와 같이 화분을 수집하고 운반하여 암술머리에 화분을 붙여 줄 수 있게 하기 위하여 특별히 발달한 형태나 행동습성을 가진 것을 일반 화분매개곤충류와 구별하여 능동적 화분매개자라고 하였다. 개화기간 중에 산란을 할 때에는 산란된 꽃이 수정되지 않으면 종자가 생기지 않아 부화한 유충은 먹이가 부족하여 죽을 수도 있다. 따라서 이런 경우에는 확실한 수정은 중요한 적응적 의의가 있으며 이런 이유로 능동적 화분매개가 발달할 수 있다. Pellmyr(1997)는 이와 같은 능동적 화분매개작용의 진화를 *Tegeticula yuccasella* 육카나방복합종을 대상으로 화분의 수집과 수분에 쓰이는 시간, 화분운반을 위한 작은 털 구조 변화, 화분의 하중 등 이 나방의 화분매개에 지불하는 비용을 평가한 결과 그 비용이 매우 적어 이것이 이런 특성 발달에 관여하지는 않았을 것이라고 하였다. 또 그는 육카나방류의 생태학이나 계통분류학적 연구를 검토하고 이들의 화분매개와 유관한 특성들은 대부분이 처음부터 있었던 것으로 별로 진화한 흔적을 찾아볼 수 없다고 하고 이와 같은 전적응을 바탕으로 능동적 화분매개현상이 발달한 것이 이런 현상의 희소성을 말해주는 것이라고 추측하였다.

한편 절지동물 중에는 곰팡이나 효모류 또는 그들이 변형한 식물체 조직을 자손이 이용할 수 있도록 마련하는 종류가 상당히 많다. 예를 들면 긴나무좀류, 혹파리류, 송곳벌류 그리고 응애류 등은 미생물을 운반하기 위한 특별한 기관을 체내에 갖고 있어 무화과좀벌류나 육카나방류의 화분수집이나 운반에 쓰이는 기관에 해당하는 기관을 갖고 있다. 이런 점을 감안하여 Pellmyr(1997)는 화분매개곤충과 식물의 관계와 절지동물, 곰팡이 그리고 식물 등의 관계에 관한 연구는 능동적인 화분매개작용의 기원과 상호작용관계의 결과와 관련된 문제의 이해에 도움이 될 것이라고 하였다.

6. 화분매개곤충의 위기

현재 지구상에는 약 25만 종의 현화식물이 분포하고 있으며 그 중 90% 이상이 동물에 의하여 화분이 매개되고 있는 것으로 알려져 있다. 작물생산에 미치는 화분매개동물의 경제적 가치는 미국에서만 연간 200억 달러(Keven 1991) 내지 400억 달러(Pimentel 등 1997)이라고 하고 세계적으로는 2,000억 달러(Richards 1993)이라고 추정되고 있다.

식물과 화분매개동물은 상호부조적 관계를 갖고 있어 서로 도움을 주고받고 있다. 그러나 이 상호부조관계는 양자에 "공평"하거나 상호협력적 관계는 아니다. 진화상으로 볼 때 화분매개작용은 원래 길항관계에서 출발한 것이다. 식물과 화분매개동물은 서로 다른 목적을 갖고 있어 대개의 경우 식물은 생식을 목표로 하고 동물은 먹이를 목표로 하고 있다. 따라서 서로 추구하는 바가 달라 상호협력적 관계라기보다는 상호대립적 관계이다. 이와 같은 관계는 화밀을 얻을 때 꽃을 먹어버리는 벌류에서 그 예를 관찰할 수 있다.

이와 같은 서로 길항적 관계하에서 식물과 화분매개동물은 여러 가지 서로 다른 적응적 특성을 발달시켜 왔다. 즉 화분매개동물은 식물을 선발하여 유전자 조성에 영향을 미쳐 종분화를 촉진하고 그의 꽃의 표현형을 변화시켜 왔다. 그러나 그렇다고 하여 식물의 꽃 표현형이 동물에 최적조건으로 된 것은 아니다. 반대로 식물은 동물에 대하여 선발적으로 작용하나 그것은 식물에 최적인 것은 아니었다. 그 결과 결국 양자에 가장 중요한 요구조건을 얻기 위한 보다 나은 효율의 획득이 되었다. 따라서 화분매개동물의 입장에서는 식물에 대한 임기응변과 신축성의 획득이었으며 이것은 식물에서도 마찬가지였다.

따라서 화분매개체제의 관리, 보존 그리고 복원을 위한 가장 적절한 전략의 수립을 위하여는 여러 가지 요인들을 적절히 활용해야 한다. 그를 위하여는 식물과 화분매개동물에 관한 충분한 생물학적 지식이 필요하며 그들 간의 상호작용상과 그들의 행동이나 형태, 기타의 생물학적 현상에 미치는 자연선택작용에 대한 이해가 필수적이라 하겠다.

인간은 그간 지금까지 유지되어온 연속적인 서식처를 분단하여 쪼개버림으로 유전자 부유나 근친교잡 그리고 일부 유전자군의 탈락 가능성을 증대시켜 왔다. 그리고 현대 농업생산체제는 야생벌류를 비롯한 여러 가지 화분매개곤충류의 서식환경에 불리한 조건을 조성하여 왔다. 예를 들면 관리의 편리함이나 기계화의 보편화로 한 작물만을 재배하는 단작이 증대하고 있는데 이것은 식물상의 다양성을 감소시켜 화분매개곤충상을 단순화시키고 가축류의 방목은 매개곤충류의 먹이 자원을 감소시키고 땅속의 이들 곤충류의 집을 파괴하고 집 자리를 불리한 조건으로 만든다.

그리고 살충제의 사용은 화분매개곤충류에 직접적인 영향을 미칠 뿐만 아니라 상호교신의 비정상화, 비상력의 약화 그리고 여왕벌에의 영향 등 여러 가지 부작용을 일으켜 왔다. 또 제초제의 사용은 밀원식물의 감소를 초래하여 때로는 살충제보다 더 큰 타격을 미칠 수도 있다. 따라서 농약 사용은 사용 시기나 살포범위에 대한 충분한 주의가 필요하다.

최근 화분매개곤충류의 감소는 유용한 화분매개곤충류의 탐색과 그의 이용에 관한 연구를 촉진하여 왔다. 특히 과수재배에서와 폐쇄된 환경에서 계절과 관계없는 생산을 하고 있는 시설재배면적의 증대는 화분매개곤충류의 의도적 도입을 필수로 하고 있어 그의 효율적 이용은 재배기술의 일부가 되고 있다.

이런 실정 때문에 2002년 화분매개용으로 우리나라에서 수입한 서양뒤영벌(*Bombus terrestis*)은 약 2만 5,000봉 군으로 소비자가격으로 30억 원에 달하였으며 딸기 재배에 이용된 꿀벌은 약 10만 봉군이었다고 한다. 그리고 사과, 배 등의 화분매개곤충으로 머리뿔가위벌(*Osmia cornifrones*)은 1992년부터 수입되기 시작하여 2001년에는 사양규모가 2,000만여 마리로 추정되고 있다. 그리하여 현재는 뒤영벌 외에 호박벌이나 머리뿔가위벌 그리고 꿀벌 등의 이용이 보편화되고 있다.

최근의 화분매개체제는 생물서식환경의 분할, 토지이용상의 변화, 농업 생산기술의 변화, 살충제나 제초제의 광범위한 이용, 외래동식물의 침입 등에 의해 크게 위협을 받고 있어 그의 관리나 보호 그리고 그의 유지는 농업생산의 증대를 위하여 극히 중요한 과제가 되고 있다.

이런 문제의 한 해결방법으로 외국에서 이용되고 있는 유용한 화분매개곤충류를 직접 도입하여 이용하거나 그의 국내증식에 관한 연구가 활발하게 진행되고 있으며 상당한 성과를 얻고 있다. 그러나 이런 외래 곤충류가 야외에서 토착종들과의 경합관계에 대한 검토는 충분한 것이 못되어 앞으로 이런 문제의 검토와 나아가서는 우리나라 토착종에서의 유용종 탐색도 이루어져야 할 것으로 생각된다.

문제의 합리적 해결을 위해서는 화분매개곤충류의 다양성을 증대시키고 환경 이용이나 농업생산기술의 개선 그리고 새로운 종의 도입, 기타의 방법이 과학적 지식을 바탕으로 적절히 적용되어야 한다.

그리고 이와 같은 관계가 농업생산현장이나 자연조건하에서 유지보전되기 위하여 식물과 화분매개곤충간 상호작용의 생태학적 실상의 파악을 위한 더 한 층의 노력이 이를 뒷받침해야 한다.

제3장

식식성 곤충류의 식성

1. 식식성 곤충류의 식성범위

식물체의 화학적 성분이나 형태적 특성은 종류에 따라 차이가 있을 뿐만 아니라 같은 종에서도 생육시기에 따라서도 차이가 있어 이런 특성들은 식식성 곤충류의 식성에 큰 영향을 미친다.

식식성 곤충류의 식성과 관련 단식성(Monophagy), 협식성(Stenophagy) 그리고 광식성(Euryphagy) 등의 용어가 쓰이고 있는데 이것은 자의적인 것에 불과하다. 즉 단식성의 경우 흔히 한 종 생물을 먹이로 이용하는 경우를 뜻하나 경우에 따라서는 종 이상의 분류단위 즉 속 단위나 과 단위 나아가서는 목 단위를 기준으로 하는 경우도 있다. 유연성이 큰 두 종에 기생하는 기생자는 서로 다른 목에 속하는 두 종에 기생하는 종에 비하여 게놈(생물의 정상적 기능에 꼭 필요한 최소한의 비상동 염색체 조합)과 보다 밀접한 관계가 있다. 그런데 한 과에 속하는 10종에 기생하는 종이 서로 다른 목에 속하는 두 종에 기생하는 종보다 더 많이 특성화 되었다고는 할 수 없다. 물론 종수를 기준으로 한 것이나 상위분류단위를 기준으로 한 것 모두가 의미 없는 것은 아니다. 상위분류단위를 토대로 한 것은 계통학적으로 얼마나 넓은 범위의 먹이를 포함할 수 있는가를 가늠할 수 있고, 종수를 바탕으로 한 것은 공격자의 먹이에 대한 진화적 상호관계를 짐작하는데 도움이 된다. 또 몇 가지 종의 식물을 먹이로 한다고 할 때 이것은 분류학적으로는 명백히 광식성 곤충의 범주에 속하나 그 곤충이 식물의 특정 조직이나 특정 물질을 함유하는 식물을 먹는다면 이것은 성분면에서는 단식성이라고 할 수 있다. 그리고 어떤 곤충이 그의 분포지역 전체로 보았을 때 여러 가지 식물을 먹이로 하나 한 지역에서는 한 종의 식물만을 이용하는 경우도 있는데 이때에는 광식성이라고 할 수도 있고 단식성이라고 할 수도 있다.

모든 생물들은 정도의 차이는 있으나 식성에 특이성을 갖고 있다. Janzen(1980)은 코스타리카의 낙엽림과 하천변의 상록초원에서 쌍자엽식물의 종자를 이용하는 딱정벌레류를 조사하였다. 이 들 딱정벌레류가 기생하는 식물의 종수는 전체 975종 중 100종이었고 종자에 기생하는 120종 곤충류 중 한 종 식물에 기생하는 것이 전체의 75.4%인 83종으로 대부분이었고 2종에 기생하는 것이 14종, 3종 식물에 기생하는 것이 9종, 4종 식물에 기생하는 것이 2종 이었으며 기주가 6종인 경우와 8종인 경우는 1종이었다고 하여 이들은 식성범위가 좁은 경향이 있었다.

그림 3-1은 영국의 진딧물류와 혹파리류의 숙주특이성이다.

그림에서 보는 바와 같이 대부분의 진딧물류(514종)는 한 속 식물을 숙주로 하며 13종만이 6개 이상의 과에 걸쳐 기생하고 있으며 혹파리류에서도 대부분의 종이 단식성 또는 협식성임을 알 수 있다.

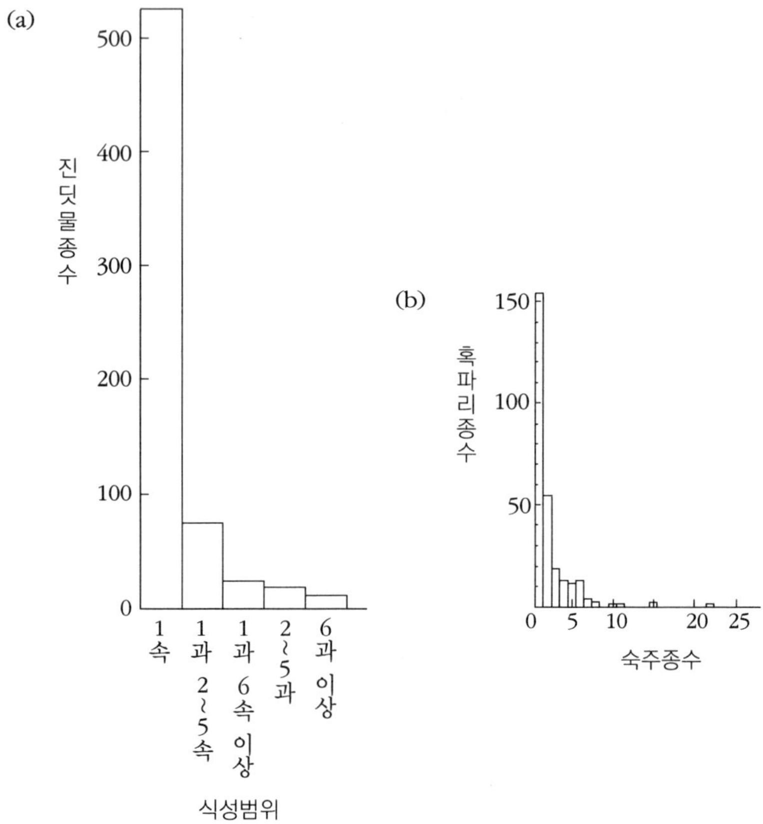

그림 3-1. 영국의 진딧물류 (Eastop 1973)(a)와 혹파리류 (Spencer 1972)(b)의 숙주특이성

Thompson(1982)은 한 개체의 식물에서 일생을 마치는 종 즉 단식종은 일생 동안 여러 개체의 식물을 이용하는 것에 비하면 숙주특이성이 크다고 하였다. 위의 예들은 기생자에 해당되므로 Thompson의 주장과 일치한다고 하겠다. 그런데 메뚜기류는 일반적으로 광식성인 경우가 보통인데 인도산 대벌레의 일종인 *Carausius morosus*의 경우 노숙약충은 어린 약충에 비하여 먹이에 대한 특이성이 높으

며 이런 현상은 수명이 긴 다른 뜯어먹는 곤충류에서도 알려져 있어 모든 뜯어먹는 곤충류가 연령과 관계없이 광식성이라고는 할 수 없다. 그리고 한 식물에 존재하는 협식성 또는 광식성 곤충류는 그들이 먹는 식물의 종 조합에 차이가 있는 것이 보통이어서 대부분의 식물은 명백히 구별되는 특유의 곤충군을 갖고 있지 않고 서로 다른 식물을 먹이로 하는 임의의 곤충류를 갖게 된다. 따라서 한 식물에 존재하는 곤충들일지라도 그들의 식물과의 관계는 차이가 있다는 것을 뜻한다. 예를 들면 열대의 단자엽식물인 *Heliconia*속 식물은 완전히 단식성인 가시잎벌레류에서부터 광식성인 나비목이나 매미목 곤충류의 가해를 받는데 이들 광식성 곤충류의 숙주는 야자를 비롯하여 쌍자엽성 목본류에 이르기까지 다양하다.

식물에 대한 섭식특이성의 진화는 여러 가지 생태학적 현상과 깊은 관계가 있어 식성은 오랜 진화과정을 통하여 다듬어진 결과이다. 따라서 식생의 변화는 섭식하는 곤충류의 발생양식에 큰 영향을 미치며 그것은 비교적 짧은 시일 내에도 일어날 수 있다.

우리나라 벼 재배양식은 1970년대 초 통일계 벼 품종의 보급과 더불어 재배양식이나 비배관리 그리고 경종법에 외국에서는 그 예를 볼 수 없을 정도로 단시일 내에 크게 변하였다. 그 결과 벼의 해충류 발생상황은 표 3-1에서 보는 바와 같이 크게 변하였다.

표에서 보는 바와 같이 1960년대 이전에 중요 해충이었던 이화명나방은 1970년대 후반부터는 발생량이 크게 감소하였고 벼멸구와 흰등멸구의 발생량은 1970년대 이후 크게 증가하고 있다. 그리고 저온성 해충류가 재배시기가 빨라지면서 발생이 늘고 있다.

우리나라 벼 해충류에 대한 조사는 1950년대부터 전국 병해충 발생 예찰소에서 유살등이나 기타의 방법으로 상세히 조사되어 왔다. 그림 3-2는 이화명나방 유살수의 연자석 변동상황이다.

표 3-1. 한국에서의 주요 수도 해충류 발생추이 (농진청 1997)

해충	1950년대	1960년대	1970년대 전반	1970년대 후반	1980년대 전반	1980년대 후반	1990년대
이화명나방	+++	++	++	+	+	+	+
혹명나방	+	+	++	++	++	+	+
벼멸구	+	++	+++	+++	+++	+++	+++
흰등멸구	+	++	+++	+++	+++	+++	+++
애멸구	+	+++	+	++	++	+	+
끝동매미충	+	+	++	++	+	+	+
물가파리류	+	+	++	+++	+++	+	+
벼잎벌레	+	+	++	++	++	++	+
벼물바구미						+	+++

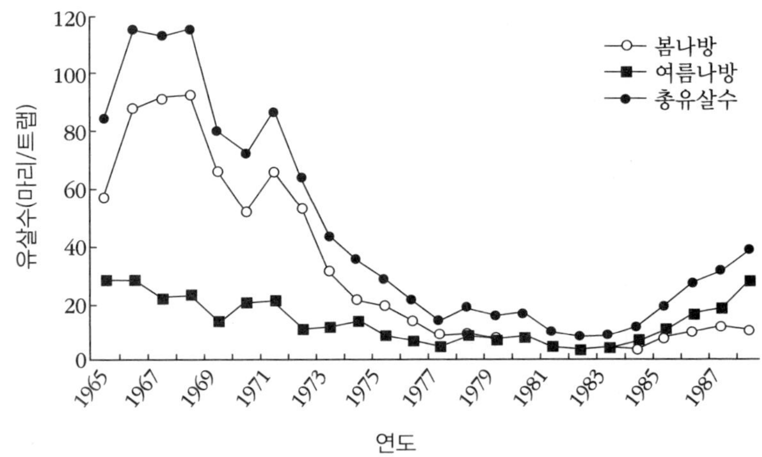

그림 3-2. 39개 예찰소 유아등에 유살된 이화명나방의 유살수 변동 (현 1990)

이화명나방의 발생상황은 1970년대 중반 이후 크게 변하고 있다. 즉 연간 유살수는 1965~1971년에 비하면 1981~1985년에는 11.85%에 불과하며 1971년 이후 급격히 감소하고 있다. 그런데 감소율은 여름나방보다 봄나방에서 훨씬 크다. 그리고 유살일이 빨라지면서 발생기간은 짧아지고 있는데 이런 변화는 여름나방보다 봄나방에서 심하였다.

이와 같은 사실들은 이 해충의 생태와 밀접한 관계가 있다. 송 등(1982)은 1966~1979년의 이 해충 발생상황을 검토하고 유살량의 감소가 여름나방보다 봄나방에서 큰 것을 지적하고 이것은 벼의 이앙기가 1970년대 초반까지는 6월 하순~7월 중순이던 것이 후반 이후에는 5월 하순~6월 하순으로 약 1개월 빨라졌고 수리안전답 비율이 증가하여 이앙기간이 짧아져 1화기 유충에서 우화한 여름 성충의 산란으로 시작되는 2화기 유충이 벼를 섭식할 때 이전에 비하여 줄기가 굳어 식입에 실패하는 비율이 커졌기 때문일 것이라고 추론하였다. 즉 1970년대 중반 이전에는 여름나방의 자손인 이화기 유충이 부화할 때 벼의 조직이 연하여 식입이 쉬웠으나 1970년대 후반이후에는 부화할 때 벼의 조직이 굳어 식입이 어려웠다는 것이다. 더욱이 후술하는 바와 같이 벼가 출수하면 동화물질이 대부분 이삭으로 이동하게 되면서 이들 유충이 섭식하는 줄기의 영양도 나빠져 충분한 발육을 할 수 없게 하였을 것이다. 이런 이유로 유충의 치사율이 커져 다음해의 봄나방 유살량은 크게 감소하고 그들의 발생기간도 변화되었을 것으로 생각된다. 이와 같이 식생의 변화는 곤충발생상과 밀접한 관계가 있다.

Kuno(1968)는 일본에서 벼멸구의 증식동태를 야외포장에서 조사하고 그의 증식률은 비래 후 제1세대, 제2세대 그리고 제3세대에서 각각 대수치로 1.722, 0.873, 0.567이라고 하여 제1세대의 증식력이 가장 크고 그 후 세대에서 점점 감소한다고 하였다.

이와 현(1984)은 벼의 여러 가지 생육단계에서 벼멸구를 사육하여 우화한 성충의 산란수를 조사하여 표 3-2와 같은 결과를 보고하였다.

표 3-2. 벼의 여러 가지 생육단계에서 사육한 벼멸구의 산란 수 (이와 현 1984)

벼의 생육단계	최고분얼기		수잉기		출수기 a		출수기 b		유숙기	
시 형	M	B	M	B	M	B	M	B	M	B
평균산란수/♀	345.1	381.1	232.5	195	272.8	212.4	267.0	342.5	262.5	139.3
범위	10~627	0~744	6~444	1~452	1~546	0~513	46~532	100~552	68~462	0~692
C.V.(%)	45.3	56.8	46.5	83.3	53.3	83.7	48.2	38.6	42.1	120.6
암컷수	30	30	30	23	30	27	30	30	29	21

M : 장시형 암컷 B : 단시형 암컷 a : 이삭제거 b : 이삭무제거

벼멸구의 산란수는 사육한 벼의 생육단계에 따라 차이가 있어 최고분얼기에서 자란 성충의 산란수가 가장 많고 변이계수도 안정되어 있다. 그런데 출수 직후 이삭을 제거하면 최고분얼기에서 자란 것과 비슷한 산란수와 변이계수의 안정성을 얻을 수 있어 흥미로운 현상이었다. Suzuki(1975)는 벼의 생육단계에 따르는 동화물질의 각 기관으로의 이전상황을 조사하여 엽초와 줄기로의 동화물질 이전율은 최고분얼기에는 전체 동화율의 50~60%인데 출수 후에는 −20~−69%이고 출수 후에는 엽초에 저장된 동화물질이 130~170%가 이삭으로 이전한다고 하였는데 벼멸구는 엽초부에서 흡즙하는 것을 생각할 때 이와 같은 동화물질 이전동태는 중요한 관계가 있음을 짐작할 수 있다. 즉 이삭을 제거하면 물질 이전이 저해되어 최고분얼기에 흡즙한 것과 동등한 산란수를 보이는 것으로 생각된다. 따라서 1970년대 이후의 벼멸구 발생량이 많아진 것은 벼 이앙기가 빨라지고 다비 재배에 따르는 벼의 영양상태가 이 해충의 비래 후 증식에 도움이 되었던 것으로 생각된다. 이와 같이 식생환경의 변화는 해충류의 발생동태에 깊은 관계가 있다.

한편 동물을 먹는 방식에 따라 뜯어먹는 흘식자, 포식자 그리고 기생자 등으로 분류하기도 한다. 흘식자는 일생 동안에 여러 먹이 개체

의 몸 일부를 먹이로 하며 먹이 생물을 죽이지는 않으나 먹이에 피해를 끼치는 동물이고 포식자는 일생 동안에 여러 개체를 먹이로 하며 먹이 생물은 단시일 내에 죽게 하는 것을 말한다. 기생자는 생활사의 대부분을 다른 생물체의 내외에서 보내면서 숙주에서 영양분을 탈취하여 그의 생존율이나 생식력을 저하시키는 것을 말한다.

이와 같은 먹는 양식의 차이는 이들의 진화 전략과 밀접한 관계가 있다. 식식성 곤충류는 엄밀한 의미에서 포식자는 없고 흡즙성인 깍지벌레류와 같은 것은 먹는 방식에서 기생자의 범주에 속하며 매미충류나 노린재류는 같은 흡즙성이나 흘식자의 범주에 속한다고 하겠다. 이와 같은 섭식양식의 차이는 식식성 곤충류의 진화와 밀접한 관계가 있다. 따라서 여기서는 기생성 식식곤충류와 뜯어먹는 식식성 곤충류의 진화전략에 관하여 살펴보려 한다.

2. 식식성 곤충류의 섭식적응

식식성 곤충류는 섭식이나 기타를 위하여 여러 가지 적응적 특성을 갖고 있다. 식물과 식식성 곤충류간의 생태학적 상호관계나 공진화 문제는 식식성 곤충류의 이런 기능을 위한 형태적, 생리적 그리고 행동적 특성에 대한 이해 없이는 이해할 수 없다.

지금까지 식식성 곤충류의 공격에 대한 식물의 적응에 관하여는 많은 연구가 이루어져 왔으나 식식성 곤충류의 식물에 대한 공격이나 그들의 숙주식물 이용의 기작에 관한 연구는 별로 관심을 끌지 못해 왔다. 식식성 곤충류는 숙주식물이 받게 되는 피해나 식물의 적응성 감소와는 별도로 섭식을 증가시키고 섭식한 것을 보다 효율적으로 이용하기 위한 여러 가지 특성을 갖고 있다.

Rhoades(1985)는 식식성 동물의 숙주식물 이용을 위한 전략으로 선택의 문제, 기존 숙주에 대한 보다 나은 이용과 새로운 숙주의 이용을 위한 형태적 생리학적 특성의 진화문제, 섭식에 앞서 숙주의 방어력을 약화시키거나 또는 보다 영양가가 높은 충영의 형성 등과 같은 능동적인 숙주 변형 등과 같은 세 가지를 들었다. 여기서 이런 특성들에 관하여 살펴보려 한다.

1) 행동적 적응

동물체 조직은 식물의 그것에 비하면 훨씬 많은 양의 질소를 갖고 있다. 그뿐 아니라 다른 영양분이나 수분 같은 것도 식식성 동물에서는 문제가 된다. 또 식물체는 소화를 저해하는 물질이나 유독성 물질을 갖고 있다. 이에 따라 식식성 동물은 먹이 식물에 대한 선택성을 갖고 있다.

식물은 장소나 생육단계에 따라 질적으로 차이가 많다. 따라서 식식성 동물은 불리한 먹이 조건하에서는 이를 보완하기 위하여 더 많이 먹거나 한번에 먹는 양을 증가시키거나 자주 먹어 부족한 양분을 보충한다. 그뿐 아니라 식식성 곤충류는 화분이나 자신의 탈피각 또는 다른 곤충류를 먹어 부족한 단백질을 보충하기도 한다. 식식성 곤충류에서의 동족살상은 상당히 흔한 현상으로 흔히 광식성 곤충류의 경우 혼식을 할 때 증식률이 높아지는 경우도 있다.

또 식식성 곤충류 중에는 특이한 섭식방법을 가진 것이 있다. 예를 들면 단풍나무의 나비목 해충류의 어린 유충은 엽육이나 피층을 제거하여 후벽조직을 피하고 가해하여 창모양의 자국을 남긴다. 그리고 양배추은무늬밤나방(*Trichoplusia ni*) 유충은 야생 방풍나물 잎의 잎맥 사이의 엽육만을 먹어 유독성인 후라노쿠마린 섭취량을 줄인다.

한편 식식성 곤충류 특히 그의 어린 벌레들은 이동력이 별로 없어 성충은 어린 벌레가 먹고 자랄 수 있는 식물에 선택적으로 산란하는 것으로 알려져 있다. 그러나 최근의 조사 결과를 보면 약 50% 정도가 이런 가설을 뒷받침하고 있다고 한다(Mayhew 1997). 예를 들면 *Euphydryas editha* 네발나비의 경우 성충의 산란선호성과 유충의 생장률간에는 명백한 상관이 있었으나(Singer과 Thomas 1988) *Drosophila tripunctata* 초파리(Jaenike 1989)와 *Callosobruchus maculatus* 팥바구미(Fox 1993)에서는 그와 같은 상관관계를 발견할 수 없었다.

해충류의 경우 같은 작물에 대한 품종간 산란선호성의 존재는 많이 알려져 있다. *Pemphigus* 면충류는 숙주 중에서 유충의 생육에 유리한 개체에 선택적으로 산란한다. 이 면충은 잎의 위치나 크기에 대하여 선택성을 갖는데 큰 잎에 산란되면 간모나 그 자손의 무게가 커지고 증식력이 크며 생육도 빠르다. 그리고 잎 기부의 집단은 생존율이나 생식력이 잎의 다른 곳에서 자라는 것보다 크다(Whitham 1980).

2) 형태적, 생리적 적응

식물은 광범위한 방어기능을 가진 페놀화합물이나 글루코시노레이트류(glucosinolates) 기타의 여러 가지 유독성 물질을 갖고 있으며 식식성 곤충류는 이들을 무독화 시키기 위하여 복합기능 산소첨가효소(10장 공진화항 참조)를 비롯한 여러 가지 효소를 갖고 있다.

식식성 곤충류는 이와 같은 유해물질의 대사와 관련된 효소 외에도 섭식과 관련 여러 가지 효소를 갖고 있다. 예를 들면 포도당 분해효소는 나비류 유충의 침의 주요 효소인데 이것은 식물의 유도저항성을 감소시키는데 중요한 관계가 있는 리포산소첨가효소의 활성을 감소시키는 것으로 알려져 있다. 유충은 섭식할 때 잎의 상처에 침을 내서 식물의 유도저항성 활성화 능력을 감소시킨다. 포도당 분해효소의 생산이 억제된 유충은 섭식량이 감소하여 생장이 억제되므로 공격성이 억제된 셈이다. 또 진딧물류는 흡즙할 때 주둥이에 침을 바탕으로 한 구침초가 생기는데 이것은 찌른 곳에 생긴 물질의 확산을 막아 식물의 방어작용 유도를 방해한다(Felton과 Eichenseer 1999).

식식성 곤충들 중 특이식성을 가진 것은 특별한 효소계를 가진 것이다. 예를 들면 열대 콩과 식물 중에는 종자에 여러 가지 곤충류에 대한 방어기능을 가진 비단백성 아미노산을 가진 것이 있는데 *Caryedes brasilensis* 콩바구미는 이런 물질을 이용하여 필요한 아미노산을 합성할 수 있다(Rosenthal 등 1982). 또 특이성을 가진 *Heliconius* 네발나비의 유충은 시안배당체를 티올류로 변화시키는 새로운 효소계를 이용한다고 한다(Engler 등 2000). 이것은 발산하는 시안화물을 막고 유독성 물질을 이용할 수 있게 한다.

식식성 곤충류 중에는 식물체가 갖는 유독성 물질을 먹어 조직이나 선에 저장하여 포식자나 기생자에 대한 방어수단으로 이용하는 것이 있다. 이와 같은 식물기원의 유독성 물질의 저장은 방어물질을 무독화 할 필요는 없으나 이런 물질을 분리하여 선택적으로 섭취하거나 변형할 수 있는 특별한 조직을 필요로 한다. 일반적으로 이와 같은 현상은 식성특이성이 큰 협식성 곤충류에서 발달할 것으로 생각되는데 실제로 코스타리카 지방에서 조사된 70종의 나방류 중에서 식성 폭이 좁은 것은 이런 방어기능과 관계가 있었다(Dyer 1995).

한편 곤충류의 구기형태는 먹는 식물과 깊은 관계가 있는 것은 잘 알려진 사실이다. 박쥐나방류를 예를 들면 어떤 종들은 비교적 연한 잎을 먹기에 알맞은 턱을 갖고 있는데 다른 종들은 굳은 조직을 가진 화본류나 나뭇잎을 먹기에 알맞도록 자르기에 알맞은 구기를 갖고 있다. 구기의 특성은 비교적 짧은 기간에 발달할 수도 있다. 북미에는 무환자나무류 3종이 새로 도입되었는데 이들 각 종의 종자를 가해하는 노린재류의 구기는 그 길이가 이들 각 종의 종자를 먹을 수 있는 길이로 발달하였다. 이들 노린재류는 과거의 숙주보다 새로이 적응한 종에서 높은 적응성을 보였다.

곤충류의 구기는 한 세대 내에서도 먹이에 따라 어느 정도의 변화를 일으킨다. 예를 들면 나비류의 유충이나 메뚜기류를 딱딱한 먹이로 사육하면 연한 먹이로 사육하였을 때보다 큰 턱을 가진 머리가 큰 것으로 자란다.

그리고 곤충류는 체내에 여러 가지 공생미생물을 갖고 있어 이들은 곤충류의 소화나 유독물질의 무독화, 기타의 작용을 통하여 곤충류의 이용을 돕는다. 곤충류는 섬유소를 소화하지 못하나 체내의 세균류, 균류, 원생동물 등의 도움을 받아 이것을 이용할 수 있으며 목질부나 체관액을 이용하는 곤충류는 아미노산이 크게 부족한 먹이를 이용하나 이런 공생미생물의 도움으로 생장이 가능하다. 이들은 부족한 영양물질을 생산하는 세균류를 중장 내에 갖고 있다. 체관액(篩管液)을 먹지 않도록 된 매미충류나 깍지벌레류 그리고 진딧물류는 공생 세균류를 갖고 있지 않다고 한다(Douglas 1998).

공생미생물들은 유독성 물질의 무독화에 도움이 되기도 한다. 예를 들면 권연벌레의 체내에 있는 진균류는 여러 가지 식물성 타감물질을 탄소원으로 이용하며 유독성 물질에 대하여는 무독화효소를 생산하도록 한다. 또 제4장에서 설명하는 바와 같이 식물의 병을 매개하는 곤충류는 병의 감염으로 도움을 받는 경우도 있다. 식물의 바이러스병을 매개하는 진딧물류는 이병식물체에서 생육기간이 짧아지고 증식력이 커져 밀도 증가가 빨라진다(Fereres 등 1989). 이것은 당분, 단백질 그리고 아미노산 함량이 이병주에서 증가되기 때문이라고 한다.

3) 숙주식물의 조작

앞에서 설명한 예들은 식식성 곤충류의 효율적인 숙주이용에 관한 것들이다. 그런데 곤충류들 중에는 자신의 형태나 생리 또는 행동을 통하지 않고 숙주의 형질을 변화시켜 이용에 유리하도록 하는 경우가 있다.

곤충류나 응애류는 식물체에 산란을 하거나 섭식을 할 때 충영을 만드는 것이 있다. 충영의 내부조직은 영양분이 풍부하여 여기서 자라는 진딧물류는 다른 조직을 섭식하는 경우보다 증식이 빠른 것이 보통이다. 그리고 충영은 병원균이나 포식자 또는 기생곤충류로부터의 공격을 막아주기도 한다. 또 곤충류는 잎을 자기 몸 주위에 묶거나 몸을 둘러싸서 주위의 미기상을 변화시키기도 한다. 그리고 말린 잎은 광선을 막거나 잎이 굳어지거나 타닌 생산에 영향을 미친다(Sagers 1992). 곤충류의 가해를 받은 식물은 가해에 유리해지는 경우가 있는데 Karban과 Baldwin(1997)은 이것을 식물의 유도감수성(Induced plant susceptibility)이라고 하였다. 유도감수성은 식물의 생장과정에 영향을 미쳐 곤충류에 보다 유리한 상태를 유도한다. 예를 들면 *Elatobium abietinum* 진딧물은 가문비나무 잎의 노쇠를 촉진하는데 가해를 받지 않은 잎보다 이 진딧물의 발육에 유리한 영향을 미친다(Fisher 1987).

식식성 곤충류는 식물의 방어능력을 무력화 시키기 위하여 여러가지 특이한 섭식습성을 갖고 있다. 식물은 가해를 받았을 때 유액과 같은 것을 분비하여 섭식을 방해한다. 이에 대해 곤충류는 섭식하기 전에 잎맥을 잘라 그의 유출을 막는 것이 있다. 이와 같은 행동은 숙주식물의 도관특성과 일치한다. 즉 수상도관을 가진 식물에서는 잎맥을 절단하며 망상잎맥을 가진 식물에서는 홈을 돌려 판다. 그리하여 이와 같은 섭식특성을 가진 나비목 유충들은 그렇지 않은 유충들에 비하면 섭식효율이 높고 생존율이 높아진다(Dussourd 1993). 식물은 방어수단으로 털을 갖고 있는데 곤충류는 섭식하기 전에 그것을 깎아 버리거나 실을 토하여 발판을 만들고 섭식하는 것이 있다.

Atta 두마디개미류는 식물의 잎이나 꽃을 잘게 잘라 곰팡이를 배양하여 그것을 이용한다. 이들은 배양하는 곰팡이와 같이 이들 곰팡이에 기생하는 세균류를 체내에 갖고 있어 이것을 곰팡이 배지에 접종하여 먹는 곰팡이를 순수 배양한다고 한다(Currie 등 1999).

이상에서 보는 바와 같이 식식성 곤충류는 식물을 공격하기 위한 여러 가지 적응적 특성을 갖고 있다. 이런 식식성 곤충류의 특성과 식물과의 관계, 그들 특성의 유효성이나 그의 발달에 미치는 상호관계 등에 관한 지식은 식식성 곤충류의 특성의 본질이나 그의 영향에 관한 이해에 많은 도움이 되겠다.

3. 기생성 식식곤충류

기생성 곤충류는 숙주범위가 특히 좁은 예가 많다. 이것은 기생자와 숙주간의 보다 밀접한 관계로 보아 이해할 수 있다. 기생자의 숙주특이성 문제는 왜 기생자 중에는 숙주특이성을 가진 종이 많은가의 문제 보다는 다른 종들이 왜 한 종 숙주에만 기생하는 방향으로 특성화하지 않았는가하는 문제가 보다 의미가 있다. 그런데 한 종 또는 소수의 식물을 숙주로 하지 않는 기생곤충류는 지역적인 숙주특이성을 갖고 있거나 또는 긴 수명을 가진 숙주에 특이성을 갖는 수가 많다.

지역에 따라 숙주를 달리하는 기생자의 예가 많이 알려져 있는데 이것은 각 숙주가 지역적으로 변이를 갖고 있기 때문이다. 예를 들면 루핀류 콩에 대한 부전나비의 기생률은 루핀류의 개화기, 자모특성 그리고 알칼로이드 함량이 지역에 따라 차이가 있는 것과 관계가 있다고 한다(Breedlove와 Elhrich 1972). 물론 기생자의 지역적 차는 숙주의 지역적 특이성 외에 경쟁관계나 식식자에 대한 기생작용이나 포식작용 같은 천적류의 영향이 지역적으로 차이가 있기 때문에 생길 수도 있다. Singer(1972)는 네발나비의 일종인 *Euphydryas editha*의 산란선호성을 조사하여 표 3-3과 같은 결과를 얻었다.

표 3-3에서 보는 바와 같이 이 네발나비는 *Plantago* 질경이를 비롯하여 현삼과의 5개 속 식물에 산란하는데 산란은 한 지역 내에도 공존하는 식물 간에 차이가 있어 식물에 대한 명백한 산란선호성을 나타내고 있다. JR(Jasper Ridge)에서의 산란상황을 보면 *Plantago* 질경이속에 98%, *Orthocarpus* 현삼류에 2%인데, EW(Edgewood Road)지역에서는 *Orthocarpus*속 현삼에 83%이고 *Plantago* 질경이에는 17%이며 IF(Indian Flat)지역에서는 100%가 *Collinsia*속 현삼에 산란하고 *Plantago*속 질경이에는 산란이 발견되지 않아 이 나

표 3-3. 조사지역에 따르는 *Euphydryas editha*의 숙주상의 난괴수 (Singer 1971)

	난괴수					
개체군	*Plantago*	*Orthocarpus*	*Pedicularis*	*Collinsia*	*Castilleja*	*Penstamon*
JR	40(98)	1(2)	0	–	–	–
EW	3(17)	15(83)	–	–	0	–
DP	–	–	61(94)	4(6)	0	–
IF	0	0	–	25(100)	0	0
MC	–	–	0	12(100)	0	0
GL	–	–	–	–	14(100)	0

( ) : 총 종수에 대한 %

Plantago(질경이과)를 제외한 모든 식물은 현삼과, –는 숙주식물이 없는 곳

JR : Jasper Ridge, EW : Edgewood Road, DP : Del Puerto Canyon, IF : Indian Flat, MC : Mud Creek, GL : Gardisky Lake

비의 산란선호성은 지역에 따라 차이가 있다는 것을 알 수 있다.

한편 Singer(1972)는 야외산란조사대상 식물들을 재료로 실내에서 이 나비의 7개 지역 개체군의 산란선호성을 조사한 바 이들 식물들에 대하여 산란을 거부하는 예는 볼 수 없었으나 지역개체군 간에는 식물의 종류에 대한 선호성에 큰 차이가 있어 지역개체군은 선천적으로 식성선호성에 차이가 있음을 알 수 있었다. 즉 JR, EW, DP(Del Puerto Canyon)지역 개체군은 *Plantago*, *Orthocarpus*, *Pedicularis*, *Collinsia*속 식물들에 대하여 21~29%의 산란율을 보였으나 *Castilleja*와 *Penstemon*속 식물에는 산란을 않았고, MC(Mud Creek)와 IF개체군은 100%가 *Collinsia*속에만 산란하고 다른 식물에는 산란하지 않았다. 그리고 GL(Gardisky Lake)개체군은 *Castilleja*속 현삼에 대부분(50%) 산란하나 *Plantago*, *Pedicularis*, *Collinsia*, 그리고 *Penstemon*속 식물에 일부(6~19%) 산란하였다.

이 실내실험결과는 이 나비의 지역개체군이 산란선호성에 차가 있음을 명백히 한 것으로 *Plantago*속이나 *Orthocarpus*속에 대한 IF개체군, *Pedicularis*속에 대한 MC개체군 그리고 *Castilleja*속에 대한 DP, IF, MC 개체군의 산란선호성에 대한 반응은 실내실험결과와 야외조사결과가 일치하였으나 *Orthocarpus*속과 *Plantago*속에 대한 JR개체군의 반응은 야외조사에서는 98%와 2%로 실내실험결과인 21%와 29%와 차이가 있고 EW개체군에서는 이 두 속 식물에 대한 야외조사에서는 17%와 83%로 실내실험에서의 결과와 차이가 있고 *Pedicularis*속에 대한 JR개체군의 산란은 0인데 실험결과는 20%이고, *Pedicularis*속과 *Collinsia*속에 대한 DP 개체군의 산란율은 야외에서는 94%와 6%인데 실내실험결과는 32%와 26%로 야외조사결과와는 차이가 있다. 그리고 GL 개체군의 *Castilleja*에 대한 산란율은 야외에서는 100%인데 반하여 실내조사에서는 50%로 차이가 있어 이런 결과에 관하여는 실내실험결과만으로는 설명이 불가능하다.

Singer는 이와 같은 차는 시각적인 측면과 생물현상학적 차이 때문일 것이라고 하였다. 뒤에서 설명하는 경우를 제외하면 식물의 밀도는 산란수에는 명백한 영향을 미치지 않았다고 한다. 이 나비의 암컷은 녹색을 선호하는데 위에서 보았을 때 *Plantago*속 질경이는 녹색인데 반하여 *Orthocarpus*속 현삼은 이 나비가 활동할 때 개화하여 위에서 보았을 때 짙은 분홍색으로 보인다. 또 암컷은 산란을 위하여 식물체 기부를 찾는데 이 나비의 산란활동기간 중 *Plantago* 질경이는 기부에 잎이 많으나 *Orthocarpus*속 현삼은 기부에 잎이 거의 없다. 이와 같은 특성상의 차는 실내실험에서는 나타나지 않기 때문에 실내실험과 야외조사결과 간에는 차이가 있을 수 있다.

한편 야외조사결과 EW개체군에서의 산란상황은 JR개체군의 그것과는 정반대로 대부분(83%)의 난괴가 *Orthocarpus*속 현삼에서 발견되고 있다. 그 이유에 대하여 Singer는 이 지역에서는 *Orthocarpus*속 현삼의 밀도가 EW지역에서 JR지역보다 3~10배나 높으며, *Plantago*속 질경이는 JR지역에서는 EW지역보다 1~2주 빨리 노쇠하여 *Plantago*속 식물이 이 나비에 대한 산란유인작용이 약하기 때문이었을 것이라고 설명하였다.

한편 DP(Del Puerto Canyon)지역에서는 대부분(94%)의 난괴가 *Pedicularis*속 현삼에서 발견되었는데 JR지역이나 MC지역에서는 이 식물이 존재는 하나 산란은 볼 수 없었다. 이 식물은 반기생성(엽록소를 가진 기생식물)으로 보통 숙주식물의 그늘진 곳에서 자란다. DP지역의 나비 암컷은 그늘에서도 활발한 산란활동을 하나 JR지역 개체군은 그렇지가 않다. 그러므로 JR지역개체군의 암컷은 음지성인 *Pedicularis*속 현삼과의 접촉 기회가 적으나 DP지역개체군은 그렇지가 않고 또 다른 요인은 JR지역에서는 난괴에 대한 포식작용이 심하였다고 하여 그 영향도 있었을 것이라고 하였다.

이와 같이 기생성 식식자는 식물의 형태, 생장과정, 포식작용, 그리고 식물의 함유물질 등의 차이로 실제로 이용 가능한 식물 중 몇 가지 식물에 선택적으로 기생하는 경우가 많다. 기생자와 숙주간의 관계가 특히 긴밀한 경우 그들은 공진화 하는 수도 있겠으나 두 종이 공존하는 경우에 있어서도 상호관계가 긴밀한 것이 아니라면 공진화가 일어날 가능성은 적거나 없을 수도 있다. 또 숙주와 기생자간의 상호작용이 있는 경우라도 상호작용관계의 진행이 숙주와 기생자간의 직접적인 공진화에 의한 것이 아닐 수도 있다. 즉 숙주식물에서의 포식작용이나 기생 또는 경쟁현상의 숙주간 차이와 같은 여러 가지 이유 때문에 군집내의 다른 숙주에 비하여 특정 숙주가 기생에 불리할 수도 있다. 예를 들면 겨우살이에 기생하는 부전나비의 일종 *Ogyris amaryllis*의 경우 *Amyema preisii*보다는 *A. maidenii*를 선호하는데 이것은 영양적으로는 전자가 유리하나 후자는 천적으로부터 보호받을 수 있는 개미를 동반하기 때문에 생긴 결과이다. 이것은 진화과정을 통하여 기생자개체군의 숙주선호성은 선발작용의 변화로 변화할 수도 있으며, 그런 변화는 숙주와 기생자간의 공진화와 유관할 수도 있고 무관할 수도 있다. 따라서 단기간에 걸친 1:1의 종간 공진화 관계에서 나타나는 우연한 산란현상은 잠재적 숙주간에 생기는 우연일 수도 있어 결론을 내리는 데에 보다 깊이 있는 연구결과의 뒷받침이 필요하다.

한편 영년생식물의 기생자는 1년생식물과 같은 비교적 수명이 짧은 식물의 기생자와는 다른 방향으로 특성화가 일어날 수 있다. 이런 차이점 때문에 영년생식물의 기생자에서는 공진화가 일어날 가능성이 적어질 수도 있으나 이런 차이점 때문에 기생자와 숙주식물의 상호작용양식에 차가 생길 수도 있다. 영년생식물의 기생자는 한 개체 또는 유연성이 큰 몇 개의 개체에서 여러 세대를 거치기 때문에 여러 세대에 걸쳐 적응할 수 있다. 이 경우 숙주의 유전자형은 그대로이나 기생자는 선발압을 받게 되는 고로 기생자 개체군의 유전자형에 변화가 생길 수 있다. 폰데로자소나무(*Pinus ponderosa*)와 그에 기생하는 *Nuculaspis californica* 솔잎깍지벌레의 관계는 이런 경우이다. Edmunds와 Alstad(1978)는 이 소나무는 개체에 따라 이 깍지벌레에 대한 저항성에 차이가 있어 기생하고 있는 깍지벌레는 나무마다 서로 다른 딤(지역개체군)으로 된다고 하였다. 그는 이 깍지벌레를 서로 다른 나무에 이식하였을 때 그들의 생존율은 나무에 따라 큰 차이가 있고 수간이식을 하였을 때의 생존율은 같은 나무에서 수내이식을 한 경우보다 낮다고 하였다. 각 딤 내에서의 수컷 생산율은 낮고 수컷은 우화직후 솔잎을 따라 이동하여 암컷과 교미하는 고로 교미는 한 나무에서 제한적으로 일어나기 때문에 딤은 비교적 안정적이다. 소나무는 수간교잡으로 다양한 유전자 재조합이 일어나 깍지벌레에 대한 여러 가지 방어적 표현형이 생겨 그 자손은 같은 딤의 깍지벌레의 기생을 받을 확률을 감소시킬 수 있다. 깍지벌레가 살아남기 위하여는 같은 숙주내를 이동하거나 아니면 새로운 숙주에 적응해야 할 것이다. 이와 같은 개개의 숙주에 대한 적응방식은 한 숙주 내에서 여러 세대를 경과하게 되는 기생자에서는 흔한 일인 듯 하다.

또 영년생식물의 기생자는 공진화 할 가능성이 아주 희박할 수 있다. 영년생식물의 기생자들은 수명이 짧은 식물들의 기생자들에 비하면 그들이 택할 수 있는 숙주 연령 폭이 넓은 것이 보통이다. 여러 가지 연령 중에서 어떤 한 연령에 기생하게 되어 반복생식을 하는 종의 경우 노숙한 개체에 기생하는 기생자들은 방어력이 효과적으로 발달하지 않은 생육단계의 숙주를 공격하게 되는 수도 있다. 개체의 후기나 생식 후의 개체에 큰 영향을 미치는 기생자들은 공진화적 반응 없이 식물에 적응할 가능성이 크다고 할 수 있다. 어떤 식물들 중 노숙한 개체들에서 방어력이 상대적으로 약하다면 이에 기생하는 기생자는 기주 특이성에 대한 선택을 덜 받을 수 있고 그 대신 이런 조건하에서는 기생자는 숙주의 종에 대한 특이성보다는 생육단계에 대한 특이성이 발달하게 될 것이다. 결국 영년생식물에 대한 숙주선택은 기생자나 숙주의 개체군 구조(딤이나 연령구조)의 영향을 받으며 이들은 종간의 공진화 여부나 기생자와 숙주의 적응을 결정하게 된다.

4. 뜯어먹는 식식성 곤충류

기생자와 달리 뜯어먹는 식식성 곤충류는 여러 개체(같은 종 또는 다른 종)를 먹기 때문에 혼식에 대한 적응이 중요하며 식식성 동물에서는 그 예는 극히 적으나 육식성 동물에서는 먹을 수 있는 것과 먹을 수 없는 것을 식별하는 능력을 학습을 통하여 얻게 되는 고로 학습과정의 진화도 중요한 일면이 되겠으나 여기서는 전자를 중심으로 설명하려 한다. 뜯어먹는 식식자는 먹이식물이 함유하는 유독성 물질이나 불리한 형태적 특성을 극복하고 영양적 균형을 극대화하는 방향으로 진화한다. 물론 이런 문제는 기생자에서도 문제가 되겠으나, 기생자는 하나의 숙주에서 생활하므로 여러 개체를 먹이로 하는 포식자나 뜯어먹는 자의 경우와는 좀 다르다. 같은 종의 다른 개체들을 찾거나 먹을 수 있는 다른 종을 빠뜨리는 일은 에너지나 영양적면에서 손해이다. 상호보완적인 먹이가 충분히 이용할 수 있는 경우 하나의 종만을 먹는 방향으로 진화하는 것은 영양적으로나 유독성의 문제를 해결하는데 도움이 되지 않는다. 따라서 이런 경우에는 이용가능한 먹이를 빠뜨리는데 따르는 손실 에너지의 절약과 더불어 여러 가지 식물을 혼식할 수 있는 방향으로 적응이 진행될 것이다. 뜯어먹는 식식성 곤충류 중에서 혼식이 생존에 유리하게 작용하는 예를 들면 북미산 *Melanopulus sanguinipes* 이동성 메뚜기는 알팔파만을 먹었을 때는 생존율이 약 24%이고, 우산대바랭이(*Cynodon dactylon*)만을 먹었을 때는 생존율이 0%였는데, 이 두 식물을 혼식하였을 때의 생존은 67%로 크게 증가한다고 한다(Barnes 1965).

한편 미국의 콜로라도주의 '로키산맥 생물연구소' 부근에서 *Pieris*속 흰나비는 거의 모든 십자화과 식물에 산란한다. 이들의 산란 선호성은 유충의 생육에 대한 적응성과 관계가 없는 것은 아니나 암컷은 거의 모든 십자화과 식물에 산란하는 듯하다고 Chew(1975)는 말하고, 그 이유는 여러 가지 식물 중에서 어떤 한 종에만 산란하는 것은 십자화과 식물 각 종의 상대적 밀도가 공간적 분포나 시기적으로 차이가 심하여 선택적인 산란이 도움이 되지 않기 때문일 것이라고 하였다. 이 때 또 한 가지 중요한 것은 유충의 섭식특성이다. *Pieris*속 흰나비류는 유충이 생육을 마치고 번데기가 될 만큼 충분히 크지 못한 작은 식물에 산란하는 수가 흔한데 이 때는 부화한 유충은 생육을 끝내기 위하여 다른 숙주로 이동하지 않으면 안된다. Chew(1977)의 조사에 따르면 인접한 3개체 십자화과 식물 중 먹을 수 있는 종일 확률은 23~87%였다고 한다. 따라서 이 경우는 좁은 활동범위(活動範圍)를 갖고 있는 종과 비슷한 상황에 놓여 있다고 할 수 있다. 비슷한 경우가 쥐방울덩굴과의 식물을 먹이로 하는 *Battus philenor* 호랑나비에서도 알려져 있다. Rausher(1980)에 따르면 이 나비의 유충은 생육을 마치는데까지 *Aristolochia*속 쥐방울을 최소한 25개체는 먹어야 한다고 한다. 이 나비의 암컷은 형태적 특성에 차가 있음에도 불구하고 두 종 *Aristolochia*속 쥐방울에 산란을 한다고 한다.

일반적으로 식식성 동물은 육식성 동물에 비하면 혼식에 대한 적응이 보다 중요하다. 그리고 식식성 곤충류는 식물에 비하여 크기가 작기 때문에 식식성 포유동물과는 달리 뜯어먹는 동물과 기생성 동물 양자에 걸친 특성을 많이 갖고 있다. 그런데 여러 가지 식식성 포유동물은 대형이고 여러 가지 식물의 혼식에 적응하고 있어 이들에서는 1:1의 먹이 식물과 종간의 공진화관계는 일어나기 힘들다.

동물이 필요로 하는 영양물질이란 아미노산류, 비타민류, 염류 기타 식물체에 함유된 물질들의 조성과 일치하는 것도 아니고 식물체에는 여러 가지 2차대사물질도 함유되어 있다. 이와 같은 2차대사물질을 다량으로 섭취하게 되는 동물에서는 이런 물질이 식성특성화를 방해하는 요인이 될 수도 있다. 영양물질 들의 조성문제와 2차대사물질 중 어느 것이 식식성 동물의 식성 진화에 더 중요한가에 대하여는 여러 가지 의견이 있으나 이 두 가지가 모두 뜯어먹는 식식성 곤충류의 혼식으로의 적응에 영향을 미친 것은 사실이다.

이상에서 보는 바와 같이 뜯어먹는 식식자의 식성 특성화전략은 기생성 식식곤충류의 그것과는 근본적으로 차이가 있다. 기생성 식식곤충류에 있어서는 한 종의 숙주에 대한 식성특성화가 보통이다. 그러나 뜯어먹는 식식성 곤충류의 경우는 한 종을 먹이로 하는 경우는 드문 일이다. 따라서 여러 개체의 먹이 식물을 찾아야 하기 때문에 혼식에 요구되는 적응이 필요하게 된다. 이것은 먹는 자와 먹히는 자 간의 공진화관계는 기생자와 숙주간의 그것에 비하면 일어날 가능성이 적다는 것을 뜻한다. 따라서 먹이에 대한 선호성은 뜯어먹는 곤충류에서는 먹이를 섞어서 먹기 때문에 크지 않은 것이 보통이다.

5. 식식성 곤충류에 대한 식물의 대응

식식성 곤충류가 식물을 가해하게 되면 식물은 그에 대응하여 여러 가지 방어 수단을 발전시킨다. 식식성 곤충류에 대한 식물의 대응방식에는 침상체, 강모, 털, 경피조직, 기타와 같은 형태적 특성이 공격을 어렵게 하는 경우와 체내에서 생산되는 물질의 종류나 그의 양이 식식 곤충류의 공격에 영향을 미치는 경우, 그리고 곤충류의 생리작용에 불리하게 작용하는 유독성물질 생산에 의하는 경우 등이 있다.

일반적으로 식물체는 탄수화물을 주성분으로 하나 이를 먹이로 하는 곤충류의 몸은 단백질이 주성분이다. 그뿐 아니라 여러 가지 아미노산의 구성 비율도 식물과 곤충에서는 차이가 있고 평균 에너지 함량도 곤충류에서는 건조 중 1mg당 22.8줄인데 반하여 식물체의 그것은 18.9줄로 차이가 있다. 이와 같은 차이는 포식곤충류와 식식성 곤충류에서의 동화율이나 생장률에서도 나타난다. 예를 들면 식식성 곤충류의 섭식량에 대한 체조직 동화율은 2~38%인데 포식자의 그것은 38~51%로 큰 차이가 있다(Southwood 1973).

식물체가 함유하고 있는 단백질은 식식성 곤충류의 생리학에 중요한 뜻이 있어 식식성 곤충류가 먹는 식물체가 함유하는 단백질량이 많으면 많을수록 동화율이 높고 생장률이 증가하고 생존율이나 증식률이 높아지는 것이 보통이다. 그러나 식물의 질소함량 증가가 반드시 곤충류의 생장에 도움이 되는 것만은 아니다. 예를 들면 Stark(1965)는 나무에 대한 시비가 해충발생에 미치는 영향에 관한 여러 가지 연구를 검토하고 시비가 여러 가지 해충의 발생량을 감소시키는 경우가 있었다고 하였다. 이것은 곤충류는 식물체의 총질소량뿐 아니라 여러 가지 아미노산 간의 비율과 같은 질소의 형태나 가용성 그리고 질소화합물과 다른 물질들과의 관계 등에 영향을 받기 때문이다.

고생물 학자들은 식식성 곤충류의 진화과정을 식성과 관련 두 가지 계열로 대별하고 있는데 모두가 높은 질소함유원을 출발점으로 하고 있다. 한 계열은 화분을 먹이로 하던 것에서 진화한 것으로 보는데 신선한 화분은 단백질 함량이 높아 곤충체의 그것과 비슷하다. 다른 한 계열은 죽은 식물체 조직을 분해하는 미생물의 도움을 받은 부식질을 먹던 것에서 진화하였다는 것이다. 현재에도 초파리류의 유충은 선인장의 썩은 부분에서 이스트를 먹이로 하고 있으며 양파나 마늘의 해충인 고자리파리는 숙주식물에 생긴 상처에 기생하는 섬유소 분해 세균류를 먹이로 한다. 그리고 식식성 곤충류 중에는 소화관내에 이스트나 세균류를 갖고 있는 것이 있는데 이들 미생물과 곤충류 간에는 상리공생(공생하는 두 생물 모두에 서로 도움이 되는 경우) 관계가 있다. 소화관내 미생물은 필수아미노산류나 단백질을 숙주 곤충류에 공급하고 비타민류나 발육에 필요한 스테로이드류를 합성하기도 한다. 이들 미생물류는 균세포 속에 들어 있으며 균세포는 모여서 균세포괴를 형성한다. 이와 같은 공생 미생물은 딱정벌레류, 여러 가지 매미목 곤충류 그리고 노린재류 일부에서 알려져 있으며 이들은 경란전염을 한다. 바구미류나 바퀴류에서 이 균괴를 항생제를 먹여 제거하면 생육에 영향을 받는다.

대부분의 식물들의 경우 수용성 질소 함량은 생육단계에 따라 차이가 있으며 그의 함량이 곤충류에 유리한 시기는 비교적 짧다. Prestidge(1982)는 화본과 식물의 일종인 *Holcus lanatus*에서 *Dicranotropis hamata* 멸구의 발육과 질소 함량과의 관계를 조사하여 질소함량이 건조 중으로 0.4~0.5%일 때가 유충기 생육이 가장 빠르고 그보다 높거나 낮으면 생육기간은 길어진다고 하였다. 또 식물들은 질소를 비단백성 아미노산의 형태로 갖고 있는데 이들 중에는 동물에 유해한 것이 많으며 여러 가지 콩과 식물의 종자에 포함되어 있는 카나바닌(canavanine) 같은 것은 그 한 예이다.

식물이 생산하는 동물에 대하여 유해한 물질에는 수산이나 시안산화합물과 같은 비교적 간단한 물질에서부터 시안화배당체, 알칼로이드류, 유독성 지질류, 테르펜류, 사포닌류, 플라보노이드류, 타닌류 그리고 리그닌류와 같은 복잡한 물질까지 다양하다. 이런 물질들은 원래 내건성, 내저온성, 내염성 그리고 자외선에 대한 내성과 같은 생리적 기능으로 발달한 것으로 보이나 현재에는 대부분이 생리적 기능보다는 식식동물에 대한 방어적 기능이 보다 중요한 것이 된 듯하다.

거의 모든 식물들은 최소량의 2차대사물질 즉 타감물질(Allelochemics)을 갖고 있다. Rhoades와 Cates(1976)는 이런 물질들을 그들의 식식동물에 대한 작용기작에 따라 독물(Toxin)과 소화저해물질(Digestive reducing substance)로 분류하고 전자는 수명이 짧은 식물이나 식물체의 기관에서 존재하며 소화저해물질은 수명이 긴 식물 또는 식물의 조직에 존재하는 것이 보통이라고 하였다. 예를 들면 새로 생겨 빨리 자라는 조직은 유독성 타감물질을 함유하는 경우가 많으며 다 자라 오래된 조직들은 주로 소화저해물질을 갖고 있는 경우가 많다. 또 1년생식물들은 주로 독성물질을 갖고 있는데 반하여 목본영년생식물들은 독성물질보다는 소화저해물질을 갖고 있는 것이 보통이다.

독성물질에는 saponin류나 quinone류와 같이 비질소화합물도 일부 있으나 대부분이 알칼로이류나 여러 가지 단백질류와 같은 질소화합물이 대부분이다. 반면에 소화저해물질류는 페놀류, 타닌류, 기타의 테르펜화합물 등과 같이 비질소화합물들이 대부분이다. 일부 소화저해물질 중에는 질소를 함유하는 것이 있는데 이런 것은 주로 초본류에서 발견된다.

Mckey(1974)는 질소를 많이 함유하는 식물이나 식물체의 조직에는 질소함유 타감물질을 함유하는 반면 질소가 적은 식물이나 식물체 조직에는 비질소타감물질을 주로 함유한다고 하였다. 예를 들면 콩과 식물들은 질소고정균과 공생하여 질소함량이 높은데 이들은 비단백성 아미노산류, 단백질분해효소저해물질, 식물성세포응집소, 항갑상선물질, 알칼로이드류, 기타의 다양한 질소함유 타감물질을 갖고 있다. 그런데 열대나 빙하대의 모래땅이나 이탄지대와 같은 질소가 적은 지대에서 자라는 식물들은 다양한 비질소타감물질을 함유하고 있다. 예를 들면 북미의 소택지에 자라고 있는 *Picea mariana* 가문비나무는 낮은 질소상태에서 자라면서 여러 가지 테르펜류나 페놀류를 다량으로 함유하고 있다.

이들 유독성 물질들은 식식성 동물들에 대하여 독성을 갖고 있거나 기피성을 나타낸다. 이런 물질들 중에는 살충제로 이용되는 것도 있다. 식물체에 포함되어 있는 유해물질에는 그것이 본질적으로 유독한 것과 양에 따라 소화 작용을 저해하여 해가 되는 물질이 있다. 전자는 알칼로이드류나 시안화 배당체와 같이 소량으로도 유해한 물질을 말한다. 그런데 곤충류 중에는 이런 유독성 물질을 살충제를 무독화 시키는 것과 같이 무독화 시킬 수 있는 기능을 가진 것이 있어 상당히 많은 양에 대하여도 무해하게 만들 수 있는 것이 상당히 많다. 따라서 식물들 중에는 이런 질적인 유해물질에 대하여 저항성을 가진 특이한 곤충군을 가진 것이 생기게 되었다. 그리고 어떤 곤충류는 먹이 식물을 찾는데 이런 물질의 존재를 길잡이로 하기도 하고 이런 물질을 섭식자극제로 이용하거나 이런 물질을 체내에 축적시켜 자기방어에 이용하기도 한다. 이런 방어수단을 이용하는 예로는 수명이 짧고 분포영역이 넓은 십자화과 식물들에서 흔히 볼 수 있다.

소화저해물질로는 타닌류, 수지류, 규소 등이 있으며 양이 많을수록 소화저해작용은 커진다. 전기 질적 유해물질과 달리 이런 물질에 대하여는 식식성 곤충류에 저항성이 생기는 일은 없는 것으로 과거에는 알고 있었으나 최근 그것은 잘못임이 밝혀졌고 최소한 가수분해성 타닌류에 대하여는 저항성이 생긴다는 것이 알려지고 있다. Fox와 McCauley(1977)는 *Eucalyptus*류를 가해하는 곤충류에서 수용성 타닌류에 대한 저항성계통 발생 예를 보고하였고 Bernays(1981)는 이런 물질이 섭식을 촉진한다고 하였다. 또 Berenbaum(1980)은 타닌을 고농도로 함유하고 있는 식물을 이용하는 나비목 유충의 중장 pH는 대단히 높아(평균 8.8) 이런 물질들의 소화 작용 저해를 무력화 시킬 수 있다고 하였다. 결국 질적이니 양적이니 하는 것은 이 문제의 이론적 출발점이 될 수는 있으나 연구가 진행되면서 곤충류를 두 군으로 구별하기는 점점 어려워지고 있다.

한편 소화저해물질은 식식성 곤충류의 생장을 저해하거나 내병성을 약화시켜 영향을 미칠 수 있겠으며 이것은 서로가 별개의 작용이라기보다는 연관성을 갖고 있다. 예를 들면 유충의 생장량 감소는 성충의 크기를 감소시켜 생식력을 감소시킨다. 그러나 소화가 잘 되지 않는 먹이를 먹을 때는 더 많이 먹어 성충의 크기에 큰 차가 없는 경우도 알려져 있다. 이때에는 유충의 생육기간이 길어져 천적류에 노출되는 확률이 커져 유충기 치사율이 높아지는 경우도 있을 수 있어 그 관계는 대단히 복잡하다.

Price(1980) 등이 식식성 곤충류와 천적류간의 상호작용에 미치는 식물의 영향에 관한 Bouton의 연구 결과 정리를 표 3-4에 나타내었다.

표에서 PI 80837 품종은 *Epilachna varivestis* 무당벌레의 생장을 저해하고 섭식효율을 저하시키는 소화저해물질을 함유하는 저항성 품종이며 Harosoy normal 품종은 대조품종이다. Bouton은 망실내에 한 품종 또는 두 품종을 같이 심고 각 망실에 같은 수의 무당벌레 유충을 접종하고 그 중 일부 망실에는 이 해충의 유충 포식자인

표 3-4. 저항성 품종과 감수성 품종 콩에서의 *E. varivestis* 무당벌레붙이의 섭식량과 생존율 (Price 등 1980)

	품종	상대적 섭식량	상대적 생존율	상대적 섭식총량
포식자 무	Harosoy normal	1.00	1.00	1.00
	PI 80837	1.26	0.88	1.11
포식자 유	Harosoy normal	1.00	1.00	1.00
	PI 80837	1.26	0.23	0.29

포식자는 노린재류인 *Podiscus maculiventris*이다

Podiscus maculiventris 노린재를 접종하였다.

표에서 보는 바와 같이 포식자가 없는 경우 두 품종에서의 이 해충의 상대적 생존율은 1.00과 0.88로 고농도 타닌류 물질을 함유하는 품종에서 낮다. 그러나 상대적 유충 섭식량은 두 품종에서 1.00과 1.26으로 고농도 타닌류 물질을 함유하는 품종에서 높아 상대적인 섭식총량에서 각각 1.00과 1.11로 저항성 품종인 PI 80837에서 커지고 있다. 이것은 포식자가 없는 경우에는 PI 80837 품종이 피해가 크다는 것을 뜻한다. 그런데 포식자를 접종하였을 때는 PI 80837 품종에서 유충의 상대적 생존율은 0.88에서 0.23으로 감소하여 상대적인 섭식총량이 1.11에서 0.29로 크게 감소하고 있어 포식자에 의한 유충 치사율 증대가 큰 영향을 미치고 있음을 알 수 있다.

결국 이것은 이 경우 식물의 소화저해물질의 이 해충에 대한 저항성은 천적류의 이 해충에 대한 영향을 같이 생각하였을 때 비로소 의미가 있게 되어 소화저해물질이 해충의 피해를 감소시키는데 가장 효과적인 경우란 해충의 생육기간을 연장시켜 발육기간 중의 천적류 활동을 증가시켜 준 경우라 하겠다. 그리고 이 경우 섭식하지 않는 전용기나 용기에 작용하는 천적류는 식물의 피해감소에는 직접적인 효과가 없어 소화저해물질에 의한 저항성 품종의 육성에는 의미가

없다고 할 수 있다.

물론 소화저해물질의 효과는 천적류의 개입 없이 직접적인 경우도 있다. 예를 들면 수지류가 많이 포함된 잎을 먹으면 발육이 느려지거나 생존에 불리한 곳에서 섭식을 하게 되는 경우도 있다. *Pinus resino* 소나무가 *Matsucoccus resinosae* 깍지벌레의 기생을 받으면 다음 해에는 상처에서 수지가 배출되는데 McClure(1977)에 따르면 이런 가지에서 자라는 이 깍지벌레의 유생은 수지 분비가 적은 가지에서 자라는 것에 비하면 발육이 2~3주 늦어지고 산란수도 현저히 감소한다고 한다. 또 많은 수지가 분비될 때에는 유충이 충분히 자라지 못한 어린 1령충으로 1년지나 2년지에서 월동하게 되는데 이것은 충분히 자란 것이 선호하는 3년지(가지)에서 월동할 경우보다 월동 중의 치사율도 높아진다고 한다. 따라서 이 경우는 앞서의 무당벌레의 경우와는 달리 수지 생산이 유충의 발육을 직접 저해하고 불리한 1년지 또는 2년지에서 월동하게 하여 월동 중의 치사율이 증가하는 셈이다. 한편 다년생식물을 숙주로 하는 정착성 곤충류의 경우 해충류는 한 숙주에서 여러 세대를 거치면서 적응하고 특수한 군이 발달할 수도 있다. 이런 경우 소화저해물질이 해충의 개체군 증가율을 크게 감소시키는 수도 있다. 따라서 다년생식물에서 소화저해물질이 발달하면 그 식물에 적응한 해충류의 새로운 계통발생률을 저하시켜 결국 방어능력에 도움이 될 수도 있다.

6. 작물의 해충저항성과 해충의 생태형

식식성 곤충류의 식성범위는 곤충의 종류에 따라 차가 있으나 어느 정도의 한계를 갖고 있다. 특히 직접적이며 밀접한 관계에 놓여 있는 작물과 그의 해충 간에는 같은 작물이라 할지라도 품종에 따라 피해에 상당한 차이가 있음은 옛날부터 잘 알려져 있는 사실이며 특히 20세기 후반 다수성을 중심으로 한 새로운 품종의 육성에 관한 연구가 활발해지면서 해충저항성에 관한 관심이 커지고 있다.

Painter(1951)는 작물의 해충저항성에는 산란이나 섭식에서의 비선호성(Non-preference), 섭식하였을 때 해충의 생존율이나 증식력의 감소를 초래하는 항생성(Antibiosis) 그리고 같은 정도의 가해를 받았을 때 수량의 감소나 품질의 저하 정도가 다른 것에 비하여 덜한 내성(Tolerance) 등 세 가지 범주가 있다고 하였다.

저항성 품종에 대한 벼멸구의 생물학적 반응에 관하여 Sogawa (1979)는 알의 부화율 저하, 약충에서의 강한 이탈 경향, 높은 치사율, 발육 지연과 고르지 못한 발육, 우화성충의 소형화 그리고 성충에서의 강한 이탈 경향, 긴 산란전 기간, 짧은 수명, 산란수 감소, 섭식량 감소, 잦은 구침 삽입 등을 들었다. 그런데 이와 같은 벼멸구의 생물학적 반응은 대체로 숙주선택이 어느 단계에서 저해를 받은 2차적 영향이거나 인위적 조건하에서 강제 기생시켰을 때의 반응이며 야외포장에서의 품종저항성은 비래벼멸구 성충의 낮은 정착이 직접적인 원인으로 내충성 품종에 강제 기생시켰을 때 나타나는 높은 치사율이나 낮은 증식률은 포장에서의 저항성의 주원인이 아니고 이런 작용이 발동하기 전 벼멸구의 구침 삽입 시 미각반응이 품종 저항성을 결정하는 주요 요인이라고 하였다.

한 해충 개체군내에서 같은 작물에 대하여 생물학적 반응을 달리하는 개체들을 생태형(Biotype) 또는 계통이라고 한다. 벼멸구에 대한 벼의 저항성 품종에 관한 연구는 필리핀의 국제미작연구소가 다수성 품종인 IR8을 육성 보급하면서 1964년경부터 벼멸구의 발생량이 증가하기 시작하여 1973년에는 대 발생하게 되었는데 저항성 품종인 IR26의 보급으로 효과를 보게 되면서 이 해충에 대한 저항성 품종에의 관심이 벼를 재배하는 한국, 일본, 중국, 대만 등 여러 나라에서 커졌다. 저항성 품종에 대한 벼멸구 생태형은 벼멸구에 대한 저항성 품종 Mudgo의 발견으로 알려지게 되었다. Mudgo 품종에서 강제적으로 접종하여 10세대를 선발하였을 때 살아남아 증식을 할 수 있는 개체들을 얻을 수 있었는데 이 Mudgo 집단은 Mudgo를 포함한 Bph1 유전자를 가진 벼를 가해할 수 있는 것이 후에 알려졌다. 1975년 국제미작연구소는 벼멸구 생태형에 관하여 저항성 인자를 가진 벼 품종을 가해할 수 없는 계통을 생태형 1이라고 하고 저항성 인자 Bph1과 bph2 인자를 가진 품종을 가해할 수 있는 계통을 각각 생태형 2와 생태형 3이라고 하였다. 그 후 저항성 인자 Bph3와 bph4 인자를 가진 품종을 가해하는 계통이 대만에서 보고되었다. 생태형 2와 생태형 3의 특성을 겸하고 있는 계통도 보고된 바 있다. 실제로 야외포장에서 벼멸구 생태형의 존재가 알려진 것은 Bph1 인자를 가진 저항성 품종 IR26에서였으며 이것은 이 품종이 보급된 지 2년 후인 1975년의 일이었다.

각 생태형들의 특성은 형태적으로나 생화학적으로는 별로 차이가 없다. 물론 뒷다리 발목마디 기절상의 침상체의 수나 전기영동 그리고 아미노산-설탕 용액에 대한 반응 등에서 약간의 차가 보고되고 살충제에 대한 감수성의 차이도 보고되었으나 명백한 것은 아니다. 가장 뚜렷한 차이는 저항성 품종에 접종하였을 때 섭식량의 차이다. 벼멸구가 벼에서 흡즙을 할 때 감로를 배출하는데 각 생태형을 감수성인 TN1 품종에 접촉하면 한마리가 하루 평균 40~50mg의 감로를 배출한다. 그런데 Bph1 저항성 인자를 가진 IR26에 접종하면 생태형 2는 한마리가 하루 평균 30mg 정도를 배출하며 생태형 1과 생태형 3은 하루 평균 한마리가 배출하는 감로량은 10mg 이하이다. 그리고 bph2 인자를 가진 IR40 품종에 생태형 3을 접종하면 한마리가 하루 평균 배출하는 감로량은 30mg 정도인데 이것은 생태형 1이나 생태형 2가 이 품종을 가해할 때 배설하는 감로량의 약 2배나 되는 양이다. 이와 같이 생태형에 따라 여러 가지 품종에 접종하였을 때 배출 감로량에 차가 있어 이 방법이 생태형 판정에 가장 흔히 쓰이고 있다.

벼멸구에 대한 저항성 인자의 유전에 관하여 많은 연구가 있었다. 국제미작연구소에서 연구된 것을 보면 생태형 1은 생태형 2와 생태형 3에 대하여 우성이고 생태형 3은 생태형 2에 대하여 우성이라고 한다. 그리고 여러 가지 생태형간의 교배시험결과 숙주에 대한 선호성, 섭식성, 약충의 발육 그리고 생식력과 같은 특성을 보면 생태형 1과의 교잡 시 생태형 2와 생태형 3은 대체적으로 열성상태로 유전되는 것으로 알려지고 있다. 예를 들면 섭식성의 경우 두 생태형간의 교잡으로 얻은 벼멸구는 모두가 저항성 품종에 접종하였을 때 감로 배설량이 그들의 부모보다는 적어 특정 저항성 품종에서 섭식하는 생태형의 섭식성은 열성이라는 것을 보여주고 있다.

한편 품종에 의하여 유도된 생태형과는 달리 인도 남부와 스리랑카의 벼멸구 개체군은 동남아의 개체군(생태형 1)과는 품종에 대한 반응에 차이가 있다. 즉 저항성 인자 Bph3와 bph4를 가진 품종은 이들 개체군에 대하여 저항성이나 Bph1과 bph2의 유전자를 가진 품종은 이들에 대하여 감수성이다. 이런 지리적 생태형의 존재는 벼 품종의 변천과는 무관한 것이다. 벼가 갖고 있는 다양한 저항성의 유전과 벼멸구 섭식성의 유전적 다양성을 생각할 때 인도대륙의 벼멸구와 벼 사이에는 공진화적 상호작용이 있어 왔던 것을 짐작할 수 있다.

헤씨안파리(*Mayotiola destructor*)는 혹파리과에 속하는 맥류의 해충으로 특히 밀에 대한 피해가 크다. 이것은 유럽에서 북미나 뉴질랜드에 침입하여 큰 피해를 주고 있다. 이 해충에 대한 저항성 유전에 관하여는 많은 연구가 있었으며 지금까지 7개 우성 저항성 유전자와 1개의 열성 저항성 유전자가 밝혀져 있고 이 해충에서는 4개의 저항성 극복 열성인자가 알려지고 있다. 파리에서의 4개 열성극복인자는 밀에서의 4개 저항성 우성인자에 대응한 것이다. 헤씨안파리의 여러 가지 생태형과 밀의 저항성인자간의 관계를 표 3-5에 나타내었다.

Turkey 밀 품종은 저항성인자가 없어 모든 생태형 헤씨안파리에 대하여 감수성인 반면 GP 헤씨안파리 생태형은 극복인자를 갖고 있지 않아 저항성인자를 가진 모든 품종을 가해할 수 없어 저항성인자를 갖지 않는 Turkey 품종만을 가해할 수 있다. 헤씨안파리 생태형 A는 동형접합 열성인자 s를 갖고 있어 Seneca 품종의 저항성을 극복할 수 있다. 그리고 생태형 E와 F도 각각 동형접합 열성인자 m과 k를 갖고 있어 각각 Monon과 Knox 62의 저항성을 극복할 수 있다. 생태형 B와 C 그리고 G는 동형접합 열성인자를 2개 갖고 있어 그에 해당하는 2개 품종을 공격할 수 있으며 생태형 D는 Seneca, Monon, Knox 62 등이 갖고 있는 저항성인자들을 극복할 수 있는 3개의 극복인자를 갖고 있어 이들 3개 품종과 저항성인자를 갖지 않는 Turkey

표 3-5. 저항성 밀 품종의 저항성 유전자와 헤씨안파리의 극복유전자와의 관계 (Gallun과 Khush 1980)

밀 품종	헤씨안파리 생태형 (감염 유전자)							
(저항성 유전자)	GP(무)	A(s)	B(s,m)	C(s,k)	D(s,m,k)	E(m)	F(k)	G(m,k)
Turkey(무)	+	+	+	+	+	+	+	+
Seneca(H7, H8)	−	+	+	+	+	−	−	−
Monon(H3)	−	−	+	−	+	+	−	+
Knox 62(H6)	−	−	−	+	+	−	+	+
Abe(H5)	−	−	−	−	−	−	−	−

+ : 감수성, − : 저항성

품종도 공격할 수 있다. 그리고 Abe 품종을 공격할 수 있는 생태형은 아직 출현하지 않고 있다. 이와 같은 식물과 곤충간의 관계는 병원체와 식물간의 관계에서도 많이 알려져 있어 단순히 분류학적 측면에서의 문제보다는 상호작용 양식의 문제가 이들의 공진화에서는 중요하다는 것을 말하고 있다.

Flor(1942)는 아마와 *Melampsora lini* 녹병균과의 관계를 인자대인자설로 설명하였는데 이와 같은 인자대인자간 상호관계를 보면 대부분의 경우 식물의 저항성 인자들은 우성으로 몇 개의 복대립유전자좌에 몰려있는 수가 많으며 기생자의 극복인자는 열성으로 비대립인자 좌의 형태인 수가 많다. 그리고 식물의 저항성 인자는 여러 개의 대립인자로 되어 있는 수가 많다. 재배식물과 그의 기생자에서 이런 예가 많이 알려져 있으며 야생의 식물과 기생자에서도 저항성이나 극복성 유전자들이 유전적 다형현상의 형태로 유지될 수 있다. 이런 다형현상은 우성저항성 대립인자나 빈도의존성선택 그리고 밀도의존성 선발성의 형태로 숙주에서 이형접합자 강세 현상으로 유지될 수 있다. 지금까지 공진화에 관한 생태학적 연구는 대부분이 방향성 선발을 통한 단계적 공진화를 전제로 하고 있는데 이것은 상호작용관계에 관한 유전관계가 확실한 종을 대상으로 한 장기적인 연구를 통해서만 인자대인자 상호관계가 숙주와 기생자의 유전적 다형성에 유리한 것인지 여부를 밝힐 수 있을 것으로 기생자에 의한 숙주의 방향성 선발을 나타내는 단기적 연구결과는 빈도의존적 상호작용관계의 한 시점에 있어서의 일면에 불과할 수도 있다.

제4장

식물병과 곤충류

곤충류 중에는 말라리아나 일본뇌염, 수면병 기타 여러 가지 사람의 병을 매개하며 여러 가지 식물의 병을 매개하는 것도 많다. 곤충류는 여러 가지 방법으로 식물의 병 발생을 돕는다. 즉 ① 섭식이나 산란 또는 식물체 조직으로 파고 들어가는 경우 병원체를 직접 전파하지는 않아도 그들의 감염을 돕게 된다. ② 곤충류는 몸 안팎에 병원체를 갖고 있어 한 식물에서 다른 건전한 식물체의 꽃이나 상처 받은 곳 기타 감염하기 쉬운 곳으로 병원체를 운반한다. ③ 곤충류는 몸 안팎에 병원체를 갖고 있으면서 그들이 먹거나 산란하는 식물에 병원체를 주입한다. ④ 곤충류는 월동할 때나 건기 또는 숙주식물이 없는 동안 몸속에 병원체를 간직하면서 그들을 천적류나 불리한 환경조건으로부터 보호하며 후에 환경조건이 유리해지면 다시 활동할 수 있게 한다. ⑤ 병원체 중에는 곤충의 체내에서 증식하거나 그의 생활사 일부를 곤충체내에서 경과해야 하는 것이 있으며 어떤 식물병은 곤충에 의해서만 전염이 가능한 것도 있다. 식물의 병원체로는 대별하여 세균류, 균류, 바이러스류, 마이코플라스마류, 리케차류 그리고 선충류 등이 있는데 곤충류에 의한 매개기작과 관련 세균류, 균류와 바이러스류 등의 매개에 관하여 살펴보면 다음과 같다.

1. 세균류, 진균류 및 선충류의 매개

식물의 표피나 피층은 병원체의 침입에 대하여 저항성을 갖고 있는 것이 보통이다. 따라서 곤충류의 섭식이나 산란행동으로 이런 조직이 파괴되면 병원체의 침입이 쉽게 일어날 수 있다. 옥수수의 이삭썩음병은 왕담배나방 유충의 가해로 비롯되고, 감자의 겹둥근무늬병은 벼룩잎벌레의 가해로 생긴 상처를 통하여 감염되며 밤나무를 가해하는 나무좀류도 밤나무가지마름병 감염의 직접적 원인이 된다. 또 세균류나 곰팡이류 그리고 선충류는 곤충류가 병든 식물을 먹거나 그에 산란할 때 곤충의 몸 안팎에 묻어 다른 식물체로 운반되며 건전한 식물에 직접 감염하거나 곤충류의 배설물에 섞여 나온 병원체가 병을 일으키기도 한다.

세균류는 곤충의 몸에 붙기 쉬운 것이 있으며 어떤 종류는 전하가 있는 것도 있다. 또 이런 병원체들은 먹이와 같이 곤충의 몸 안으로 들어가 배설물과 함께 배설되기도 하고 직접 병원체를 식물체에 주입하는 경우도 있다. 곤충류는 특정 식물을 찾아 특정 기관에서 섭식하거나 특정 기관에 산란하는 경우가 보통이므로 이와 같은 행동은 병의 감염에 특히 효과적이다. 예를 들면 사과나 배나무의 화상병은 꽃을 찾는 진딧물류나 벌류가 전파하며 최근 큰 문제가 되고 있는 소나무의 재선충은 솔수염하늘소가 새순을 먹을 때 침입 감염된다. 유럽에서 미국으로 침입하여 느티나무 가로수에 큰 피해를 주고 있는 느릅나무시들음병은 *Scolytus* 나무좀류에 의하여 전파된다. 그 밖에도 세균병이나 곰팡이병 그리고 선충류는 곤충류에 의하여 전파되는 것이 많은데 여기서 주목할 점은 이들의 전파는 곤충류가 병원체를 운반하는 담체가 되는 것은 사실이나 모든 곤충류가 전파능력을 갖고 있는 것은 아니고 극히 한정된 곤충류만이 그런 능력을 갖고 있다는 점으로 미루어볼 때 병원체와 매개곤충류 간에는 특별한 관계가 있음을 짐작할 수 있다.

2. 바이러스병과 마이코플라스마병 등의 매개

바이러스류, 마이코플라스마류 그리고 리케차류의 전염경로는 기계적 방법이나 접목 그리고 딱정벌레류 또는 곰팡이류가 매개하는 경우도 있으나 대부분은 흡즙성 구기를 가진 매미목 곤충류에 의하여 매개되기 때문에 여기서는 이런 흡즙성 곤충류에 의한 병 매개를 중심으로 살펴보려 한다.

곤충류가 매개하는 식물 바이러스류를 매개특성에 따라 살펴보면 다음과 같다.

구침매개 바이러스류(Stylet-borne virus)는 매개충의 구기에 묻어 매개되는 것으로 매개능력이 수 시간 정도 밖에 유지되지 않는 비영속성 바이러스류(Non-persistent virus)이다. 이때 바이러스를 보균한 다음 한 번 흡즙으로 매개능력은 상실된다. 전장매개 바이러스류는 바이러스가 매개충의 전장까지 들어가며 그의 감염능력은 수일 내지 수 주간 유지된다. 따라서 이런 바이러스류를 반영속성 바이러스류(Semi-persistent virus)라고 한다. 이들의 경우 전장의 큐티클층은 탈피할 때 함께 탈락되므로 탈피와 동시에 바이러스 감염능력도 상실된다. 이런 바이러스류는 매개충의 체강으로 빠져나가는 일이나 체세포내에 침입하는 일이 없어 비순환성 바이러스류(Non-circulative virus)라고도 한다. 이런 바이러스류는 획득시간이나 전파시간이 수초내지 수분 정도로 짧으며 잠복기간은 없고 매개충 체내에서 증식하는 일도 없다. 이와 같은 반영속성이나 비순환성 바이러스류는 매개충류의 종보다는 매개충의 분류군상의 특이성을 갖는 것이 보통이다. 예를 들면 각 Potyvirus류(RNA사슬이 한 줄로 된 입상 바이러스)는 여러 종의 진딧물이 매개하나 매미충류나 가루이류는 매개하지 못한다.

획득한 바이러스를 일생 동안 갖고 있는 경우 이런 것들은 영속성 바이러스(Persistent virus)라고 하며 획득시간이 길고 감염에도 비교적 긴 시간이 필요하여 수시간에서 수주간의 잠복기간을 필요로 한다. 이들 바이러스류는 매개곤충체의 세포내에 침입하며 체강내에서 발견된다. 이들은 식물체내에서와 같이 매개곤충류의 체내에서 증식을 하는 증식성인 것과 식물체에서만 증식하고 곤충체내에서는 증식하지 않는 비증식성인 것이 있다. 따라서 비증식성 바이러스류의 매개충은 식물체간에 바이러스를 옮겨주는 역할을 할 뿐이다. 그러나 이런 경우에도 바이러스와 매개충 간에는 특별한 관계가 존재한다. 순환성 바이러스는 비순환성 바이러스와는 달리 탈피 후에도 감염능력을 유지한다.

이상을 정리하면 식물의 바이러스류에는 매개충의 전파양식과 관련하여 비영속성 바이러스류와 반영속성 바이러스류는 모두가 비순환성이고 영속성 바이러스류는 순환성인데 여기에는 매개충 체내에서 증식하는 것과 증식하지 못하는 것이 있다. 반영속성 바이러스류 중 벼의 왜화병 바이러스와 같이 매미충류나 가루이류가 매개하는 예가 있기는 하나 비순환성 바이러스류는 대부분이 진딧물류에 의하여 매개된다.

바이러스를 매개하는 진딧물류는 대단히 많으며 Chan(1991) 등은 바이러스 매개 진딧물류 203종을 보고하고 있다. 그중 가장 많은 종류의 식물 바이러스를 매개하는 종은 복숭아혹진딧물로 182종의 바이러스를 매개하며 다음이 목화진딧물로 76종의 바이러스를 매개하고 감자수염진딧물은 67종의 바이러스를 매개한다고 하였다. 매개는 주로 유시충에 의해 일어나므로 이런 바이러스류의 전파동태에는 매개진딧물류의 개체군 동태가 밀접한 관계가 있다.

반영속성 바이러스인 벼의 퉁그로 바이러스는 두점끝동매미충(*Nephotettix virescence*)이 매개하는데 이 바이러스의 활력유지기간은 32℃에서는 60일이나 13℃에서는 22일이라고 하여(Ling과 Tiongco 1975) 온도에 따라 차가 있으며 벼의 위축병 바이러스의 경우(Brunt 1991)는 퉁그로 바이러스와 동종이라고 함) 그의 활력유지기간은 *N. virescence*에서는 72시간이나 다른 매개충인 *N. nigropictus* 매미충에서는 36시간이라고 하여 매개충의 종에 따라 차가 있다(Hirao 등 1974). 이들 반영속성 바이러스류는 대체로 매개충의 전장 내에 있어 매개능력은 수일 내지 수주일이며 탈피와 동시에 매개능력을 상실한다. 순환성 바이러스류는 흡즙에 의하여 획득된 바이러스가 중장이나 후장 벽을 통하여 체강내에 들어간 후 침샘으로 이동하여 흡즙할 때 침과 같이 식물체에 들어간다.

순환성 바이러스류 중 비증식성 바이러스류는 매미충류가 매개하는 것은 적고 딱정벌레류나 가루이류 그리고 진딧물류가 매개하는 것이 많다(Gray와 Banerjee 1999). 순환성 바이러스 중 증식성 바이러스류는 일부 진딧물류나 총채벌레류가 매개하는 것이 있기는 하나 거의 대부분이 멸구류와 매미충류에 의하여 매개된다. 이들 바이러스류는 매개충에 대한 특이성이 대단히 높다. 바이러스는 식물의 즙액과 같이 매개충의 체내에 들어가 중장에서 증식한 후 체강으로 나와 생식기관이나 침샘 등으로 이동한다. 이렇게 하여 알을 통하여 다음 세대에 감염성이 이어지고 흡즙할 때 침과 같이 다른 식물체에 바이러스가 옮겨진다. 매미충류는 바이러스 뿐 아니라 마이코플라스마나 리케차류도 매개한다. Chiykowski(1981)는 매미충류 221종이 매개하는 바이러스, 마이코플라스마 그리고 리케차병 75종을 보고하였다.

식물의 바이러스병 중 끝동매미충이 매개하는 벼의 위축병이 경란전염된다는 사실을 일본의 Fukuchi가 1933년에 처음 보고하였다. 그는 6세대에 걸쳐 85%의 매개충이 바이러스를 보유하고 있었다고 하였다. 다른 종류의 매개충에서는 다음 세대 감염률이 그리 높지 않은 것으로 알려지고 있다.

일본의 Nasu(1965)는 전자현미경으로 바이러스가 이 매미충의 난소 내에 균세포(미생물을 갖고 있는 특수한 세포)의 형태로 난황형성기에 알에 침입한다는 것을 밝혔다. 경란 전염의 예는 이 밖에도 *Agalliopsis novella* 양치매미충이 클로버의 리케차병에서도 알려져 있는데 Black(1950)은 21세대에 걸쳐 매개됨을 보고하였다. 여러 가지 식물병원체가 병을 매개하는 매미충류와 생물학적으로 깊은 관계가 있는 것이 알려지고 있으나 이들 병원체가 매개충에 미치는 생물학적 영향에 관하여는 별로 알려진 바가 없다. Jensen(1959)은 복숭아바이러스가 그의 매개충인 *Colladonus montanus* 모무늬매미충의 약충기 치사율을 증가시킨다고 하였다. 조직학적 연구결과 바이러스는 여러 가지 조직에 심한 병리학적 영향을 일으켜 이 때문에 약충기의 발육이 영향을 받는 것으로 생각되었다.

보독충을 고온으로 처리하면 무처리충에 비하여 생존율이 높아지는 것으로 보아 고온에 의한 병원체 증식의 억제효과를 생각할 수 있다(Jensen 1968). *C. montanus* 모무늬매미충의 번식률은 감염된 식물을 흡즙시키거나 병원체를 주사하였을 때나 마찬가지로 감소하지만 번식률의 감소는 감염식물을 흡즙시켰을 때가 컸다고 한다. 벼의 위축병은 번개매미충이 매개하는데 경란 전염으로 바이러스를 보독한 약충은 어렸을 때 죽는다. Nasu(1963)는 경란 감염된 이 매미충은 치사율이 높고 휴면기간이 짧아지며 증식력이 28~68% 감소한다고 하였다. Nakasuji와 Kiritani(1970)는 벼의 위축병 바이러스가 끝동매미충의 발육기간을 단축시키고 약충기 치사율을 증가시키며 성충의 수명을 단축시키고 산란 전기간과 산란 수 등에 불리하게 작용한다고 하였다. 그러나 여름철의 제3세대에 나타나는 번식력의 큰 감소는 이런 바이러스의 영향보다는 고온이 보다 중요할 것이라고 하였다.

곤충류가 매개하는 바이러스류는 숙주식물의 방어성 적응뿐 아니라 매개충과의 친화성과도 관계가 있다. 이것은 바이러스병 매개에는 바이러스와 매개충간에 정도의 차는 있으나 친화성에 특이성이 있기 때문이다. Gray와 Banerjee(1999)는 매개충에 대한 특이성이 거의 없을 것으로 생각되는, 단순히 구침에 묻어 매개되는 식물 바이러스에 있어서도 바이러스와 매개충간에는 복잡하고 미묘한 관계가 있다고 하였다. 동물의 바이러스류는 숙주의 이동이 전파와 깊은 관계가 있으나 식물 바이러스류는 숙주는 이동력이 없어 그의 전파는 거의 매개충에 의존한다. 그래서 바이러스 병원체의 변이는 바이러스와 식물의 관계에서의 특이성 보다는 바이러스와 매개충에서의 특이성이 보다 중요하며 매개충이 식물 바이러스 변이에 대한 제약이 될 가능성이 높다. 실제로 Power(2000)가 400여 종의 곤충매개 식물 바이러스를 조사한 결과 대부분의 바이러스가 숙주에 대한 특이성 보다는 매개충에 대한 특이성이 높은 것이 대부분이라고 하고 대부분의 바이러스는 매개충 범위는 좁으면서도 숙주식물의 범위는 넓으며 매개충 종의 범위가 넓은 바이러스 중 좁은 숙주식물 범위를 갖고 있는 예는 적다고 하였다. 즉 바이러스류는 숙주식물에 보다 쉽게 적응한다는 것이다.

제5장

식식성 곤충류의 종 다양성

1. 생물군집의 종 다양도

생물군집은 여러 종으로 구성되어 있으며 최근 자연생물군집에 관한 일반의 관심이 높아지면서 생물 다양도에 관하여 많은 논의가 되고 있다. 생물 다양도는 종 다양도뿐만 아니라 생물의 유전적 다양도나 기능적 다양도도 포함되어 있으나 현재는 지역 내의 종 다양도가 논의의 주 대상이 되고 있다. 어떤 군집의 다양도를 논할 때 흔히 생물분류학적 단위를 이용하는데 주로 종을 단위로 하나 그 보다 상위의 분류단위 예를 들면 속이나 과 또는 목을 이용할 수 있으며 특수한 경우에는 섭식방법과 같은 기능적인 면을 이용하기도 한다. 이것은 한 분류학적 단위에 속하는 생물들은 요구조건 면에서 동질성이 큰 것으로 생각하고 있기 때문이다. 그러나 분류학의 최소단위인 종 개체군도 아종 또는 유전적으로 차가 있는 개체들로 구성되어 있다.

또 암수간의 차이나 유충과 성충 등 하나의 종에서도 기능적 측면에서는 따로 취급해야 할 때도 있다.

군집학에서는 각종구성요소의 기능적 관계가 흔히 문제가 된다. 생물적 다양도는 개체수, 생체량 또는 생산력으로 표현되는데 곤충류와 식식성 포유류는 같은 개체수라도 그들이 먹는 식물에 미치는 영향에는 차가 있으며 생산량은 생체 축적량이 수명이 길고 짧은 것에 따라 차이가 있다. 생산력은 플랑크톤 등에서 이용되나 다른 생물들에서는 이용이 어렵다. Colwell(1979)은 생태학에서는 기능적 역할을 토대로 한 Guild(동일한 영양단계에 속하면서 공통의 자원을 이용하며 생활하는 복수의 종 또는 개체군)를 바탕으로 논할 것을 강조한 바 있다.

종 다양도를 표시하는 방법으로는 군집내의 종수 즉 종풍부도(Species Richness Index)가 흔히 쓰이는데 이것은 가장 간단하나 군집내의 모든 종을 동정해야 하는 실제면에서의 어려움이 있다. Gleason(1922)은 종풍부도(S)는 조사면적(A)과 S=a+log(A) (a는 회귀선의 Y축 절편)의 관계가 있다고 하였다. 종풍부도와 관련, 가령 한 군집이 같은 개체수를 가진 10종으로 되어 있고 다른 군집은 99%가 1종이고 나머지 1%가 다른 9종일 때 이 두 군집의 기능에는 큰 차이가 있을 것이다. 실제로 대부분의 식물 군집이나 동물 군집을 보면 소수의 우점종과 개체수가 적은 많은 종으로 구성되어 있는 것이 보통이다. 이런 점을 감안한 것이 종 다양도지수로 이것은 구성종 모두가 동일한 개체로 되어 있는 가상적 군집에 대하여 개체수를 달리한 구성종으로 되어 있는 군집을 평가하는데 이용된다. 종 다양도에 흔히 쓰이는 것은 Shannon-Wiener 함수로 그것은 다음과 같이 표현된다.

$$H' = \sum_{i=1}^{s} (P_i)(\log_2 P_i)$$

H' = Shannon-Wiener 함수, P_i = i차 종 개체수의 전 개체수에 대한 비율, s = 종수

Shannon-Wiener함수는 군집내의 종수가 증가함에 따라 커진다. 그러나 실제로는 5.0 이상으로 되는 일은 거의 없다. H'는 이론적 측면보다 실용적 측면에서 더 많이 이용된다.

지금까지 생물군집에 관하여는 두 가지 대표적 인식론이 있어 왔다. Clements(1916)는 생물군집을 구성생물 종들 간의 밀접한 상호작용 때문에 시간적으로나 공간적으로 통일성을 가진 전체로 보고 생물군집은 발전하여 일정한 주체로 성숙하게 되므로 재현성이 있다는 것이다. 이에 대해 Gleason은 군집은 환경 또는 서식처의 조건적 경사에 따라 실제화 되는 것으로 그들 간에는 명백한 경계가 없고 연속되는 것이라고 생각하였다. 이 견해는 종간관계 특히 경쟁을 강조하는 것에 대한 일종의 반발로 제기된 것으로 생물들은 그곳의 조건이 생존에 알맞기 때문에 분포하게 되는 것으로 군집내의 다른 종의 존재 여부와는 관계가 없다는 것이다. 즉 이것은 군집은 전체적 통일성 때문에 존재하는 것이라기보다는 서로 별로 관계가 없는 종개체군들의 확률적인 집합체라는 것으로 군생태학적 측면보다는 개생태학적 측면이 강조되는 개념이다.

Clements의 초생물적군집 개념은 생물군집에 대한 구성종개체군 간의 상호적용 관계를 중시하고, 생물군집은 시간이 경과하면서 발전하는 계라고 보는 것이다. 이에 대하여 Gleason의 군집개념에서는 군집의 경계는 분명치 않아 군집의 정착이나 발전은 하나의 확률적 실체라고 보기 때문에 군집에서의 구성종의 생활사 상의 특성이나 종과 환경의 관계를 보다 중요시한다.

생물군집에 있어서 종개체군은 중요한 구성요소이다. 그러나 기능면으로 차이가 있어 이것을 고려할 때 비로써 군집전체의 실상을 보다 명백하게 파악할 수 있다. 즉 군집을 구성하고 있는 종이 예를 들면 식식성 곤충일 경우 그것이 무엇을 먹으며 먹는다면 열매, 줄기, 뿌리, 잎 등 어느 부위를 먹으며, 또 먹는 방법이 씹어먹는지, 흡즙을 하는지 또는 식물체내에 파고 들어가는지 등 각각의 종이 하고 있는 기능에 차이가 있어 이와 같은 것에 대한 상세한 정보는 군집전체의 생물학적 기능을 이해하는데 극히 중요하다.

생물군집의 종 다양도와 관련 어떤 지역에 존재하는 어떤 종 식물을 가해하는 곤충류의 종류는 지역에 따라서 차이가 있으나 식물의 종류에 따라서도 차이가 있어, 표 1-2에서와 같이 사과나무나 배나무에서는 해충이 200종이 넘으나 무나 배추에서는 50종 내외이며 곤충분류군별로 보면 전자들에서는 나비목 곤충류가 우점분류군이나 벼나 맥류에서는 매미목 곤충류가 우점분류군이다. 따라서 한 지역 내의 한 식물에 존재하는 곤충의 종수의 많고 적음 또는 초본류와 목본류에 존재하는 종수의 차 그리고 그와 같은 차이점이 생기는 원인 등에 관한 이해는 군집의 특성 이해에 있어 극히 중요한 것이다.

2. 종-면적간 관계

일반적으로 식식성 곤충류의 종수는 분포범위가 넓은 식물에서 많고 한 지역에서는 식물의 종풍부도가 클 때 종이 풍부하다. Southwood(1984) 등은 식식성 곤충류의 종수(S+1)와 조사면적간 관계를 대수치로 전환하였을 때 직선관계가 있다고 하였다. 이와 같은 관계는 식물의 종이나 속, 식식성 곤충상, 영국 미나리과 식물의 잎이나 줄기를 가해하는 혹파리류, 캘리포니아주의 삼나무에 기생하는 잎굴나방류나 미국의 혹벌류와 같은 해충류에 있어서도 비슷한 경향을 보인다고 하였다. 그는 그때까지 연구된 14예에 대하여 종수-면적관계에서의 기울기와 이 관계식으로 설명된 곤충류의 종 다양도 정도를 제시하였는데, 그 값은 면적 이외에도 여러 가지 다른 요인들도 관련이 있어 그의 r^2의 값은 0.16~0.96으로 연구에 따라 차가 심하였다.

이와 같은 종수-면적간 관계는 곤충류와 식물간의 관계에서뿐 아니라 외딴섬의 새나 곤충, 소택의 우렁류의 종수 등에서도 알려져 있으며 이와 같은 관계를 설명하는 데에는 서식처 이질성설(Habitat-heterogeneity hypothesis), 접촉빈도설(Encounter-frequency hypothesis), 고도생물지리학과 관련 평형군집설(The equilibrium theory of island biogeography) 등이 있다.

1) 서식처 이질성설

이것은 Williams(1964)가 제기한 것으로 면적이 넓어짐에 따라 이질적인 서식처의 수가 늘어 서식하는 종수가 많아진다는 것으로 생물들은 종에 따라 요구조건을 달리하므로 서식처의 수가 증가하면 많은 종이 서식하게 될 것이라는 것이다. 이것을 숙주인 식물에 대하여 생각하면 분포영역이 넓은 식물의 경우 그의 분포영역내의 서식처의 이질성은 물론 한 지역내에서도 교목류와 초본류는 차지하는 공간의 크기나 형태적, 구조적 차가 있어 미세서식처도 다양하여 질 것이다.

한편 식식성 곤충류의 분포영역은 숙주식물의 분포영역보다는 좁은 것이 보통이며 또 분포할 수 있는 곳에서도 다른 원인으로 분포하지 못하는 수가 있다. 현재 세계 각국은 외국으로부터 새로운 병해충의 침입을 막기 위하여 공항이나 항구에 식물검역소를 설치하고 수출입품에 대한 식물검역을 하고 있는데, 이것은 외국으로부터 새로운 병해충이나 잡초류가 침입하면 그 피해가 대단히 크기 때문에 그것을 방지하기 위한 것인데 교통이 편리해지고 물동량이 많아져 그런 위험은 대단히 크다. 더욱이 온실재배나 기타의 재배법의 변화로 숙주식물인 작물의 종류도 다양해졌고 지금까지 야외에서만 작물이 재배되던 때와는 사정이 달라져 그의 중요성이 증대되고 있다. 이 경우는 침입 기회의 문제이다.

한편 곤충류의 분포는 기후적 조건의 지배를 받는다. 영국에서 네발나비과의 줄나비(*Ladoga camilla*)의 분포를 보면 이 나비의 유충은 단식성으로 그의 식초인 인동덩쿨의 일종인 *Lonicera periclymenum*는 전국에 분포하나 이 나비의 분포는 잉글랜드의 동남부에 제한되어 있다. Pollard(1979)는 이 나비의 개체군동태학적 연구를 통하여 이 나비의 개체군동태학에서 노숙유충과 번데기에 대한 새의 포식작용이 지배적 치사요인이라고 하고 여름철의 저온은 발육이 늦어져 새들이 포식할 수 있는 기간이 길어져 치사율이 높아진다고 하였다. 그는 여름철의 저온으로 발육이 늦어져 심한 포식 작용으로 영국 여러 섬에서의 이 나비의 분포가 제한을 받고 있다고 하였다. 그 증거로 1930년대와 1940년대 초반기에는 이 나비의 분포가 크게 확대되었는데 이것은 6월중의 이상 고온이 그 원인이 되었다고 Pollard는 주장하였다.

기후적 조건이 곤충류의 분포를 제한하고 있는 예는 북미의 *Masonaphis maxima* 진딧물에서도 볼 수 있다. 이 진딧물은 유일한 숙주인 *Rubus parviflorus* 나무딸기의 분포지역 일부에만 분포한다. 이 나무딸기는 알래스카에서 멕시코에 걸쳐 분포하며 동서로는 태평양 연안에서 오대호지역까지 넓게 분포한다. 그러나 이 진딧물은 북부 밴쿠버섬에서부터 캘리포니아주의 산타크루즈에 걸친 태평양 연안과 내륙으로는 푸레저 계곡에서는 100km까지 들어가 있으나 대부분은 30km 정도까지의 내륙까지 분포하는데 이와 같은 분포는 기후적 조건 때문이라고 한다. 이 진딧물은 최소한 3세대를 거칠 수 있어야 개체군이 유지되는데 분포하지 못하는 지역에서는 여름이 짧아 이 조건이 충족되지 못한다. 이 진딧물이 새로운 지역에 정착하려면 연간 5세대는 거칠 수 있어야 하는데 그렇지 못한 지역에서는 정착할 수 없다고 한다(Gilbert 1980).

여러 가지 서식처 이질성이 복합된 결과를 북미의 캘리포니아와 대서양 연안의 참나무에서 충영을 만드는 혹벌의 경우에서 볼 수 있다. Cornell과 Washburn(1979)에 의하면 양 지역은 지리적으로 멀리 떨어져 있을 뿐 아니라 두 지역 사이에서는 숙주인 참나무가 적거나 없는 지역이 있으나 양 지역의 혹벌류는 명백한 종-면적관계를 나타내며, 그의 회귀선 기울기는 캘리포니아 지역에서 0.63으로 대서양 연안에서의 0.25보다 컸고, 평균밀도도 캘리포니아 지역에서 높았다. 캘리포니아 지역에서 회귀선의 기울기가 큰 것은 이지역의 지형적 이질성이나 참나무 종류의 다양성 그리고 고도의 이질성이 대서양 연안의 평야지역보다 크기 때문이라고 하여 서식처의 높은 이질성이 관계가 있음을 보여주고 있다.

또 국지적인 서식처를 놓고 보아도 이질성에 차가 있는 삼림과 초원에서 곤충의 종 다양성은 차가 있다. 영국에서 Fowler와 Lawton (1982)이 조사한 것을 보면 국지적인 분포를 하는 미나리류에 기생하는 혹파리류의 종수는 여러 가지 서식처에서 자라고 있는 미나리류의 그것보다 적어 서식처 이질성이 영향을 미치고 있음을 알 수 있다.

2) 접촉빈도설

이것은 분포면적이 넓은 식물에는 많은 곤충류가 존재하게 된다는 것으로 곤충류가 서식 가능한 식물에 접하게 되는 확률은 접하게 되는 식물의 빈도와 밀접한 관계가 있다는 것이다. 다른 조건이 같다면 접촉빈도는 식물의 분포면적이나 밀도와 밀접한 관계가 있다고 한다. 물론 식물과 곤충의 접촉률은 그 지역에 존재하는 곤충류의 밀도나 그의 분산력과도 관계가 있다. 일단 접촉이 이루어지면 새 숙주에 정착하느냐의 여부는 새 식물과 원래의 식물간의 생물학적 유사성(형태, 화학성분, 생물현상 등)과 관계가 있다. 이런 면에서 분포영역이 넓은 식물은 분포영역이 좁은 식물에 비하면 접촉률이 높을 것이다.

3) 고도생물지리학의 군집평형설

MacArthur와 Wilson(1967)은 생물분포와 생물군집의 발전에 관하여 Prestone의 고도생물지리학 이론을 적용하였다. 이것은 생물군집을 하나의 대양속의 고도와 같이 다른 식물들 속에 존재하는 고도로 보고 고도에 분포하는 생물의 종수는 이동(정착)률과 소멸률과의 복잡한 상호관계에 의하여 결정된다고 본다. 그리고 정착률은 주변 종집합체로부터의 거리에 의하여 결정되는 것으로 종집합체로부터 가까울수록 정착률은 높아진다고 본다. 그런데 정착률은 이동원으로부터의 거리뿐만 아니라 이동지의 크기도 관계가 있어 이동지의 크기가 크면 이동률도 커지므로 이동률 문제는 접촉빈도 문제로 귀결된다.

평형설에서는 소멸률은 개체군의 크기와는 반비례하는 것으로 보고 있어 이것은 고도의 크기에 반비례하는 것을 뜻하므로 고도가 작을수록 소멸률은 커진다고 생각한다. 결국 평형설에 의하면 평형상태에서의 종수는 분포가 넓은 식물에서 크고 지리적으로 고립된 또는 희귀한 식물 그리고 물리적으로나 형태적 또는 생화학적으로 특이한 식물에는 종수가 적다는 것이다.

이 이론은 그 후 자연생물군집에 관한 이론 발전에 많은 도움이 되었다. 그러나 Price(1967)나 Rey와 MaCoy(1979)가 지적한 바와 같이 절지동물군집에 적용하는 데는 여러 가지 어려움이 있다. MacArthur와 Wilson의 이론은 종 집합을 하나의 단순한 이동원으로 보고 정착지에서 같은 거리에 있는 군집에 모든 종은 정착이 가능한 것으로 보고 있다. 우리는 종 집합은 공간적으로나 시간적인 여러 가지 조건의 집합체로 인식한다. 따라서 이동하여 정착하는 생물들은 하나의 기원에서만 온 것이 아니고 여러 곳으로부터 이동해 온 것이다. 또 원집합체의 종구성이나 각각의 이동정착종의 위치나 거리는 계절이나 보다 장기적인 시간을 두고 보면 수시로 변하기 때문에 특별한 경우를 제외하고는 이동정착종의 발원서식처를 알기란 어려운 일이다.

또 MacArthur와 Wilson의 이론에서는 서식처의 변화 즉 군집의 발전은 고려되어 있지 않다. 그리고 생물군집은 평형상태에 달하게 된다고 전제하고 있다. 그리고 이 평형상태는 그 군집의 이동원과의 거리와 그 군집의 서식처의 크기에 의하여 결정되는 것으로 가정하고 있다. 서식처는 시간과 더불어 면적뿐만 아니라 그의 구성내용도 변화한다. 서식처의 면적이나 구성내용이 변하면 소멸률이 변화할 것이다. 그리고 이동원 종집합의 구조적 변화는 이동정착률을 변화시킬 것이다. 따라서 곤충군집은 다변적 평형체제로 보아야 하겠다. 즉 서식처의 상태와 종집합체구조의 조합마다 서로 다른 평형상태가 존재하게 된다. 이 이론은 분포가 넓은 식물에서는 평형종수가 많고 지리적으로 격리되어 있거나 회소한 식물에서는 평형종수가 적으며 또 환경적으로나 행태적, 생화학적 기타 면에서 격리도가 큰 식물에서는 평형종수는 작아진다고 생각한다.

3. 식물의 외형적 특성과 다양도

식물은 크기, 생장형 그리고 지상부의 전반적 형태 등에 차이가 있다. Lawton과 Shröder(1977)는 이런 것을 식물의 외형적 체제(Plant architecture)라고 하였는데, 여기에는 크기 즉 식물체내에서의 각 조직의 공간적 분포와 식물체 구조의 형태나 지속성과 같은 특성이 포함된다. 그림 5-1은 여러 가지 영국 식물들에서의 곤충종수이다.

그림 5-1에서 보는 바와 같이 관목류, 다년생 초본류, 1년생초본류 그리고 단자엽 식물 등의 분포면적과 곤충의 종수관계 회귀선은 그 기울기에 있어서는 큰 차가 없으나 x축의 절편에는 차가 있어 어떤 경우나 면적의 증가와 더불어 곤충 종수는 증가하나 식물체구조가 복잡한 생활형에서 보다 종수가 많음을 보여주고 있다. 교목류>목본성관목류>다년생 쌍자엽식물류>1년생 잡초의 순으로 곤충류 종수가 감소하고 있다. 이로 보아 식물에서의 곤충류 종수는 식물의 분포면적이 중요한 관계를 갖고 있으며 식생의 구조적 복잡성도 상당한 의미가 있음을 알 수 있다.

식물의 외형적 체제가 곤충류의 종풍부도와 밀접한 관계가 있음은 여러 연구에서 밝혀지고 있다. 특별한 예를 Moran(1980)의 연구에서 볼 수 있다. 그는 북미와 남미의 초원과 사막에 분포하는 28종의 선인장류(*Opuntia*속)의 곤충류를 조사하여 그림 5-2와 같은 결과를 얻었다.

그림에서 외형적 체제계급이란 다 자란 선인장의 크기, 평균편경수(줄기가 변화한 형태의 일종으로 줄기의 한 부분이 잎과 같이 넓적해지고 동화작용을 하게 된 것), 편경의 크기, 줄기의 목질화 정도, 그리고 편경의 매끈함과 혹이 생긴 정도 등을 4계급으로 분류하였을

(a)

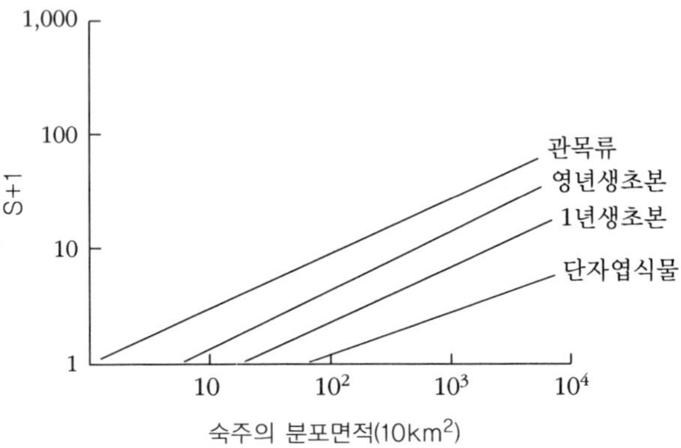

(b)

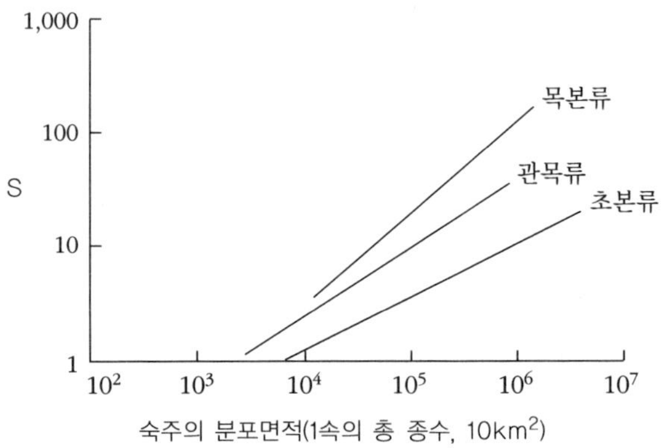

그림 5-1. 영국식물에서의 곤충종수

(a) 여러 가지 생활형에서 분포영역과 곤충종수와의 관계 (Lawton과 Shröder 1977)
(b) 세 가지 생활형 식물의 분포면적과 곤충의 종수 (Strong과 Levin 1979)

때 그의 합계를 말한다. 키가 큰 선인장류(>5m)는 목질의 줄기에 크고 침상체가 많은 뚜렷한 혹이 나있는 편경을 많이 갖고 있다. 그림에서 외형적 체제복잡성과 곤충류종수와의 관계는 명백하며 대형종에서는 30종 정도의 곤충류가 발견되었으며 작고 외형적체제가 단

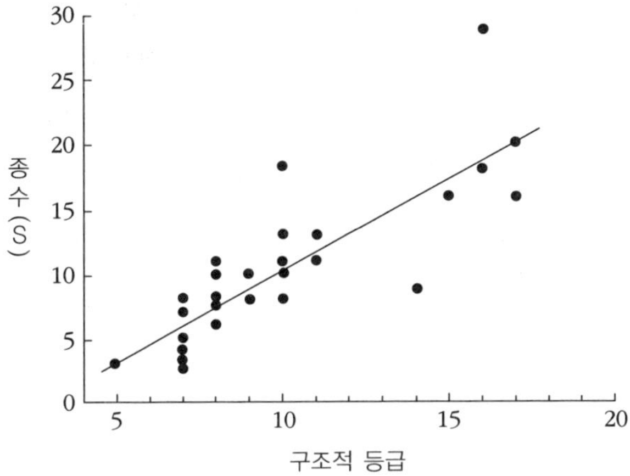

그림 5-2. 북미와 남미에 분포하는 선인장류의 외형적 체제 특성과 곤충의 종수 (Moran 1980)

표 5-1. 조림년도가 다른 잣나무림에서의 절지동물 군집지수 (현 1986)

조림년도	8월	9월	10월	4월	5월	평균
			수 관			
1974	–	1.9030	1.8384	4.0658	1.7138	1.3803
1978	1.0672	1.7929	1.2516	1.7237	0.9626	1.1462
			초 관			
1974	2.2175	2.3868	2.2328	2.2056	3.1348	2.4365
1978	2.1610	2.4015	2.0518	2.7989	3.2279	2.5282

순한 선인장류에서는 5종 이하의 곤충류가 발견되었다고 한다.

표 5-1은 조림년도가 다른 잣나무림에서 조사된 절지동물의 군집지수(Shannon-Wiener)이다.

표 5-1에서 보는 바와 같이 수관부의 종 다양도 지수는 1978년도 조림한 어린 잣나무에 비하여 조림년도가 오랜 1974년 조림 잣나무에서 명백히 높다. 그러나 초관부의 그것은 반내되는 경향을 보이고

있는데, 이것은 오래된 조림지에서는 많이 자란 잣나무의 영향을 받은 것으로 생각할 수 있다. 물론 수관부의 종 다양도지수와 초관부의 그것을 직접 비교하는 것은 수관부 조사는 타락법을 이용하였고, 초관부 조사는 난획법을 이용하여 조사방법에 차가 있었으므로 문제가 있으나 같은 조사방법을 이용한 수관부와 초관부내의 조림년도별 결과의 비교는 무리가 없다.

Waltz와 Whitham(1997)은 곤충군집에 미치는 2종 사시나무류 *Populus angustifolia*와 *P. fremontii*의 생육단계의 영향을 3년에 걸쳐 조사하였다. 성목의 수관부는 어린 나무들에 비하여 종풍부도는 23%가 높았고 상대밀도에서는 108%나 컸다. 그리고 흔한 절지동물분류군 17개중 8개 분류군은 특정 생육단계의 나무에 집중되어 있었으며 그 중 4개는 성목에서 밀도가 높았고 4개 분류군은 어린나무에서 밀도가 높았다. 그리고 성목에서 생긴 어린나무는 종풍부도나 밀도에 있어서 중간적이었다. 그리고 충영을 형성하는 *Pemphigus betae* 면충은 성목의 가지에 많고 잎을 가해하는 *Chrysomela confluens* 잎벌레는 어린나무에 많았는데 이들을 제거하면 상반된 결과를 낳았다. 즉 면충을 제거하면 종풍부도와 밀도가 성목에서 각각 32%와 55% 감소하였으나 잎벌레를 제거하면 유목에서는 그것이 각각 120%와 75%가 증가하였다. 이와 같이 식물의 생육상태는 서식곤충군집의 구조에 상당한 영향을 미친다.

목본류와 초본류는 차지하는 공간의 크기나 조직성분 그리고 시간적 지속성 등에서 차가 있다. 수관부는 온도나 습도 그리고 공간적인 격리 등이 복잡하여 식식성 곤충류에 대하여 다양한 생태적 지위를 마련하고 있으며 생물학적 현상이나 연령면(생육단계)에서도 복잡하여 요구조건을 달리하는 여러 가지 곤충류가 서식할 수 있게 할 뿐 아니라 노출면이 커서 전체적 곤충류의 밀도를 증대시키고 소멸률은 낮게 한다. 또 곤충류는 식물을 먹이의 대상으로 함은 물론 산란, 숨을 곳, 그리고 월동처의 대상으로도 이용하는데 이와 같은 요구를 충족시킬 수 있는 확률이 목본류에서 초본류에 비하여 클 것이라는 것은 짐작하기 어렵지 않을 듯하다. 물론 이런 요인들의 상대적 중요도를 양적으로 확실하게 평가하기란 쉬운 일은 아니다.

이상에서 논한 바를 종합하면 식식성 곤충류의 종풍부도에 영향을 미치는 중요 요인으로는 우선 식물의 분포면적을 들 수 있겠는데 분포면적이 넓은 식물은 종-면적관계에서 짐작할 수 있듯이 분포면적이 좁은 식물보다는 많은 종의 곤충류를 갖고 있다. 분포면적이 넓은 식물은 분포면적이 좁은 식물에 비하면 다양한 서식처에서 자라며 기후적으로 다양한 지역에 분포한다. 따라서 여러 가지 곤충류는 다양한 식물들을 대상으로 할 수 있고, 분포면적이 넓은 식물은 쉽게 정착할 수 있는 대상이 되기도 한다. 반면에 제한된 면적에 분포하는 식물의 곤충류는 정착 확률이 낮고 소멸될 가능성이 높다.

그리고 식식성 곤충류의 종 다양도는 목본류에서 초본류에서 보다 높은 것이 보통인데 이것은 외형체제와 관계가 있는 것으로 알려지고 있다. 외형체제는 크기, 생장형, 크기나 생장형의 계절적 변화, 지상기관의 변화 그리고 각 기관의 지속기간의 장단 등과 같은 것을 내용으로 하고 있다.

이와 같은 특성은 식물의 종에 따라 다를 뿐 아니라 같은 종 내에서도 계절에 따라 변화한다. 그리고 이와 같은 특성은 식물의 크기 그 자체가 곤충류의 다양성에 영향을 미칠 수도 있겠고 섭식기관이나 기타 곤충류가 필요로 하는 자원, 천적류가 없는 공간, 곤충류의 서식처 분할 그리고 식물의 생장에 따르는 생리적 변화 등과 같은 자원의 다양성도 관계가 있어 종 다양도와 식물의 외형체제와의 관계는 극히 복잡한 내용을 갖고 있다. 따라서 이런 문제의 해결을 위하여는 많은 야외관찰과 상세한 연구가 수반되어야 할 것이다.

4. 작물의 종 다양성과 해충발생

농업생산이 가계 중심에서 시장중심으로 발전하면서 농생태계는 점점 단순화되어 왔으며, 그에 따라 농작물에 발생하는 병해충류는 종류면에서나 그의 발생상면에서 자연생태계와는 다른 점을 많이 갖고 있다. 더욱이 제2차 세계대전 후 합성농약의 보편화는 그의 부작용과 같은 사회적 문제까지 곁들어 합리적 방제를 위하여는 병해충, 천적, 잡초 등과 같은 여러 가지 군집구성생물들 간의 생물학적 상호작용관계에 관한 연구가 강조되고 있다.

식생 다양성은 최근의 유해생물관리와 관련하여 중요한 의미를 갖고 있다. 식생의 다양성은 생물군집 내에 존재하는 여러 가지 식물의 종류를 말한다. 식생 다양성에는 구성종의 수, 구성종의 공간적 분포와 시간적 배열 등을 내용으로 하고 있다. 두 종의 혼합을 생각할 때 작물과 잡초 또는 서로 다른 종류의 작물조합 그리고 같은 종의 다른 품종이나 계통의 조합 등 여러 가지 조합을 생각할 수 있으며, 또 이들의 공간적 배열을 생각할 때 한 공간 내에 섞여있는 혼작, 열별로 작물을 달리하는 간작 그리고 간작이라도 열마다 다른 작물재배 또는 수개열에 같은 작물을 재배하는 대상재배 등 여러 가지 재배법을 생각할 수 있다. 그리고 유인작물의 재배나 농로 또는 수로 그리고 휴한지 등이 포함되는 등 한마디로 혼작이라고 하여도 그 내용은 다양하다. 여기서는 거의 동시에 재배되는 서로 다른 종류의 식생상태를 혼작이라고 하고 단일종의 작물이 재배된 상태를 단작이라고 하기로 하고 이 두 식생군에 대한 식식성 곤충들의 반응을 중심으로 살펴보기로 한다.

혼작상태에서 식식성 곤충류는 식물의 종간 그리고 종내에서는 개체들에 대하여 경쟁을 하게 되며 식물들은 식식성 곤충류와 천적류의 활동범위 내에 존재하기 때문에 생태학적으로 극히 복잡한 상태에 놓여 있다. 이런 이유로 지금까지 혼작상태에서의 곤충류의 동태가 단작상태에서보다 연구가 많이 되어 왔다.

혼작상태 하에서의 식물과 식식곤충류 그리고 그들의 천적류들 간의 상호작용관계는 극히 복잡하다. 예를 들면 2종 식물과 6종 식식성 곤충류 그리고 6종의 천적류로 구성된 생물군집에서 두 종간의 관계만을 생각하여도 91개 조합을 생각할 수 있으며, 3종간 관계를 생각한다면 364개의 상호작용관계를 낳게 된다. 그러므로 이런 문제를 실험적으로 하나하나를 설명하기란 매우 힘든 일이다.

Elton(1958)은 식식성 곤충개체군 밀도는 혼간작상태에서 보다 단작상태에서 높은 경향이 있다고 하였고 Pimentel(1961)은 이 가설이 옳다면 곤충개체군의 경시적 평균밀도는 혼간작상태가 단작상태보다 클 것이라고 하고 혼간작상태와 단작상태에서의 절지동물 개체군 밀도의 변동폭이 비슷하다면 대발생의 빈도가 혼간작상태보다는 단작에서 높을 것이라고 하였다.

해충학은 작물을 가해하는 동물군, 특히 곤충류로부터 받게 되는 작물의 경제적 손실을 방지하는 것과 관련된 이론과 기술을 연구하는 과학인데 최근 재배작물의 종류나 재배양식이 다양화하고 사회경제적 여건이 복잡화 되면서 해충의 종류는 물론 그들의 발생상도 크게 변화하고 있어 문제의 해결에 어려움이 더해가고 있다. 물론 해충방제에서의 문제는 해충개체군의 안정화가 아니고 해충개체군의 억제이다. 만약 작물이 높은 해충개체군밀도에서도 피해를 받지 않는다면 이 때에는 해충개체군밀도의 변동 폭을 줄이는 것이 한 가지 방법이 될 수 있다. 그러나 대개의 경우 작물은 높은 해충개체군밀도에서는 피해를 받게 되므로 이 때에는 개체군밀도를 낮게 해주어야 한다.

지금까지 생태계의 다양성과 해충류의 발생과의 관계에 관하여 재배작물이 다양한 상태에서는 단순한 상태에 비하여 해충 발생에 의한 피해를 덜 받게 된다는 주장(연합저항성설)과 혼작상태에서는 천적류의 활동이 커서 해충류에 대한 억제작용이 크고 대부분의 해충류 특히 식성범위가 좁은 해충류는 식생의 밀도가 높을 때 숙주가 집중되어 있어 숙주를 발견하기 쉽고 오래 머물러 있기 때문에 단작에서 발생빈도가 높다는 주장이 있다.

1) 연합저항성

Tahvanainen과 Root(1972)는 분류학적으로 다양한 상태하의 식물은 그렇지 않은 식물에 비하여 해충의 피해를 덜 받는다고 하고 이것을 식생의 연합저항성이라고 하였다. Andow(1991)는 혼작과 단작에서의 식식성 곤충류의 발생에 관한 287종 연구 예를 표 5-2와

표 5-2. 혼작에서 절지동물의 종수 (Andow 1991)

	불확실※	높음	없음	낮음
해충수	58 (20.2)	44 (15.3)	36 (12.5)	149 (51.9)
단식성	42 (19.1)	17 (7.7)	31 (14.1)	130 (59.1)
광식성	16 (23.9)	27 (40.3)	5 (7.5)	19 (28.4)
천적수	33 (25.3)	68 (52.7)	17 (13.2)	12 (9.3)
포식자	27 (30.3)	38 (42.7)	14 (15.7)	11 (12.4)
기생자	6 (15.0)	30 (75.0)	3 (7.5)	1 (2.5)

( ) : 총 종수에 대한 %, ※ : 되풀이된 실험에서 그 결과가 상반된 경우

같이 정리하였다.

표에서 보는 바와 같이 해충발생량이 혼작상태에서 단작상태보다 적은 경우(즉 해충발생이 억제되는 경우)가 51.9%이고, 반대로 혼작에서 높은 경우는 15.3%로 혼간작에서 단작에 비하여 해충류의 발생이 적었으나, 32.8%에서는 어느 쪽이라고 말할 수 없었다. 그러나 해충의 식성에 따라 그 내용은 달라 단식성 해충류의 경우는 혼간작에서 낮은 것이 59.1%이고 반대로 높은 경우가 7.7%인데 반하여 광식성 해충류의 경우는 낮은 경우가 28.4%이고 높은 경우가 40.3%로 높은 경우가 낮은 경우보다 많았다. 따라서 혼간작은 단작보다 해충발생을 억제하는 예가 많기는 하나 작물의 조합 또는 해충의 식성범위가 넓고 좁음에 따라 차가 있는 듯하다.

그런데 작물이 받는 피해와 관련 각 곤충의 개체군 밀도가 낮다고 하여도 혼작에서 단작보다 많은 종의 해충이 가해하는 경우도 있다. 혼작이나 단작에서 전체 해충류가 작물에 미치는 영향을 평가할 때 이용할 수 있는 식물체의 건조 중에 대한 해충류의 전생체중(건조중)을 이용하는데 이것을 가해부하(負荷)라고 한다. 가해부하의 개념은 편리하기는 하나 같은 생체중이라도 해충의 종이 다르면 가해기관이나 가해식물의 생육단계가 달라 식물에 미치는 영향은 달라진다는 점은 유의해야 한다.

해충의 작물에 미치는 영향평가에 살충제를 이용한 해충제거방법이 이용되기도 한다. Andow(1991)는 여러 가지 실험결과를 검토하여 절지동물 개체군밀도가 혼작에서 단작에서보다 낮은 20예 중에서 수량 감소가 혼간작에서 낮은 경우가 14예 있었다고 하였다. 그러나 소수이기는 하나 수량감소가 혼작에서 단작보다 큰 경우도 있었다고 한다.

위의 예들로 보아 일반석으로 식식성 곤충류는 혼작상태의 작물에 발생이 적으며 혼작상태의 작물은 단작상태에서 보다 해충류의 피해를 덜 받는 것으로 생각된다. 그러나 표 5-2에서 보는 바와 같이 어떤 종류는 혼작 시 더 많이 발생하며(15.3%), 20%는 경우에 따라 다른 수가 있어 연합저항성이론은 대체적으로 맞으나 해충관리에의 적용에는 좀 더 깊은 연구가 뒷받침되어야 하겠다.

2) 천적과 자원집중성

혼작에서 단작에서보다 해충발생이 적은 이유를 설명하는 데에는 자원집중설과 천적설의 두 가지가 있다(Root 1973). 표 5-2에서 보는 바와 같이 천적류의 종류를 보면 혼작에서는 52.7%(68종)가 높았고, 9.3%(12종)만이 단작에서보다 낮았으며 그 경향은 포식천적보다 포식기생자에서 좀 더 명백하다. Root(1973)는 천적류는 선택성을 갖거나 없거나와 관계없이 어느 경우나 혼작상태에서 단작상태에서보다 발생이 많아 해충류의 개체군 밀도를 크게 억제한다고 하였다.

선택성이 적은 천적류가 혼작에서 많은 이유로 Andow(1990)는 혼작에서는 작물의 종류가 많아 작물의 상대적 생육기간이 길고 여러 가지 생육단계에서 이용할 수 있는 해충의 종류가 많아 공격대상을 대체할 수 있고, 어떤 종류의 포식기생자는 단작조건하에서는 수컷만이 생기는데 혼작조건에서는 양성이 생겨 증식 가능한 개체군이 유지되며, 단작상태에서는 접촉을 못하였던 숙주를 혼작상태에서는 이용할 수 있고, 혼작상태에서는 서로 다른 여러 가지 미환경이 존재하여 다양한 해충류를 천적류가 이용할 수 있으며 따라서, 혼작상태에서는 이용대상 해충류의 종류가 많고, 이용이 쉽기 때문이라고 설명하였다. 또 선택성이 큰 포식자나 포식기생자의 경우 혼작이나 간작상태에서 종류수가 많고 밀도가 높아지는 이유로는 단작상태에서는 대상 해충류가 전멸할 때까지 소비되어 자신들도 결국에는 멸망

할 수 있겠으나 혼작상태에서는 피식자가 도피할 곳이 있어 해충류가 유지되고 있어 해충과 천적간 관계가 안정되어 있어 유리하다고도 하였다. 그러나 선택적인 포식기생자의 경우 숙주를 찾는데 이용되는 냄새가 혼작상태에서는 다른 작물의 방해를 받아 포식기생자가 숙주를 찾는 데에는 어려움이 있을 수 있고 혼작에서는 작물간의 경계가 불분명하여 숙주가 있는 곳을 찾는데 어려움이 있을 수 있으며 혼작에서 단작보다 머무는 시간이 짧을 수도 있어 단작보다 혼작에서 적을 수도 있다(Sheehan 1986). 그리고 Andow와 Prokym(1990)은 포식기생곤충류가 활동하는 곳의 구조적 복잡성이나 식생 표면의 연속성이 그들의 숙주발견과 밀접한 관계가 있어 구조적으로 복잡한 혼작상태에서 그것이 단순한 단작상태에서 보다 기생률이 낮을 수도 있다고 하였다.

한편 선택성이거나 광식성이거나를 막론하고 천적류가 이용할 수 있는 화분이나 꿀은 혼작상태 하에서 양적으로 많고 이용할 수 있는 기간도 길어 천적류에 유리한 것이 보통이다.

Russell(1989)은 천적류의 활동상황에 관한 연구 예를 검토하고 15예 중 혼작상태에서 단작상태에 비하여 천적류에 의한 해충류의 사망률이 높은 경우가 9예이고 차가 없는 경우가 4예였으며 2예에서는 혼작상태에서의 해충류 사망률이 단작상태보다 낮았다고 하였다. 혼작상태에서 단작상태보다 천적류 활동이 낮은 2개 예는 옥수수-강낭콩-호박 혼작과 옥수수-클로버 혼작에서의 예로 Andow와 Risch(1985, 1987)에 따르면 이 경우에는 자원집중성은 천적류 활동에 길항적으로 작용한다고 하였다. 따라서 자원집중성과 천적의 영향은 때로는 보완적으로 작용하고 때로는 길항적으로 작용하기도 하는 듯하다. 천적관계와 자원의 집중문제는 혼작과 단작에서 단식성 해충류와 광식성 해충류의 상대적 빈도와 관련 나은 뜻을 깆게 마련이다. 단식성 해충류의 경우 그의 밀도는 혼작에서 낮을 것이다. 그러나 광식성 해충류의 경우는 천적류의 활동이 보다 중요한 의미가 있다면 천적류는 단식성 해충이거나 광식성 해충이거나를 가리지 않고 공격할 것이므로 해충밀도는 혼작에서 낮을 것이다. 그러나 광식성 해충류의 발생에 자원의 집중도가 보다 중요한 의미가 있다면 반대로 혼작에서 발생이 많을 것이다.

Andow(1991)는 혼작과 단작상태에서의 단식성 해충류와 광식성 해충류의 발생상황을 조사한 여러 가지 연구를 조사하여 표 5-3과 같이 정리하고 있다.

해충밀도가 혼작에서 단작보다 낮은 경우는 51.5%이고 반대로 높은 경우는 17.6%로 혼작에서 단작에 비하여 발생밀도가 낮은 경우가 많다. 그런데 해충류의 식성범위에 따르는 차를 보면 혼작상태에

표 5-3. 혼작상태에서 단식성 해충류와 광식성 해충류의 발생밀도 (Andow 1991)

	단작에 대한 혼작에서의 해충의 개체군 밀도			
	확실치 않음	높음	다름없음	낮음
전 혼작				
해충수	28 (20.6)	24 (17.6)	14 (10.3)	70 (51.5)
단식성	21 (20.6)	8 (7.8)	11 (10.8)	62 (60.8)
광식성	7 (20.6)	16 (47.1)	3 (8.8)	8 (23.5)
통계 처리된 혼작				
해충류	24 (30.0)	10 (12.5)	14 (17.5)	32 (40.0)
단식성	18 (30.5)	3 (5.1)	11 (18.6)	27 (45.8)
광식성	6 (28.6)	7 (33.3)	3 (14.3)	5 (23.8)

( ) : 총 종수에 대한 %

서 발생밀도가 단작상태보다 낮은 경우는 단식성 해충류에서는 60.8%이고 광식성 해충의 경우는 23.5%이고 해충밀도가 혼작에서 높은 경우는 광식성 해충류에서는 47.1%이고 단식성 해충류의 경우는 7.8%로 광식성 해충류에서 높은 비율이 단식성 해충류에 비하여 높다. 즉 전체적으로 보면 혼작에서 해충발생량이 적으나 해충의 식성범위에 따라 그 내용이 다르다.

표에서 통계 처리된 자료는 연구결과가 연구에 따라 차가 있어 70% 이상이 같은 결과일 때만을 대상으로 분석한 결과로 광식성 해충류의 경우에는 밀도가 혼작에서 단작보다 높은 경우가 33.3%이고 낮은 경우가 23.8%인데 반하여 단식성 해충류의 경우는 혼작에서 높은 경우가 5.1%이고 낮은 경우가 45.8%로 해충류의 식성범위에 따라 혼작에서의 반응에 차가 있다. 그리고 혼작에 대한 해충류의 반응은 혼작에서 식물의 종류에 따라서는 차가 있는 것이 알려져 있다. 예를 들면 복숭아의 X-바이러스를 매개하는 매미충류의 일종인 *Scaphytopius acutus*의 밀도는 이 해충이 선호하는 붉은토끼풀이나 여러 가지 장미과 잡초류가 하초를 이루고 있는 복숭아나무에서는 발생량이 많으나 숙주가 아닌 화본과 잡초류가 하초를 이루고 있는 복숭아나무에는 단작 복숭아나무보다 발생밀도가 낮았다. 이런 예는 자원집중도가 혼작상태에서 천적류의 영향보다 발생에 더 큰 영향을 미치는 것을 뜻하고 있으나 천적류의 영향도 같이 작용하였을 것으로 보아야 하겠다.

표에서 보는 바와 같이 자원집중도가 발생에 미치는 영향은 단식성 해충류와 광식성 해충류에서 상당한 차가 있다. 광식성의 경우 시간적으로 세대에 따라 숙주를 달리하는 축차성 광식성과 한 세대 내에서 한 숙주에서 다른 숙주로 이동하면서 여러 개체의 숙주를 가해하는 동시성 광식성이 있는데 만약 혼작상태 하에서 숙주의 발견이 어렵거나 이동 해충수가 적은 것이 혼작상태로의 이동 해충수를 결정한다면 축차성 광식해충류는 단작상태보다 혼작상태의 2차숙주에서 밀도가 높아질 것이다(혼작상태에서는 벌써 정착하여 있기 때문에). 그러나 만약 혼작에서 단작보다 해충이 숙주를 빨리 떠나 버린다면 축차성 광식해충류는 혼작상태의 2차숙주에는 단작보다 밀도가 낮아 질 것이다(해충은 혼작지를 떠나 단작지로 모이기 때문에). 그러나 실제 연구 결과를 보면 문제는 상당히 복잡하다. Andow (1991)는 축차성 광식해충류에 관한 9개 연구 예를 검토한 바 그 중 7예에서 2차숙주상 밀도가 단작보다 혼작에서 높았고 한 예에서는 혼작에서 도리어 발생밀도가 낮았다(한 예는 차가 없었음).

워싱턴주 동부에서 복숭아혹진딧물은 봄에는 잡초에서 증식하다 사탕무로 이동하는데 Wallis와 Turner(1969)는 초기 밀도 증식원을 줄이기 위하여 22평방 마일에 걸쳐 수로뚝의 잡초를 불태워 그렇지 않은 곳과 그 밀도를 비교한 결과 불태운 곳의 사탕무의 진딧물 밀도가 51~91% 낮았고 그가 매개하는 사탕무 바이러스의 발병률도 77~88%나 낮았다고 하였다. 우리나라에서 벼의 줄무늬잎마름병 매개충인 애멸구는 화본과 잡초에서 월동하여 봄에 맥류에서 한 세대를 지난 후 벼로 이동하는 축차 광식성 해충류인데 1970년대 이전까지는 이 해충이 매개하는 줄무늬잎마름병 발생이 많았으나 1973년 이후에 이 병 발생이 급격히 줄었는데 그 원인은 이 병에 대한 저항성이 강한 품종의 보급과 더불어 월동 후 제1세대의 증식처인 맥류 재배면적의 감소도 중요한 원인이 된 것으로 생각되고 있다. 이런 예들은 혼작지에서의 이동이 이들 해충류의 발생량과 깊은 관계가 있음을 뜻하는 것이며 축차성 광식성 해충류의 문제는 1차숙주가 숙주로 알맞지 않아 그 후의 개체군 밀도 증가에 별 영향을 미치지 못하는 수도 있고, 2차숙주가 그 해충의 이동시기에 아직 가해나 증식에 알맞지 않아 2차숙주로 가지 않고 떠나버리는 수도 있으며, 기후조건과 같은 다른 요인이 2차숙주에서의 증식에 영향을 미칠 수도 있다.

자원집중도와 동시성 광식 해충류와의 관계는 더욱 복잡하며 단식성 해충류에서 동시성 광식류는 특별한 경우라고 생각할 수 있다. 자원집중론을 동시성 광식 해충류에 적용하였을 때 해충밀도는 혼작에서 그것이 알맞은 숙주일지라도 그것들은 단작으로 하였을 때보다 밀도가 낮을 것이라는 것이다. 그런데 실제 연구결과를 보면 그 결과는 다양하여 일관성을 찾아볼 수가 없다. Andow(1988)는 29건의 연구 예를 검토하여 그 중 13예에서는 혼작에서 단작보다 해충 밀도가 낮았고 15예에서는 혼작에서 도리어 높았다고 하였다. 이와 같은 결과는 해충류의 이동 특성이나 기주에 대한 선호성이 관여하고 있기 때문이다. 예를 들면 *Dalbulus maidis* 매미충의 경우 옥수수와 강낭콩의 혼작에서는 옥수수의 열간이동이 강낭콩의 방해를 받아 이 매미충의 개체군 동태나 이 해충이 매개하는 옥수수의 오갈병 발생에 큰 영향을 미친다.

워싱턴 주립대학교의 Kareira(1986)는 무와 감자의 혼식구와 무 단식구를 서로 인접한 상태로 두고 그 사이에 1.5m 높이의 장벽을 설치하고 *Phyllotreta cruciferae* 벼룩잎벌레의 무에서의 발생상황을 조사한 바 주당밀도는 장벽이 없는 구에서는 단작구의 밀도가 혼식구의 경우 2~5배 높았으나 양쪽에 장벽을 설치하여 이동을 막은 구에서는 전체적으로 해충밀도가 낮았으며 두 구간의 차가 없거나 혼식구에서 도리어 높았다고 하였다. 같은 방법으로 무의 밀식구와 조식구에서의 발생상황은 장벽이 없을 때는 밀식구에서의 주당 밀도가 조식구의 그것의 2배 정도였으나 장벽이 있는 경우에는 두 구에서 밀도에 차가 없고 전체적으로 장벽이 없는 구에 비하여 낮았다. 이런 결과는 이 해충의 성충이 갖는 서식저에 대한 선호싱 때문에 그의 행동이 임의적이 아니고 여기저기를 이동하면서 자원이 집중되어 있는 곳에 많이 정착하는 것을 보여주고 있다.

또 숙주에 대한 해충류의 선호도는 시간이 경과하면서 숙주의 질이 변화하면 그에 따라 빠른 시일내에 변화한다. *Alsophila pometaria* 겨울자나방은 참나무류인 *Quercus coccinea*와 *Q. alba*의 어린잎을 선호하며 이들의 잎이 노쇠하면 먹이로써의 질이 급격히 감소한다. 두 종 참나무 중 어느 한 종이 다른 것보다 아주 적을 때는 같이 있을 때에 비하여 이 나방유충의 심한 피해를 입는다. *Q. coccinea*의 잎은 *Q. alba*에 비하면 약 10일 빨리 핀다. *Q. coccinea*가 적을 때 이 나방의 유충은 이 참나무밖에 이용할 수 없어 이 나무에 집중한다. 반대로 *Q. alba*가 적을 때는 이 자나방의 유충은 *Q. alba*에 집중하게 되는데 이것은 이 나방이 출현할 때면 *Q. coccinea*의 잎은 노쇠하여 먹이로 적당하지 않기 때문이다.

한편 일부 학자들은 해충류가 영년생식물에 비하여 1년생초본류는 발견이 힘들고 1년생작물 재배지 보다 영년생작물 재배지에서 천적류의 활동이 활발하다고 주장한다. 이 생각은 단작과 혼작 사이의 해충발생의 차는 1년생작물 경작지에서는 자원집중성과 보다 깊은 관계가 있으나 영년생식물 재배지에서의 해충의 발생은 천적류의 영향을 보다 많이 받는다는 것이다. 이것은 혼작상태에서 해충의 반응이 자원집중성과 보다 깊은 관계가 있다면 1년생식물 혼작에서 보다는 다년생식물 혼작상태에서 보다 높은 경우가 많을 것이며 단식성 곤충류와 광식성 곤충류간의 차는 영년생식물 재배지에서 보다는 1년생식물 재배지에서 클 것이라는 뜻이 된다.

표 5-4는 표 5-2의 287종 식식성 곤충류에 대한 1년생식물 재배지와 다년생식물 재배지에서의 단식성 곤충류와 광식성 곤충류의 발생상황이다.

표 5-4. 1년생식물 혼작지와 영년생식물 혼작지에서 단식성 해충류와 광식성 해충류의 발생상황 (Andow 1991)

	혼작과 단작에서 해충류의 개체군 밀도			
	확실치 않음	높음	다름없음	낮음
1년생	51 (24.8)	24 (11.7)	31 (15.0)	100 (48.5)
단식성 곤충류	39 (25.2)	6 (3.9)	27 (17.4)	83 (53.5)
광식성 곤충류	12 (23.5)	18 (35.3)	4 (7.8)	17 (33.3)
영년생	7 (8.6)	20 (24.7)	5 (6.2)	49 (60.5)
단식성 곤충류	3 (4.6)	11 (16.9)	4 (6.2)	47 (72.3)
광식성 곤충류	4 (25.0)	9 (56.3)	1 (6.2)	2 (12.5)

( ) : 총 종수에 대한 %

1년생식물 혼작지와 영년생식물 혼작지 모두에서 혼작에서 단작에서보다 낮은 경우가 높은 경우보다 많다. 그런데 같은 혼작상태에서도 단식성 해충류와 광식성 해충류에는 그 양상에 차가 있어 1년생식물 혼작지에서 밀도가 낮은 경우와 높은 경우가 단식성 해충류에서는 53.5%와 3.9%인데 광식성 해충류에서는 33.3%와 35.3%로 큰 차가 있는 것은 아니나 높은 경우가 낮은 경우보다 많은 경향이 있다. 그리고 영년생식물 혼작지에서는 혼작에서 단작보다 밀도가 낮은 경우와 높은 경우가 단식성 해충류에서는 72.3%와 16.9%이고 광식성 해충류에서는 각각 12.5%와 56.3%로 큰 차가 있다. 이런 사실들은 혼작에 대한 해충류의 반응은 천적류의 영향보다는 자원의 집중도가 보다 중요함을 뜻하는 것으로 생각된다. 그러나 1년생식물 혼작과 영년생식물 혼작에서의 해충 발생상황은 구성식물 문제 뿐 아니라 경지 토양의 교란이나 작물 연작 문제를 비롯한 여러 가지 복잡한 문제가 섞여 있다. 예를 들면 아스파라거스의 해충인 먹물나방의 알은 봄에 아스파라거스 새순이 자라기 전에 부화하는 것이 보통인데 잡초 근처에서 부화하면 아스파라거스 순이 나올 때까지 그것을 먹고 자랄 수 있으나 그렇지 못하면 죽게 된다. 따라서 이 때에는 아스파라거스의 영년생이 문제가 아니고 이용할 수 있는 잡초의 존재와 경지 상태가 이 해충의 발생과 관계가 있다고 하겠다.

지금까지의 연구결과를 종합해 보면 자원집중론의 주장은 해충류가 단작상태에서는 숙주의 발견이 쉽고 숙주에 머물러 있는 시간이 비숙주에서 보다 길기 때문에 혼작상태보다 발생이 많다는 것이며 천적론은 혼작에서 기생곤충류나 포식곤충류의 활동이 크기 때문에 해충류의 발생이 단작보다 적다는 것이다. 그런데 지금까지 자원집중론과 천적론에 관한 연구는 서로가 무관한 것으로 생각하거나 적어도 한쪽은 고려되지 않은 것이 대부분이었다. 그리하여 천적론은 천적에 의한 포식률이나 기생률을 대상으로 논하였고 자원집중론에서는 해충의 행동동태를 중심으로 논해왔다. 그런데 해충류의 발생은 정착과 증식의 문제와 그들의 치사율에 의하여 결정되므로 두 측면이 동시에 고려되어야 한다.

Andow(1990)는 동부콩의 해충인 *Epilachna varivestis* 무당벌레의 발생동태를 동부콩 단작구와 동부콩과 *Brassica kaber* 갓의 교호혼작구, 동부콩 단작구에 *B. kaber*를 포함한 잡초 4종을 이식하고 40일간 제초하지 않은 구 그리고 동부콩 단작구에 *B. kaber*를 포함한 잡초를 전 기간 제초하지 않은 구 등 세 가지 혼작상태에서 조사하였다. 혼작과 단작상태를 비교하였을 때 혼작상태에서 성충의 정착률이 낮았고 포식자에 의한 알의 치사율이 높았다. 따라서 이 경우는 자원집중론이나 천적론 모두를 만족시켜 주는 셈이다. 그런데 이 해충의 개체군 밀도 변동은 58%가 성충의 정착률에 의하여 결정되며 이것이 혼작에서의 발생에 가장 중요한 요인이 되고 유충과 번데기의 치사율은 밀도 변동에의 기여도가 30%로 다음으로 중요하였고 알의 치사율은 기여도가 2%에 불과하였다고 한다. 그리고 유충과 번데기의 치사율은 단작에서 가장 높아 천적설과는 맞지 않는다. 따라서 이 경우에는 천적이 아니고 자원집중도가 혼작상태에서의 낮은 밀도에 보다 중요한 의미가 있다고 하겠다.

표 5-3에서 보는 바와 같이 해충류의 발생은 혼작상태에서 단작상태보다 낮은 경우가 많아 자원집중도가 해충류의 발생에 보다 중요한 듯 보이나 해충류 중 약 30%는 혼작에 대한 반응이 일정하지 않아 유동적이며 어떤 단식성 해충류의 경우에는 혼작상태에서 단작상태보다 발생이 많을 수도 있으며 광식성 해충의 경우는 그 반응을 예측하기가 힘들다. 그리고 밀도변동에 미치는 또 다른 중요 원인인 천적류의 활동은 혼작상태에서 더 활발한 것이 보통이다. 따라서 어떤 특정 혼작상태 하에서 특정 해충의 발생을 예측하는데 이 이론을 적용하는 데에는 주의가 필요하다.

결국 자원집중론은 한 식물에 기생하는 해충의 종수는 식물로의 이동과 이탈간의 관계에 의하여 결정된다는 것으로 혼작상태 하에서 해충 발생이 적은 것은 숙주를 찾기가 힘들고 이탈이 잦으며 떠난 후에 다시 찾아드는 일이 적기 때문이라는 것이다. Ryan 등(1980)은 *Delia brassicae* 고자리파리의 산란습성을 혼작과 단작에서 비교하여 양배추에의 산란이 혼작에서 단작보다 적었다고 하여 이런 이론을 뒷받침하였다. 그런데 Coaker(1980)는 실내실험에서 혼작상태의 용기와 단작상태의 용기에 찾아드는 이 고자리파리의 수를 조사한 결과 차가 없음을 밝히고 이 경우는 숙주가 비숙주에 가리워지는 것이 아니고 비숙주에서 더 많이 이동하게 함으로써 머무는 시간이 짧아 산란이 적었을 것이라고 하였다. 이런 원인에 대하여 혼작상대에서는 여러 가지 식물들이 공존하고 여러 가지 냄새를 발산하기 때문에 해충을 유인하는 냄새가 다른 냄새의 방해를 받게 될 수 있다. Thavanainen과 Root(1972)는 *Phyllotreta cruciferae* 벼룩잎벌레의 숙주선호성을 브로콜리 단독인 경우와 토마토 냄새를 갖게 한 숙주에서 비교하여 이 해충은 비숙주의 냄새를 가진 것 보다는 단독인 숙주에 끌리는 경향이 있었다고 하였다. 이 실험에서 숙주의 냄새가 두 실험구에서 꼭 같은 농도였다고 할 수는 없으나 이 결과로 비숙주의 물질이 이 해충의 숙주이용에 영향을 미친 것을 알 수 있다. 물론 비숙주가 내는 냄새 중에는 해충의 접근을 방해하는 기피성 물질도 있다.

Stanton(1983)은 식식성 곤충류의 숙주선택과 후각과의 관계에 관한 실험을 통하여 비교적 후각이 둔한 곤충류는 식물군집의 공간적 구조가 복잡할 때는 숙주식물에 가까운 거리에 있을 때도 그 냄새의 확산과 대류현상 등으로 짧은 시간에 감지할 수 없을 정도로 농도가 낮아지기 때문에 약해진 냄새를 감지하지 못하게 될 것이나 후각이 예민한 곤충류는 숙주와 상당히 떨어져 있는 곳에 있을지라도 낮아진 농도를 감지할 수 있을 것이라고 하였다. 이 이론을 혼작에 적용하면 만약 비숙주의 냄새가 곤충류의 후각을 방해한다면 후각이 둔한 것들에 대한 혼작의 영향은 별로 크지 않을 것이고 후각이 예민한 곤충류는 혼작의 영향을 덜 받은 것으로 생각된다.

한편 혼작과 단작은 시각적 면에서도 차가 있다. Smith(1976)는 방울배추에의 진딧물류 정착률은 단작에서 보다 혼작에서 낮으며 작물 사이에 녹색과 갈색의 마포를 덮으면 녹색 마포를 덮었을 때 정착률이 낮았다. 이것은 혼작에서는 비숙주의 녹색이, 후자에서는 녹색 마포가 갈색인 토양과 숙주의 녹색간의 대조를 감소시켜 숙주에의 정착률을 감소시킨 것으로 생각된다. 또 다른 문제는 숙주식물의 질의 문제이다. 혼작에서는 서로 다른 식물들이 공존하는데 이 때 식물들은 종간이나 종내 경쟁에 차가 생겨 숙주식물의 질적 변화는 필연이다. 숙주의 질적 변화는 식식성 곤충류의 숙주에 대한 반응에 변동을 가져올 것이다.

식물의 질과 식식성 곤충류의 발생과의 관계는 대단히 복잡하다. Andow와 Risch(1985)는 호박에 발생하는 진딧물류를 보면 호박 단작지보다 호박-강낭콩-옥수수 혼작지에서의 발생이 적었다고 하였다. 이 때 두 재배지에서 호박의 엽수는 같으나 단작지에서의 호박잎은 크고 수명이 길다. 이것은 혼작지에서 다른 식물에 가려진 호박잎은 좀 더 빨리 노쇠하기 때문이다. 그런데 진딧물류는 어느 경우나 오래된 잎에 기생하며 단작 호박의 가장 오래된 잎에서 밀도가 가장 높다. 그러므로 혼작 호박에서는 오래된 잎이 없어 단작 호박에서와 같은 높은 밀도에 달할 수 있는 기회가 적은 셈이다. 자원집중론과 관련하여서는 이 밖에도 식물의 크기나 혼작상태에서는 식식성 곤충류가 숙주를 찾아다니는 동안 겪게 되는 비숙주식물의 표면적 그리고 광선을 막아 생기는 그늘이나 습도, 온도, 기타 여러 가지 조건의 차등을 통한 식식성 곤충류의 행동이나 천적의 활동에의 영향도 고려되어야 한다.

지금까지 설명한 바와 같이 식물의 종 다양성과 식식성 곤충류의 발생문제는 대단히 복잡하다. 혼작상태에서의 해충류 발생문제는 실제적 결과에 의하여 대체적으로 뒷받침되고 있으나 그것을 실제의 해충관리 문제에 적용할 수 있는 단계는 아니다. 실제로 곤충류와 같이 복잡한 생물군의 발생을 하나의 생태학적 이론으로 해결하려는 것은 무리일 수 있다. 그러나 이들에서의 진화적 측면의 연구는 복잡한 식생 다양성 문제를 이해하는데 큰 도움이 될 것만은 확실하다.

제6장

곤충의 생활환

1. 곤충의 생식방법

곤충의 생활사(Life history) 또는 생활환(Life cycle)이란 곤충이 태어나서 죽을 때까지 경과하는 형태적 변화나 습성의 변화를 말하며 구체적으로는 각 생육단계의 형태적 특성이나 생리적 특성 그리고 각 생육단계의 기간 등을 그 내용으로 하고 있다. 여기서는 곤충의 생활사와 관련, 생식 방법과 태어나서 겪는 발육과정을 설명하고 생활사의 적응을 진딧물류를 예로 설명하겠다.

대부분의 곤충류는 양성생식을 하며 알을 낳는다. 그러나 곤충의 종류에 따라서는 생식방법에 그 밖에도 여러 가지가 있으며 같은 종도 환경조건이나 생활환의 시기에 따라 생식방법을 달리하는 것도 있다. 곤충류의 생식방법에는 다음과 같은 것들이 있다.

(1) 난태생(Ovoviviparity) : 이것은 배자의 발생이 알속에서 완료되는 동안 암컷의 생식기관내에서 있다가 유충 상태로 태어나는 것을 말한다. 이 때 배자의 발육에 필요한 양분은 전적으로 난황물질에 의존한다. 예) 좀벌레류, 일부 딱정벌레류와 파리류, 기타.

(2) 태생(Viviparity) : 난태생과 달리 태생 곤충류의 배자는 암컷이 공급하는 양분을 이용하여 자라는 경우를 말하며 다음의 종류가 있다.

① 선자양태생(Adenotrophic viviparity) : 수면병을 매개하는 *Glossina*속 파리나 이파리류, 거미파리류, 박쥐파리류의 경우는 한 번에 한 마리의 유충만이 태어나며 유충은 암컷체내에서 생식기관에 있는 특별한 선에서 공급되는 물질을 입을 통하여 공급받아 성숙한 유충으로 태어난다.

② 위태반태생(Pseudoplacental viviparity) : 박쥐에 외부 기생하는 Polyctenidae 빈대류나 일부 진딧물류, 일부 집게벌레류 등에서는 알에 난황물질이 적어 배자는 암컷 생식기관 벽을 통하여 영양을 공급받으나 전자와는 달리 입을 통하여 공급받지는 않는다. 따라서 이들에서의 생식기관은 포유류의 자궁의 역할을 한다.

③ 혈강태생(Hemocoelous viviparity) : 부채벌류나 유생생식을 하는 일부 혹파리류에서는 난자형성 후 난소가 분해하며 배자는 암컷의 혈강내에서 모체로부터 직접 영양을 취한다.

(3) 유생생식(Paedogenesis) : *Micromalthus* 딱정벌레류와 *Miastor*나 *Mycophila* 혹파리류는 유충이 생식을 하는데 이들에서의 난소는 유충기에 성숙하며 알은 단성적으로 생긴다. 이들의 생활사는 복잡하여 몇 차례의 유생생식과 가끔 성충이 생기나 이것은 생식능력이 없는 수가 많다.

(4) 단성생식(Parthenogenesis) : 수정하지 않은 알이 발육하는 경우로 잠자리류와 노린재류를 제외한 많은 곤충 분류군에서 정도의

차는 있으나 일어나는 흔한 생식방법이다. 태어난 자손의 성에 따라 분류하면 다음과 같은 것이 있다.

① 산웅성단성생식(Arrhenotoky) : 벌류나 일부 총채벌레류와 딱정벌레류에서와 같이 단성생식으로 태어난 새끼는 모두가 수컷인 경우이다.

② 산자성단성생식(Thelytoky) : 암컷만이 태어나는 단성생식으로 가장 흔한 생식방법이다.

③ 산양성단성생식(Amphitoky) : 일부 진딧물류와 혹벌류에서 볼 수 있으며 단성생식으로 암, 수가 생긴다.

또 세포학적 특성에 따라 분류하면 다음과 같은 두 가지가 있다

① 무감수분열형단성생식(Apomictic) : 난자가 감수분열 없이 생겨 염색체수가 감소하지 않는 경우로 돌연변이를 않고는 유전자를 그대로 이어 받게 된다. 이것은 가장 흔한 현상이다.

② 감수단성생식(Automictic) : 난자는 감수분열을 하나 배수체는 분열한 두 난핵의 융합, 극체와의 융합 등 여러 가지 방법으로 생긴다.

단성생식에는 외인성인 경우와 내인성인 것이 있다. 전자는 만약 수정되면 정상적인 발육을 하고 수정되지 않으면 단성생식을 하는 경우로 벌류에서 그 예를 볼 수 있다.

내인성단성생식은 산자성단성생식에서만 볼 수 있는 현상으로 수컷은 극히 드물거나 없으며 개체군은 형태적으로 양성생식 개체군과 닮았다. 이 경우는 암컷만이 생기기 때문에 증식력은 대단히 크나 유전적 변이는 기대할 수 없다. 대벌레류, 주머니나방류, 바구미류 등에서 그 예를 볼 수 있다. 또 진딧물류, 혹벌류, 유생생식을 하는 혹파리류 등에서는 단성생식과 양성생식이 포함된 세대교번 또는 주기적 단성생식을 하게 되어 두 생식법의 장점을 생활사에 포함시키고

있다.

(5) 다배생식(Polyembryony) : 일부 부채벌레류나 수중다리좀벌류, 고치벌류, 납작먹좀벌류, 집게벌류에서의 생식방법으로 한 개의 알에서 2마리 이상이 생기는 경우로 모두가 내부기생성 곤충류이다.

2. 곤충의 후배자 발생

부화한 곤충은 발육하는 동안 형태적인 변화를 겪는 것이 보통으로 부화하여 성충까지 생장하는 과정을 후배자발생(Postembryonic development)이라고 하며 그 과정에서 겪는 현저한 형태적 변화를 변태(Metamorphosis)라고 한다.

곤충의 몸은 외골격으로 쌓여 있으며 이것은 자라지 못하므로 생장하면서 외골격을 벗어버려야 한다. 이와 같이 허물을 벗는 것을 탈피(Ecdysis)라고 한다. 대부분의 곤충은 성충까지 자라는 동안에 5~6회 탈피하나 어떤 것은 30회 이상 탈피하는 것도 있다. 탈피 횟수는 종에 따라 대체로 정해져있으나 환경조건에 따라 변화하기도 하며 극단적인 건조나 불리한 먹이 조건과 같은 외부조건이 탈피 횟수를 증가시킨다. 한편 탈피 한 후 다음 탈피할 때까지의 곤충을 영충(Instar)라 하고 그 기간을 영기(Stadium)라고 한다.

곤충류에는 톡토기류나 좀벌레류 등에서와 같이 유충의 크기가 성충에 비하여 작을 뿐 형태적으로는 차가 없으며 자라면서 크기가 커지고 성충이 되면서 생식능력을 갖게 되는 무변태류(Ametabola)와 다른 대부분의 곤충류에서와 같이 후배자발생 중 형태적으로 큰 변화를 겪는 변태류(Metabola)로 크게 구분된다.

변태류에는 유충과 성충 사이에 번데기 발육단계가 존재 하느냐 하지 않느냐에 따라 완전변태류(Holometabola)와 불완전변태류

(Hemimetabola)로 구분한다.

불완전변태류 곤충의 부화 직후 유충에는 날개가 없고 생식기관도 덜 발달되어 있으나 외형이나 더듬이, 다리 그리고 섭식습성 등은 성충과 같다. 이들 곤충류는 탈피를 거듭하면서 형태적으로 성충의 그것과 점점 가까워진다. 유시불완전 변태곤충류에서는 최종 2~3령충에서 중흉과 후흉에 덜 발달하기는 하였으나 날개의 형태가 나타난다. 이들의 유충을 완전변태류 곤충의 유충과 구별하기 위하여 약충(Nymph)이라 하기도 한다. 또 불완전변태류 중 잠자리류, 하루살이류 그리고 강도래류의 유충은 수중생활을 하며 기관아가미로 호흡하며 최종 영충과 성충은 형태적으로 큰 차이가 있다. 이들의 유충을 수서약충(Naid)이라고 하기도 한다.

완전변태 곤충류에서는 성충이 되기 직전까지는 밖에서 날개의 흔적을 볼 수 없으며 성충이 되기 직전에 날개주머니가 뒤집히면서 날개가 생긴다. 이들의 경우 후배자발생기간 중 섭식충태인 유충과 번데기 그리고 성충 등의 충태는 명백히 구별되는 형태적 특성을 갖고 있다. 유충기는 섭식과 성장이 일어나는 시기이고 외형상 성충과 완전히 다르고 밖에서는 날개의 존재를 알 수 없고 대부분의 경우 더듬이나 눈은 불완전하고 성충에서는 볼 수 없는 복각을 나방류에서는 5쌍, 잎벌류에는 8쌍 갖고 있는 종이 있다.

용기는 섭식 없이 대개가 휴지상태이며 딱정벌레류에서는 부속지가 밖으로 노출되어 있으나(나용) 나비류에서는 부속지는 몸에 꼭 붙어 있고 그 밖을 용각이 싸고 있다(피용). 번데기는 유충이 만든 고치 속에 들어 있는 수가 많다. 파리류에서는 유충의 최종 탈피각 속에 용이 들어 있는(위용) 것이 있다. 용기에는 외부적으로는 큰 변화가 없으나 내부적으로는 유충기의 조직이 완전히 조직 분해하여 성충기 생활에 필요한 여러 기관들이 새로 생긴다.

완전변태류에서는 유충의 생활조건 즉 먹이나 생활 장소가 성충의 그것들과는 완전히 달라 서로 다른 자원을 이용하고 있다. 이것은 이용자원의 다양화라는 측면에서 대단히 큰 의의가 있다.

곤충류의 알에서부터 성충이 산란할 때까지를 1세대라고 하며 1년에 한 세대를 거치는 곤충류를 1화성 곤충류라 하고 여러 세대를 거치는 것을 다화성 곤충류라고 한다. 물론 한 세대를 거치는데 수년이 걸리는 경우도 있고 극단적인 경우는 한 세대에 10여 년이 걸리는 것도 있다.

곤충류는 변온동물이므로 그의 발육은 어떤 한계 이상의 온도가 일정한 기간 계속되어야 한다. 발육이 일어나는 최저온도 즉 역치온도를 발육영점 또는 발육최저온도(t_o)라고 하였을 때 어떤 온도(T)와 발육속도(V)(발육기간의 역수) 사이에는 대체로 다음과 같은 관계가 성립한다.

$$V(=1/D)=1/K(T-t_o)$$

이 식의 정수 K를 유효적산온도 정수라고 한다. 알, 유충, 번데기, 성충의 우화에서부터 최대산란기까지 K값의 합계가 그 곤충이 한 세대를 경과하는데 필요로 하는 온도량이며 이것을 발육유효적산온도(Effective accumulative temperature)라고 한다.

야외에서 기온이 발육영점온도를 넘었을 때부터 매일의 유효온도량을 통산하여 그 값을 한 세대의 유효적산온도로 나누면 그 곤충의 연간 세대수를 추정할 수 있고 그 곤충의 발생시기를 예측할 수 있다.

3. 곤충류의 변태호르몬

곤충류의 후배사 발생은 여러 가지 호르몬의 영향을 받는다. 이들

호르몬은 특정기관에서 생산되며 다른 기관의 발달에 중요한 영향을 미친다. 주요 호르몬 분비기관은 다음과 같다.

(1) 신경분비세포(Neurosecretory cells) : 뇌의 뇌간교체(pars intercerebralis)에 위치하며 뇌호르몬 즉 탈피샘자극호르몬(Ecdysiotropin)을 분비한다.

(2) 카디아카체(측심체 Corpora cardiaca) : 뇌 뒤쪽에 한 쌍 있으며 뇌의 신경분비세포와 신경으로 연결되어 있다. 이것은 뇌로부터 탈피샘자극호르몬을 받아 체액으로 방출한다. 이것은 혈당, 체액중의 지방산 농도, 심장박동 그리고 말피기관의 운동과 관련하는 호르몬을 생산하기도 한다.

(3) 탈피샘(Ecdysial glands) : 전흉선(Prothoracic glands)이라고도 하며 가슴 또는 머리에 한 쌍 있다. 혈액속의 탈피샘자극호르몬의 자극을 받아 탈피호르몬(Ecdysone)을 분비한다. 이것은 탈피를 일으키고 성충기관의 분화를 촉진한다. 탈피호르몬은 스테로이드계의 물질로 탈피와 변태에 관여한다.

(4) 알라타체(Corpora allata) : 뇌의 후부에 한 쌍 있으며 카디아카체를 거친 신경과 식도하신경절로부터의 신경이 분포되어 있다. 여기서는 유약호르몬(Juvenile hormone)을 분비한다. 이 호르몬은 유충에 대하여는 변태를 억제하여 유충의 형질을 유지하도록 한다. 반면 성충에 대하여는 지방체에 작용하여 난황생산을 돕는다. 이 호르몬은 합성에 성공하였다.

곤충류의 신경내분비기관은 중추신경계의 지배를 받는다. 온도나 광조건의 변화 또는 섭식에 의한 내부적 조건이 뇌에서 수용되면 카디아카체를 자극하여 탈피선자극호르몬의 분비를 촉진한다. 이 호르몬은 탈피선을 자극하여 체내의 탈피호르몬량을 증가시킨다. 이렇게 되면 피층이 탈피기능을 시작하는데 여기에는 신경작용, 호르몬분비 그리고 혈림프 등이 유약호르몬 분비에 복잡하게 관련되어 있는 것으로 생각된다.

곤충류의 성장이나 변태는 탈피주기 사이에 존재하는 유약호르몬의 량에 영향을 받는다. 어린 유충이 탈피호르몬의 자극을 받아 탈피를 할 수 있게 되어 있을 때 유약호르몬이 충분한 농도로 존재하면 세포의 증식을 촉진하여 변태는 하지 않고 성장만 하게 된다.

불완전변태류의 경우 최종령충에서는 유약호르몬이 소실되며 다음 탈피로 성충이 된다. 완전변태류에서는 최종령충에서 유약호르몬 농도가 낮아지고 다음 탈피로 번데기가 된다. 그리고 성충의 우화는 유약호르몬이 없어졌을 때 일어난다.

유시곤충류에서는 탈피선이 퇴화하면서 탈피는 중지된다. 그러나 알라타체는 활동을 다시 시작하게 되면서 유약호르몬이 생식선자극호르몬으로 작용한다. 어떤 곤충의 암컷에서는 이 호르몬이 지방체내 난황단백질 합성에 필요하며 난자 발육에 이용되게 한다. 다른 곤충류에서는 뇌의 신경분비세포의 분비물이 알라타체호르몬과 더불어 이와 같은 난황물질 생산에 도움을 준다. 수컷의 경우 생식기관의 부속선이 생산하는 물질생산이 알라타체호르몬의 영향을 받는다. 어떤 종류의 나비류의 경우 수컷에서의 정충형성이 번데기 때에 시작되는데 이 경우에는 탈피호르몬이 정소의 활동을 자극하여 정자생산과정에 영향을 미치는 결과이다.

무변태류인 좀벌레류의 경우 성적성숙은 서서히 일어난다. 성충이 되고 나서도 뇌의 신경분비세포와 알라타체의 활동은 그대로 유지된다. 탈피는 뇌의 영향을 받아 주기적으로 일어난다. 암컷의 경우 탈피 수일 후에 교미하면 알라타체가 곧 활동을 시작하여 난자에 난황물질이 축적된다. 그러나 암컷이 교미를 못하면 난자는 다음 탈피 시 흡수되어 버린다.

4. 진딧물류의 생활환

Charles Darwin의 진화론은 그때까지 하찮은 것(Noise)으로 생각하여 왔던 개체들의 변이에 주목하면서 그의 생물학적 의의와 그의 원인에 관심을 갖게 된 것이 출발점이 되었던 것으로 생각된다. 이와 같은 개체들간의 변이야 말로 생물학적 진화의 원동력이며 이런 변이는 유전형과 표현형 모두에서 일어난다. 유전적으로 같은 생물개체군이라 할지라도 환경조건이 다르면 서로 다른 특성을 나타내어 이들이 받는 선발압은 달라진다.

이와 같은 표현형상의 변이나 그의 원인은 생물학적 진화와 관련 별로 큰 주목을 받지 못하였다. 그러나 표현형상의 변이의 기작이나 진화양상은 진화현상의 이해에 중요한 의의가 있다.

진화와 관련 집단유전학에서는 지금까지 유전자 빈도의 변이를 중시하여 왔다. 표현형문제를 다루기는 하였으나 그 원인이나 그것이 진화에 미치는 영향에 대하여는 경시해 온 경향이 있다. 생활사에 관한 연구는 적응과 관련 표현형상의 특성들 간의 상호관계에 관심을 집중하게 하였다.

진딧물류의 생활환은 동물중에서도 특히 다양하여 생식방법에는 단성생식 세대와 양성생식 세대가 있고 형태적으로는 유시형과 무시형이 있으며 생활환이 진행되는 동안 분류학적으로 완전히 다른 숙주식물간을 이동하면서 생활하는 등 다양하다.

진딧물류의 생활환에 관한 지식은 작물에 피해가 큰 진딧물류에 대하여는 그들의 합리적인 방제에 중요하다는 실용적인 면뿐 아니라 이론적으로는 그 자체가 중요하고 진화생물학적 측면에서 여러 가지 표현형의 출현이나 그의 생물학적 의의가 복잡하여 이런 것에 관한 많은 연구가 있어 왔다.

진딧물류에는 생활환 진행과정이 목본류나 초본류 한 종류 식물에서 계속되는 숙주비전환종(Autoecy species)과 생활환이 서로 다른 두 종류의 식물에서 이루어지는 숙주전환종(Heteroecy species)이 있다. Moran(1992)은 이들 간의 관계를 그림 6-1과 같이 모식화하였다.

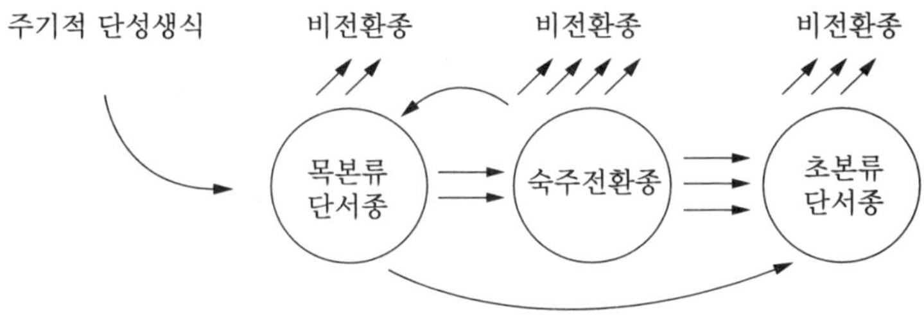

그림 6-1. 진딧물류의 여러 가지 생활환 진화 모식도 (Moran 1992)

위의 모식도는 여러 가지 생활환을 가진 진딧물류의 계통분류학적 관계를 바탕으로 한 것이다. 그림에서 보는 바와 같이 진딧물류는 목본류의 단서종에서 직접 초본류 단서종으로 진화한 것들과 목본류와 초본류간을 숙주전환한 숙주전환종을 거쳐 초본류 단서종으로 진화한 것이 있으며 각 계통군에서 양성생식세대를 상실한 비전환생활환 계열(Anholocycle)이 분화하였고 일부는 양성세대를 갖는 전환성생활환(Holocyclic species)이 그대로 유지되어 왔다.

여기서 어떤 계열에서 숙주전환성이 일어났으며 또 이와 같은 숙주전환계열이 어떻게 하여 한쪽 숙주로의 이동성을 상실하게 되었을까 하는 문제는 진화학적으로 흥미로운 문제로 이것은 개체군내의 변이와 계통학적으로 인접한 계열간의 변이가 갖고 있는 진화학적 의의에 관한 연구가 중요한 기초가 된다. 위의 모식도는 서로 생활환을 달리하는 인접 계열군내의 종수를 비교함으로써 특정 생활환의 식물과의 관계를 이해하는데 도움이 될 수 있다.

진딧물류의 생활환 진화과정에서 중요한 것은 단성생식과 태생생식의 기원, 다양한 다상성의 진화, 생장과 생식의 숙주의 생물학적 현상과의 일치, 숙주전환성의 획득과 상실 그리고 생활환에서의 양성세대 상실 등이다.

1) 단성생식과 태생생식

단성생식은 모든 진딧물류에서 볼 수 있는 생식방법으로 그들 생활환에 나타나는 여러 가지 다른 특성들의 진화와 관련되어 있다. 진딧물류는 몇 차례의 암컷만을 생산하는 단성생식과 한번의 양성생식을 하는 생활환을 갖고 있는 것이 보통이나 어떤 경우에는 양성생식세대가 상실된 것도 있다.

진딧물류의 단성생식으로 태어난 다음 세대는 어미와 유전적으로 동일하다. 수컷은 XO형으로 단성생식으로 출생하는데 이때 X염색체만이 감수분열을 하는 특이한 성숙분열을 거친다. 이런 수컷과 교미한 암컷이 낳은 알은 부화하여 모두가 암컷이 되는데 이것을 간모라하며 이것은 단성생식세대에 이어진다.

진딧물상과의 조상은 일찍부터 단성생식을 하였던 것으로 보인다. 이것은 계통학적으로 멀리 떨어진 계열에서의 세포유전학적 유사성과 이들과 같이 복문군(腹吻群)에 속하는 나무이류, 깍지벌레류, 가루이류는 양성생식을 하는데 진딧물류에만 단성생식이 있다는 사실 등은 이런 관계를 뒷받침하고 있다. 진딧물류의 출현은 약 2억 년 전으로 추정되는데 처음 출현 당시부터 단성생식을 하였는지는 알 수 없다. 그러나 단성생식이 화석이나 진딧물류 전체에 걸친 특징이라는 사실은 그 기원이 오래되었음을 짐작케 한다.

진딧물류의 생식에서 한 가지 흥미로운 것은 현존의 진딧물 중에는 그의 발육이 어미가 태어나기 전에 시작되기도 한다는 것으로 이 때문에 출생 후의 발육기간이 짧고 세대기간이 짧아 증식력이 크다는 점이다. 태생은 모든 진딧물과에서 일어나며 솜벌레과와 뿌리혹벌레과에서는 없으며 이들에서 유성충(sexual)은 알을 낳는다.

2) 다형성과 다상성

유전적으로 동일한 개체들이 여러 가지 형태를 갖는 것을 다형현상(Polymorphism)이라고 하고 유전적으로는 동일하나 환경조건의 차이 때문에 여러 가지 표현형이 생기는 것을 다상현상(Polyphenism)이라고 한다. 다상현상은 진딧물류에서는 흔히 볼 수 있는 현상으로 생활사의 진화와 관련하여 대단히 중요한 현상이다. 단성생식 계열 내에서 형태, 생리, 생식력이나 생식시기 그리고 자손의 크기, 발육속도와 발육기간, 이용숙주식물의 종류 등과 같은 여러 가지 특성에 차이가 있는 암컷이 출현한다.

여러 가지 분류군에 나타나는 생물학적 특성들은 상동(동일한 형질을 기원으로 진화했음을 나타내는 형질)일 수도 있고 수렴(유전형과는 관계없이 두 개 이상의 서로 다른 계열이나 형에서 볼 수 있는 형태적 또는 기능적 유사성의 진화) 현상일 수도 있다. 따라서 상동형들은 비슷한 발생체제에 비슷한 선발압이 작용함으로 생겨난 것이고 진딧물류의 생활환에서 볼 수 있는 여러 가지 형에서의 수렴현상은 대부분이 환경조건의 차이에 대한 적응적 의미를 갖고 있다. 진딧물류는 대부분이 온대지방에서 진화해 왔는데 그들이 흡즙하는 체관액(篩管液)의 질이 온대지방에서는 계절적으로 변동하기는 하나 그의 변동상은 비교적 안정되어 있다.

한편 진딧물류에서 볼 수 있는 생활환의 차는 서로 다른 적응성을 가진 것들 간의 양자택일적인 의의를 갖고 있다. 예를 들면 유시충은 이동성이라는 유리한 점을 갖고 있으나 무시충에 비하면 생육기간이 길고 생식력이 떨어지는 것이 보통이어서 불리한 점도 갖고 있다. 비상력, 먹이부족이나 불리한 온도에 대한 내성, 숙주 탐색, 발육속도, 생식능력 등은 생활환을 거치는 동안에 출현하는 형에 따라 차이가 있으며 이런 형은 여러 가지 환경조건의 영향을 받게 된다.

진딧물류의 생활환에 나타나는 여러 가지 형에 대한 명칭은 복잡하다. 예를 들면 산자충(Gynopara)은 양성생식을 하는 암컷을 태생으로 생산하는 암컷을 말하는데 이것은 생식적 측면에서 명명한 것이나 이것은 1차숙주로 이동하기 때문에 이주형이고 형태적으로는 유시태생 암컷이다. 생활환에서 볼 수 있는 형을 그의 기능을 중심으로 살펴보면 다음과 같다.

(1) 간모(Funatrix) : 수정난에서 부화하여 단성적으로 암컷을 생산하는 암컷을 말한다. 대개의 경우 간모는 무시로 다른 암컷보다 복부가 크고 다리는 짧으며 짧은 더듬이에는 이차 감각판(더듬이에 있는 막에 덮인 소공)이 적으며 복부의 뿔관(배의 제5 또는 제6환절 등에 있는 한 쌍의 관)도 작다. 체내의 난소소관수나 난자의 수는 일반암컷에 비하면 많다. 또 벌레혹을 만드는 종에서는 특이한 흡즙습성을 갖고 있다. 이런 특성들은 불리한 조건하에서의 생존율 증진의 방향보다는 이들이 출현하는 봄의 유리한 조건하에서의 생식력 증대의 방향으로 진화한 결과라고 생각된다.

(2) 여름철의 단성생식 암컷(Fundatrigenia) : 숙주전환성 생활사를 가진 진딧물류는 1차숙주(월동숙주)에서 2차숙주(여름숙주)로 이동하는 이동형과 2차숙주에서 생활하는 암컷(단성태생자충, Alienicola) 그리고 1차숙주로 이동하는 이동형(여기에는 후술하는 산자자충과 산성자충이 포함된다) 등이 있다.

간모세대에 이어지는 세대는 유시와 무시의 태생자충세대이다. 간모도 단성태생생식을 하나 다른 태생단성생식자충과는 형태적으로나 생태학적 특성에 차가 있다. 비전환생활환종 중 일부 진딧물류나 열대나 아열대의 많은 비전환생활환종은 생활환 진행 중에 무시와 유시의 단성태생암컷만이 출현한다.

무시충은 날개가 퇴화하고 가슴체벽은 골화가 덜되어 있다. 그리고 머리와 가슴간의 구분이 명백하지 않고 단안이 없고 겹눈도 작거나 없는 경우도 있다.

전환성생활환단종기생종의 경우 각 세대의 유시충은 형태적으로 비슷하나 제2세대(간모다음세대)의 유시충은 제3세대의 그것과 달리 다리가 짧고 더듬이의 감각판수가 적다.

그런데 숙주전환종에서는 숙주에 대한 선호성과 관련 간모다음세대의 단성생식세대를 1차숙주의 것(제2세대자충 Fundatrigenia)과 2차숙주의 것(단성태생자충 Alienicolae)로 구분하기도 한다. 이들은 숙주선호성이나 서식처 선호성 등에 차이가 있고 형태적으로도 차이가 있는 경우가 있다.

(3) 산자충(Gynopara), 산웅자충(Andropara), 산성자충(Sexupara) : 전환생활환종에서 가을이 되면 유성충(Sexuales, 암컷과 수컷)이 단성생식으로 생긴다. 숙주전환성 진딧물류의 경우 가을철이 되어 기온이 떨어지고 일장이 짧아지면 2차기주의 태생암컷은 단성적으로 유시의 수컷과 암컷(산자충 Gynopara)을 낳는데 이것이 월동기주로 이동한다. 월동기주로 이동한 산자충은 양성생식성 암컷을 낳으며 이것은 수컷과 교미하고 알을 낳는다. 따라서 이때의 양성생식암컷은 두 세대에 걸쳐 생기게 되는 셈이다. 수컷만을 생산하는 태생성 암컷을 산웅자충(Andropara)이라고 한다.

면충류의 경우 수컷과 양성생식 암컷이 같은 유시의 태생 암컷에서 생긴다. 이런 암컷을 산성자충(Sexupara)이라고 한다. 이 산성자충은 유성생식성 암컷을 생산하며 태생성 암컷을 생산하는 일은 없다. 숙주비전환성 전환생활환 진딧물류의 경우 한 마리의 태생성 암컷이 양성생식 암컷과 수컷을 낳을 수가 있는데 이런 암컷은 태생성 암컷을 낳을 수도 있다.

(4) 유성충(Sexuales)(암컷과 수컷) : 숙주전환성 진딧물류의 수컷은 유시이다. 이것은 2차숙주에서 1차숙주로 이동하기 때문이다. 일부 숙주비전환성 진딧물의 경우 수컷이 유시인 수가 있으나 이동하지 않아 무시화하는 경우가 있다. 한 종의 수컷에도 유시형과 무시형이 있으며 중간형도 있다. 진딧물류의 수컷은 복부가 작고 가늘며 더듬이에는 보다 많은 감각기가 있고 미편은 짧은 것이 보통이다.

유성암컷은 산란성 암컷이라고도 하는데 이것은 진딧물류에서 유일하게 알을 낳는 것으로 다른 암컷은 모두가 태생을 하기 때문이다. 유성암컷은 대부분이 무시형이다. 털관진딧물류와 *Neophyllaphis*속 알락진딧물, *Aiceona*속 납작진딧물 등에서는 유시이다. 진딧물류의 유성암컷은 다른 무시형 태생암컷과 달리 뒷다리의 종아리마디가 굵어지고 많은 발향판을 갖고 있다. 그리고 교미판에는 다수의 강모가 있으며 더듬이, 다리, 뿔관 그리고 미편은 태생암컷의 그것들보다는 짧다. 면충류의 유성충은 섭식할 수 없고 후배자발생기간중 섭식하지 않는다.

3) 다상성과 생활사의 진화

진딧물류에서 볼 수 있는 다상성은 생활사의 진화와 관련하여 중요한 의미가 있다. 진딧물류의 생활환에 나타나는 여러 가지 형태적, 생태적 현상은 어떤 형이 끼어들거나 빠짐으로 일어나거나 또는 한 형이 다른 것으로 변하면서 일어난 것이 대부분이다. Hille Ris Lamber

(1950)는 여러 가지 현상을 비교하여 진딧물류의 이와 같은 진화관계를 논하였고 그 후 여러 학자들이 많은 연구를 해왔다.

여러 가지 형이나 행동상의 전환은 발생기간 중의 형태적 전환으로 비교적 손쉽게 일어나는 것으로 보인다.

진딧물류의 생활환에 나타나는 여러 가지 형이나 행동은 일차적으로는 그 종의 생물학적 특성이나 그의 발현은 여러 가지 환경조건의 지배를 받는다. Morcovitch(1924)가 가을철에 나타나는 유성세대가 광주기의 영향을 받는다는 것을 보고한 이래 충태 출현에 미치는 환경조건의 영향에 관한 많은 연구가 있어 왔다.

외부조건의 변화에 감응할 수 있는 발육단계는 특정 발육단계에 한정되어 있으며 이것은 출생 후일 수도 있고 출생 전일 수도 있으나 그 감응발육단계는 2령충(1회 탈피한 영충)까지가 보통이다. 종에 따라 이용하는 환경적 자극의 종류가 다르며 그에 따라 여러 가지 발육상의 변화를 일으킨다. 예를 들면 대부분의 진딧물아과의 진딧물류에서는 높은 밀도가 분산할 수 있는 유시형 출현을 촉진한다. 온도가 관련되어 있는 경우가 있는데 일장이 한계 이하가 되면 가을철의 유성형이 출현하여 겨울철에 대비한 내한성인 알을 낳는다. 수컷과 산란성암컷의 출현은 시기적으로 일치하도록 환경조건에 반응한다.

전세대의 영향이 발육 중의 표현형변화에 영향을 미치기도 한다. 예를 들면 진딧물과의 경우 고밀도하에서는 유시충이 생기는 것이 보통이나 유시충의 경우는 고밀도하에서도 유시충을 낳는 일은 드물다. 그리고 어떤 종들에서는 여러 가지 형의 출현은 유전적인 영향을 받는다.

발육기간 중의 표현형 출현상은 개체군 간에도 변이가 있어 자연선발의 대상이 된다. 북미의 완두수염진딧물의 경우 양성생식 암컷이 출현하는데 필요한 임계광주기가 지역개체군 간에 차이가 있어 봄에 위도별로 채집된 개체들은 일장에 대한 반응을 달리한다. 이런 차이는 지역에 따르는 겨울철 도래시의 일장관계를 반영한 것으로 생육후기에 채집한 개체들이 동일한 위도적 경향을 나타내지 않는 것으로 보면 이들 개체들은 매년 가을철에 선발작용을 받는 것으로 생각된다. 이와 같은 지역적 개체군간의 차는 이밖에도 복숭아혹진딧물, 보리두갈레진딧물 그리고 목화진딧물 등에서도 알려져 있다.

발육중의 다양한 표현형의 출현은 생리적으로 호르몬과 깊은 간계가 있어 유약호르몬류는 유시형과 무시형 암컷의 출현, 유성생식과 단성생식 암컷 그리고 수컷과 암컷의 출현 등과 밀접한 관계가 있음이 밝혀지고 있다. Hardie(1981)는 유약호르몬이 숙주선택성에 영향을 미쳐 숙주 간을 이동하는 유시충의 행동에 영향을 미친다고 하였다. 또 모체의 신경세포는 배자발육에 직접적인 영향을 미치는 경우도 있다.

4) 여름철 개체군의 이상밀도 감소

진딧물류는 단성생식을 하며 태생을 하므로 그들의 개체군 증가율은 대단히 크다. 그런데 온대지방의 농작물에 기생하는 진딧물류 개체군을 보면 한여름에는 며칠 사이에 극히 높은 밀도수준에서 거의 전멸에 가까울 정도로 밀도가 낮아지고 6~8주 후에는 밀도가 회복되는 것을 흔히 볼 수 있으며 야외 초본식물에서도 이런 예를 볼 수 있다. 예를 들면 양배추에서 복숭아혹진딧물의 밀도를 보면 6월 중에는 밀도가 대단히 높고 7월이 되면 밀도가 급격히 낮아져 8월 중 그 상태를 유지하다 9월이 되면 다시 한 번 높은 밀도를 보여준다. 이와 같은 여름철 진딧물류 밀도감소의 원인으로는 대체로 기후조건, 천적류 그리고 식물의 질적 저하 등 세 가지 요인을 들고 있다.

Karley 등(2004)은 곡류와 광엽성 작물을 가해하는 진딧물류 23종의 한여름철 밀도 급감에 관련된 요인을 검토하고 생태학적 요인으로 기상조건 3, 천적류 6, 식물의 질 9를 들고 그 영향으로는 사망률 증가 7, 분산 7 그리고 증식력 감소 3을 들었다.

기후적 조건 특히 폭풍우와 강풍은 진딧물의 밀도 감소에 큰 영향을 미친다. 그러나 이런 조건들이 매년 그리고 서로 다른 지역에서 되풀이되는 현상을 설명하기에는 문제가 있다. 또 여름철의 고온을 원인으로 주장하는 경우도 있으나 확실한 상관관계를 찾기는 어렵다.

진딧물류는 여러 가지 천적류의 영향을 받으며 천적류의 영향은 진딧물 밀도가 최고에 달하는 시기까지 증가한다. 감자에서 천적류를 실험적으로 제거한 결과 천적류는 진딧물 밀도를 10~70%까지 감소시킨다고 한다. 그러나 천적류의 영향은 그들의 종류나 활동 등에 차이가 있다.

진딧물류의 행동이나 증식은 식물의 생육단계나 생장조건의 영향을 받는다. 그러나 체관액(篩管液)의 양분이나 2차대사물질과 관련 식물의 질이 진딧물의 증식이나 밀도의 급격한 감소와의 관계에 관한 연구는 별로 없다.

Karley 등(2002)은 감자에서 여름철 진딧물 밀도 급감기 1주일 전에 체관 아미노산 성분이 중성글루타민에서 글루탐산으로 주성분이 변한다고 하였다. 복숭아혹진딧물을 중성글루타민 비율이 높은 인공사료에서 키우면 그렇지 않은 것보다 증식력이 높았다고 한다. 그러나 그들에서의 증식력 차이가 야외에서의 밀도 격감을 뒷받침할 정도는 아니었다고 한다.

이와 같이 무생물적 요인들이나 천적류 그리고 숙주의 질 등이 여름철의 진딧물류 밀도 격감과 관련이 있는 것은 사실이나 어떤 것도 진딧물의 여름철 밀도 급감의 유일한 원인이라고 단정할 수는 없을 듯하다. 따라서 진딧물류의 여름철 밀도 급감은 이런 요인들의 복잡한 상호작용의 결과라고 생각해야 할 듯하다. 실제로 진딧물류와 그의 천적류의 증식은 온도에 대하여 서로 다른 영향을 받으며 식물의 질이나 2차대사물질의 생산은 온도나 강우 그리고 풍속 등과 같은 무생물적 요인들의 영향을 크게 받으며 천적으로부터 받는 영향은 진딧물류에 대한 식물의 반응에 영향을 미칠 것이다.

그리고 진딧물류 대부분이 *Buchnea* 세균류와 기타의 몇 가지 2차적인 세균류와 공생하는데 이들 2차적 세균류는 꼭 필요로 하는 것은 아니나 그들은 몇몇 진딧물의 증식이나 기생곤충류에 대한 감수성에 영향을 미치는 수가 있다(Chen 등 2000). 이 2차세균류의 감염이나 그들의 밀도가 계절적으로 변하여 그것이 진딧물류의 밀도 변동에 관계가 있는지 여부는 현재로는 확실치 않으나 이것이 진딧물의 식물의 질이나 천적류 또는 무생물적 요인에 대한 반응에 영향을 미칠 수는 있다.

이상에서 보는 바와 같이 여름철 진딧물류의 급격한 밀도 감소에 관하여는 확실한 원인을 밝힐 수 없으나 여러 가지 요인과 과정이 관련되어 있으며 계절의 진행과 더불어 일어나는 개체군의 점진적 변화가 한여름의 급격한 밀도 감소에 연관되어 있음을 추측할 수 있다.

5. 진딧물류 생활환의 진화적 특성

진딧물류의 생활사에서 볼 수 있는 다양한 형태적, 생리적 그리고 생태적 특성들은 그들의 진화적 측면에서 중요한 의의를 갖고 있는데 그것은 기주전환과 생식법의 변이에서 찾아 볼 수 있다.

1) 목본류 숙주비전환성 진딧물의 생활환

진딧물류는 단성생식을 하게 되면서 처음에는 비교적 단순한 생활환을 겪었던 것으로 추정되며 이때의 암컷은 모두가 산란을 하는 유시형으로 목본류를 숙주로 하고 있었던 것으로 추정하고 있다.

현존의 진딧물류에도 목본류만을 숙주로 하고 있는 종류가 있다. 이들의 생활사는 진딧물류의 생활사 진화에 미친 여러 가지 생태학적 요인의 작용을 이해하는데 도움이 될 수 있다. 이들 중 일부는 제3기(약 6,500만 년 전부터 200만 년 전까지의 대부분의 신생대) 말경 이래 큰 변화가 없었던 것으로 추측된다. Heie와 Friendrich(1971)는 중신세 또는 선신세의 화석들이 현재 북미산 여러 가지 활엽수에 기생하는 *Longistigma caryae* 왕진딧물과 거의 비슷하다고 하여 이를 뒷받침하고 있다. 피자식물류를 숙주로 하는 진딧물류로는 알락진딧물류, 진사진딧물류, 털진딧물류, 버들흰진딧물류 그리고 털관진딧물류 등이 있다. 이들 목본류단서기생종에서는 여름철 숙주식물의 영양조건이 문제가 되어 영양조건이 불리한 시기에는 생식적 휴면을 하는 예가 많다. Dixon(1979)은 *Drepanosipum platanoides* 알락진딧물은 숙주인 *Acer plantanoides* 단풍나무의 영양조건에 따라 성충이 생식적 휴면을 한다고 하였다. 또 이들은 휴면 대신 생활사 일부를 생략한다. 이들 중에는 여름철에 숙주의 영양조건이 불리해지면 유성생식을 하여 알로 여름의 일부, 가을 그리고 겨울을 지낸다. 이런 예로 *Ribes* 까치밥나무에 단일종 기생하는 *Greenidea* 털관진딧물류가 있다.

목본류를 숙주로 하는 많은 진딧물류는 유시형으로 생식을 하면서도 다른 진딧물류와 같이 비상력을 잃는 일이 없다. 이와 같은 특성은 천적으로부터의 공격을 덜 받는데 도움이 될 수도 있다.

2) 숙주전환성 생활사

진딧물류는 분류학적으로 서로 다른 식물 간을 계절에 따라 이동하는 종들이 있는데 이것은 이들이 다양한 피자식물들에 적응하게 된 것과 깊은 관계가 있으며 특히 온대지방에서 초본류에 대한 적응에 중요한 의의가 있다. 숙주전환성 진딧물류에서 양성세대, 알 그리고 간모세대 등은 보통 목본류를 1차숙주로 하며 2차숙주에서는 암컷만이 생긴다. 이들에 있어서는 2차숙주와 1차숙주는 분류학적으로 완전히 다른 식물들이다.

진딧물류 중 숙주전환종은 약 10% 정도에 불과하나 비숙주전환 진딧물의 종들은 다음에서 설명하는 바와 같이 대부분이 숙주전환종에서 유래된 것으로 추측되고 있다. 따라서 숙주전환 현상은 몇몇 종에서만 볼 수 있는 특별한 것이라기보다 긴 진화의 역사를 통한 분화로 이들 종의 번영의 주원인이었다고 생각된다.

생물지리학적 사실이나 화석상의 사실로 보아 숙주전환의 기원은 오래된 것으로 3,000~5,000만 년 전인 제3기 지질시대 초인 듯 하다. 생물지리학적 사실들은 여러 가지 진딧물류의 숙주식물과의 친화성관계와 화석상에 나타나는 숙주식물들의 과거 분포관계를 토대로 추정한 것이다. 예를 들면 오배자면충류는 미국과 아시아 동부에 분포하며 양 대륙에서 옻나무류와 이끼류간을 숙주전환하는 생활사를 갖고 있다. 이와 같은 숙주식물과의 연관은 두 대륙에 분포하는 옻나무류가 현재와 같이 완전히 분리되기 이전에 있었던 것이라는 것이 화석을 통하여 추정되는데 따라서 그것은 약 4,000만 년 전인 시신세 초기였던 것으로 보인다.

숙주전환현상은 서로 다른 분류군계열에서도 볼 수 있으며 그 기작도 다양한 것으로 보아 여러 가지 경로로 일어난 듯하다. 뿔진딧물류, 면충류 그리고 층층나무진딧물류의 경우 유시의 암컷(산성암컷)이 1차숙주로 이동한 후 무시의 유성충(암컷과 수컷)이 생기는데 진딧물아과의 수컷은 유시형으로 숙주간을 이동하는 등 숙주전환에 차이가 있으나 그 양식은 적어도 솜벌레류-뿌리혹진딧물계열, 뿔진딧물류-면충류-층층나무진딧물계열 그리고 진딧물아과계열 등 3개 계열로 나눌 수 있다고 Moran(1992)은 주장하였다.

진딧물류의 숙주전환에 관하여 두 가지 주장이 있다. 하나는 숙주전환이 숙주비전환에 비하여 유리하다는 것이고 다른 하나는 진딧물류의 표현형은 서로 다른 적응적 가치가 있어 다른 숙주를 이용하는 데에 표현형 나름으로 제약이 있다는 주장이다.

전자와 관련 숙주전환은 두 숙주식물이 생장하면서 일어나는 불리한 영양조건을 피할 수 있고 나아가서는 그런 숙주의 변화를 상호보완적으로 이용할 수 있다는 것이다. 진딧물과의 진딧물류는 1차숙주가 목본식물이고 2차숙주는 초본류인데 일반적으로 목본류는 봄에는 영양가가 높으나 계절의 진행과 더불어 영양가가 떨어지고 유해한 2차물질이 많아 이용에 불리해지는 것이 보통이다. 반면에 초본식물은 계속하여 생장하기 때문에 흡즙성인 진딧물류에게는 영양가가 높은 것이 보통이다. 그리고 가을철에는 고사한다. 따라서 이런 진딧물류는 목본류와 초본류 숙주를 상호보완적으로 이용하는 방향으로 진화하였다고 생각할 수 있다.

그러나 숙주전환성 진딧물류 중에는 초본류로 가지 않고 목본류 숙주간을 이동하는 것도 있다. 즉 일부 진딧물아과, 여러 면충류나 솜벌레류에서 그 예를 볼 수 있다. 그리고 뿔진딧물류와 솜벌레류는 영년생식물간을 전환하는데 이들의 경우에는 숙주의 생태적 조건의 연중 변화에 따라 이동하는 것이 아니어서 각 생육단계의 고유한 특성을 반영하고 있다.

숙주전환성의 또 다른 이점으로는 1차숙주에서의 천적류 증가나 숙주의 방어기능 증가 그리고 1차숙주가 월동란을 낳는데 유리하다는 등의 생태학적 장점도 제기되고 있다.

숙주식물의 생장에 따르는 영양적 보충설이나 기타의 숙주전환이 갖는 장점에 관한 주장은 숙주전환이 일어나는 진화적 방향을 설명하는 데에는 문제가 있다. 즉 이 주장에 따르면 숙주전환은 어느 방향으로도 일어날 수 있어 목본류 기생계열이 2차로 초본류로 가는 것과 마찬가지로 초본류 기생계열이 목본류를 택할 수도 있다. 서로 유연성이 큰 진딧물은 2차숙주로 유연관계가 적은 식물을 숙주로 하는 수가 있으나 1차숙주는 유연성이 큰 식물을 숙주로 하고 있는 것이 보통이다. 그리고 유성세대와 간모는 옛날의 숙주를 그대로 유지하고 있으나 여름철의 단성생식세대는 여러 가지 식물을 숙주로 이용하게 된 것이 있는데 이런 사실은 현재의 숙주전환방향에 대한 한 가지 시사가 되겠다.

또 하나의 주장인 표현형 제약설은 간모의 생물학적 특성을 중시한다. 즉 간모는 다른 표현형과 달리 진화면에서 오래된 식물을 숙주로 하며 그의 숙주범위도 다른 단성생식충태보다 좁아 새로운 숙주의 이용에 제약이 되고 있다. 간모의 특이성설에 따르면 2차숙주로 이동하는 것은 보다 유리한 숙주를 이용하기 위함인데 간모의 특성이 다른 숙주로의 이동을 방해하여 1차숙주에 그대로 남게 되었다는 것이다.

숙주전환성 진딧물류의 2차숙주는 대부분이 초본류인데 초본류는 진딧물류와 같은 흡즙성곤충류에 대하여는 영양가가 높으며 대부분의 숙주전환성 진딧물이 분포하고 있는 온대지방의 초본류는 제3기 지질시대 후반 이후에 번영하게 된 것으로 진화의 역사가 짧다는 사실도 간모의 특성과 관련 중요한 의의가 있다. 즉 진딧물류와 목본식물과의 관계가 성립된 것은 시신세 지질시대 초 또는 그 이전으로 추측되는데 뒤에 출현한 초본류가 진딧물류의 숙주가 되게 된 것은 갑작스러운 변화에 의한 것으로 생각된다. 결론적으로 숙주전환성의 진화는 이와 같은 경로를 통하여 이들의 진화에 중대한 영향을 미쳤다고 생각된다.

간모특이성설은 숙주전환과 관련된 역사적 발전상을 이해하는데 많은 도움이 되나 숙주전환에 관련된 생태학적 요인의 이해에는 여러 가지 문제가 있다. 2차숙주를 이용하게 된 과정에 관한 생태학적 연구는 어떤 요인들이 숙주전환의 원인이 되었으며 또 숙주전환성을 유지하게 하였는가를 이해하는 데에도 중요하다. 지금까지의 연구로 간모는 숙주와의 친화성 면에서 종에 따라 상당한 차이가 있다는 것이 알려지고 있으나 이런 특성의 본질에 관하여는 아직 밝혀지지 않은 점이 상당히 많다. 따라서 간모와 다른 표현형간의 생리학적 특성에 관련된 생태학적 연구가 이 주장의 유용성을 이해하는데 매우 중요하다.

한편 *Prociphilus* 면충류의 2차숙주로의 전환과정은 특이하다. 이 진딧물류의 대부분 종의 유성충, 알 그리고 간모는 산사나무류, 사시나무류, 물푸레나무류 등 다양한 목본성 피자식물을 숙주로 하며 단성생식 세대는 소나무류의 뿌리에서(아마도 균근류를 먹으면서) 지낸다. 이 지중생활을 하는 암컷은 형태적으로 특이하여 나자식물로 숙주전환하지 않던 조상의 간모들에 비하면 숙주에 대한 친화성이 강한 것으로 보인다. 진딧물류에서 숙주전환성은 온대지방에서의 초본류를 숙주로 하는 진딧물류가 제3기에 크게 번영하는데 중요한 역할을 한 것으로 보이는데 이와 같은 *Prociphilus* 진딧물류의 예는 먼저 나자식물간에 적응한 후 현재의 피자식물에 적응한 것으로 숙주전환이 다양한 목본성 피자식물을 숙주로 하게 되는데 한 몫을 하였음을 말해주고 있다. 이와 같은 침엽류와 피자식물간의 숙주전환 과정은 면충과 속간의 계통분류학적 연구가 뒷받침되어야 하겠다.

3) 숙주전환성의 상실

숙주전환성의 상실은 진딧물류의 종분화와 깊은 관계가 있다. 1차숙주를 상실하게 되면 같은 개체군내의 개체간 교미율이 높아져 다른 숙주의 개체군과의 유전자교환율이 낮아진다. 반면 여름철 단성생식 암컷의 섭식성에 돌연변이가 생기면 새로운 계통이 생길 수 있는데 이것은 이들의 가을철 자손에는 수컷과 산란성 암컷이 생겨 이들의 교잡이 일어나 중요한 의미가 있다.

여러 가지 상황을 참작할 때 진딧물류에서의 비숙주전환성 생활환은 숙주전환형에서 유래된 것으로 추정되는데 숙주전환종들이 이용하던 숙주들 중 어느 하나를 상실하게 되는 것은 ① 1차숙주에 생기던 유성암컷, 알 그리고 간모 등이 2차숙주에 생기게 되면서 1차숙주를 상실하는 경우, ② 1차숙주에서 2차숙주로 이동하던 충태의 상실로 2차숙주를 상실하는 경우 그리고 ③ 2차숙주로부터 1차숙주로 이동하는 충태와 유성세대와 간모세대의 상실에 따르는 1차숙주의 상실 등을 생각할 수 있다.

(1) 1차숙주의 상실

숙주전환류에서 다른 진딧물류에서는 그렇지 않으나 일부 진딧물아과계열에서 1차숙주에 생기던 유성충과 간모가 2차숙주에 생기면서 1차숙주를 상실한 것이 있다. 이와 같은 변화는 간모세대의 표현형에 변화를 일으켰기 때문으로 생각된다. 2차숙주에 영구히 남아있게 된 계열에서 보면 알에서 부화한 암컷(숙주이동종의 간모에 해당)은 근연숙주전환종의 간모보다는 여름철의 무시암컷을 닮은 점이 많다.

구대륙에 분포하는 *Cryptomyzus* 까치밥진딧물속에는 *Ribus*속 까치밥나무류와 *Menta* 박하류간을 숙주전환하는 숙주전환종, 연중 까치밥나무류에 단기생하는 종 그리고 연중 박하류에 단기생하는 종 등 세 개 군의 종과 아종이 있다. Guldemond(1990)는 이 속 진딧물류의 생활사와 숙주식물들의 변이에 관한 유전학과 계통학을 검토하여 숙주전환종이 원형이고 2차숙주단기생종은 숙주전환계열에서 분화한 것이라고 하였다.

Heie(1979)는 *Nasonovia*속 진딧물류의 생활사를 계통학적으로 검토하여 이들 진딧물의 선조는 *Ribes*속 까치밥나무를 1차숙주로 하면서 그 중 어떤 계열은 숙부쟁이류를 2차숙주로 하고 또 일부 계열은 미나리아재비류를 2차숙주로 하게 되었는데 그 후 *Ribes* 까치밥나무류와의 숙주관계가 단절되면서 2차숙주식물 어느 한 군에 단종기생하게 되었다고 하였다.

(2) 2차숙주의 상실

2차숙주가 결여된 생활환을 갖는 진딧물류에는 진딧물류, 면충류 그리고 뿔진딧물류 등 여러 진딧물분류군에서 알려져 있다. 진딧물아과의 여러 속에는 숙주전환종과 1차숙주 단종기생종을 포함하고 있다. Guldemond(1990)는 *Cryptomyzus galeopsidis* 까마귀밥못진딧물은 2종기생종이던 것이 *Ribes* 까치밥나무 단종기생성으로 진화하였다는 것을 계통분류학적 사실을 들어 추론한 바 있다.

생활사의 변화상과 2차숙주 상실간의 관계에 관하여는 암컷의 여러 가지 형 출현이 압축되어 있는 면충류와 뿔진딧물류에서 많은 것이 밝혀져 있다. Aoki와 Kurosu(1988)는 북미산 *Pemphigus spyrothecae* 면충의 경우 이들의 봄 이동형은 1차숙주의 충영내에 머물러 있으며 태생으로 증식하게 되면서 2차기주를 상실하게 되었다고 하고 이것을 그들은 "세대압축"이라고 하였다. 이것은 진화과정에서 유시의 이동형이 날개를 상실하면서 2차기주로의 이동성을 상실하였다는 것이다. 이 진딧물의 이동형 자손은 2차숙주의 뿌리에 기생하도록 적응되어 있었으나 충영내의 조건이 유리하여 이동하지 않고 그대로 머물게 되었다는 것이다. 1차기주 단종기생종인 *P. spyrothecae*와 *P. monophagous* 면충류의 경우 충영내에 기생하는 간모가 생산한 1세대 무시의 암컷과 그가 생산한 제3세대 자손은 숙주전환 생활사를 가진 것의 자손들의 형태적 특성을 반영하고 있다고 한다.

Akimoto(1985)는 몇 종의 사과면충류의 연구를 통하여 위와는 다른 경로에 의한 2차숙주상실 가능성을 제기하였다. 숙주전환성 생활환에서는 산성자충은 2차숙주에서 생겨 가을철에 1차숙주로 이동하여 유성충을 생산하는데 봄철의 이동형이 이런 산성자충 구실을 한다고 Akimoto는 주장하였다. 숙주전환성인 *Hemipodaphis persimilis* 면충의 경우에는 이와 같은 예외적인 개체가 혹에서 생기는 경우가 있으며 숙주비전환성인 *Kaltenbachiella japonica* 어리면충은 산성자충 구실을 하는 이동형의 생산을 통하여 단종기생성으로 발전한 것이라고 그는 주장하였다.

뿔진딧물류에서도 2차숙주가 상실된 몇 가지 예가 알려지고 있다. 북미 동북부지방에 분포하는 *Hormaphis cornu* 뿔진딧물은 낮은 지역에서 *Hamamelis virginiana* 풍년화와 *Betula nigra* 자작나무 사이를 숙주전환하는데 *Hormaphis hamamelidis* 뿔진딧물은 고지대에서 연중 *H. virginiana* 풍년화에서 지내는 단종기생진딧물이다. 지대간 개체의 이식 시험결과 이와 같은 생활환의 차이는 유전적인 것으로 환경적 차이에 대한 반응이 아니라는 것이 알려지고 있다(von Dohlen과 Gill 1989).

2차숙주의 상실은 세대의 압축, 산성자충세대의 생략, 기타의 경로를 밟아 일어나는 것으로 생각되는데 그 원인으로는 유리한 2차숙주의 희소성이나 계절이 짧아 겨울이 되기 전에 1차숙주로 이동할 수 있는 충분한 조건이 성취되지 못하여 사망률이 높아지는 것 등을 생각할 수 있다. 전기 *H. hamamelidis* 뿔진딧물의 경우 2차숙주의 상실은 고지대에 서식하기 때문에 생육에 충분한 시간이 부족하였거나 2차숙주인 *Betula* 자작나무류가 없기 때문일 수도 있다. 한편 충영형성 진딧물류의 경우에는 충영내의 조건이 안정적이고 유리하여 구태여 이동할 필요가 없어 2차숙주가 결여되었을 수도 있다.

4) 양성세대의 상실-불완전 생활환

양성세대가 결여된 불완전 생활환은 숙주전환종이나 숙주비전환종 모두의 진딧물류의 생활환에서 발견된다. 불완전 생활환은 양성생식과 관련된 것으로 유전적, 환경적 조건의 영향을 받는다. 이런 현상은 광주기의 영향을 받는 경우가 많아 위도가 다르면 유전적 차이와 상관없이 양성세대의 결여가 생길 수 있겠다. 열대에 분포하는 진딧물류는 대부분이 온대종에서 유래한 것이므로 광주기가 변동이 적은 열대지방에서는 모든 종이 불완전 생활환을 갖는다. 복숭아혹진딧물의 경우 고위도 지대에서는 완전 생활환을 가지나 저위도 지대에서는 불완전 생활환을 갖는데 이것은 이 종의 원형인 북부의 완전 생활환종과는 유전적 조건과 환경조건의 차이가 있기 때문이다.

일반적으로 양성생식이 유리하나 양성세대를 상실한 생활환에도 여러 가지 유리한 점이 많다. 숙주전환종의 경우 불완전 생활환에서 볼 수 있는 중요한 생태학적 차는 1차숙주의 상실이다. 2차숙주상에서 연중 생존이 가능할 경우 양성생식을 하게 되는 1차숙주를 생략하는 방법은 양성생식을 생략하는 가장 간단한 수난이 될 수 있다.

Blackman과 Eastop(1984)의 조사에 따르면 불완전 생활환종의 비율은 숙주전환종들에서는 조사한 137종 중 78종으로 57%였으나 숙주비전환류에서는 135종 중 44종으로 33%였다고 한다. 이로 보아 불완전 생활환은 숙주전환종에서 보다 흔한 현상임을 알 수 있어 이 현상은 숙주전환에 대한 하나의 선택작용임을 알 수 있다.

어떤 원인으로 1차숙주가 오래 전에 멸망한 지역에 불완전 생활환을 하는 진딧물류가 일부 남아있는 경우가 있는 것을 보면 절대적인 단성생식계열에서도 수십만 년 또는 수백만 년 동안 그들 종은 유지될 수 있는 듯 하다. 효신세(약 1,000만 년 전)와 시신세(약 100만 년 전)에 있었던 빙하시대는 유럽의 숙주전환면충류와 뿔진딧물류의 1차숙주를 멸망시켰는데 이들 진딧물류는 불완전 생활환을 유지하면서 양성생식세대 없이 현재까지 이어지고 있다.

한편 불완전 생활환 종은 수컷을 생산하는 비용을 절약할 수 있는 장점이 있다. 그러나 때로는 생식하지 않고 죽어버리기는 하나 산성자충이나 수컷이 생기는 수가 있어 이런 경우에는 비용이 든다. 또 뿔진딧물류나 면충류 그리고 층층나무진딧물류의 경우 숙주간을 이동할 수 있는 것은 유시충인데 불완전 생활환종은 유시충이 생기지 않아 이동성을 상실하는 경우도 있다. 끝으로 불완전 생활환종은 월동중 치사율이 높을 수가 있는데 이것은 양성적으로 생산하는 알은 진딧물류의 다른 생육단계에 비하여 저온에 대한 저항성이 대단히 높다는 것과 관계가 있다. 그런데 오랫동안 불완전 생활환을 해온 진딧물류 계열에서는 이런 불이익을 감소하는 방향으로의 진화를 해온 것이 있다. 즉 일부 불완전 생활환종 면충류는 산성자충의 생산을 줄이고 있으며 일부 뿔진딧물류는 산성자충 대신 유시의 태생 암컷을 생산하여 1차숙주로는 이동하지 않으나 집단간을 이동한다. 이런 충태는 산성자충과 무시태생암컷의 형질을 모두 갖고 있다. 또 오랫

동안 불완전 생활환을 이어온 계열 중 일부는 개미류와의 관계를 강화하고 있는 것으로 보이는 예가 있다. 예를 들면 왕진딧물류는 개미집에서 월동하며 개미에 의하여 이동하는데 이것은 월동 중의 부담을 줄이고 분산문제도 해결하고 있다.

뿔진딧물류나 면충류 그리고 층층나무진딧물류들 중에는 한 개체군내에 숙주를 전환하는 것과 2차숙주에서 월동을 하는 불완전 생활환을 하는 것이 공존하는 경우가 있다. 그런데 *Pemphigus betae* 면충의 여러 가지 개체군내의 개체들을 보면 어떤 개체들은 두 가지 생활사 중 어떤 것이라도 할 수는 있으나 이들 개체는 이에 해당하는 형의 생산 능력에는 상당한 차이가 있으며 봄철의 충영형성세대를 위한 1차숙주에 대한 선호성에도 차이가 있다고 한다(Moran 1988).

이상에서 본 바와 같이 진딧물류의 생활환은 양성생식과 단성생식 그리고 숙주의 전환을 거치면서 유전자 자원이나 환경자원의 활용을 극대화시키고 생활환의 진행 과정에는 형태, 생리 그리고 행동의 다양화를 통하여 그의 효율을 높이고 있는 극히 복잡한 것이다. 그러나 그들의 생활환은 과거의 진화과정을 반영하고 있어 여러 가지 표현형은 출현시기가 다르고 변화 정도에도 차가 있어 그들의 특성 특히 그들의 숙주식물에 대한 친화성 같은 것은 어떤 진화계열의 진화역사상의 여러 가지 단계를 반영하고 있다. 대부분의 곤충류는 숙주를 갑작스럽게 그리고 완전히 바꾸고 있어 현존종의 생태에는 과거의 숙주식물과의 연관을 짐작할 만한 흔적을 찾아볼 수 없는 경우가 많다. 그러나 진딧물류의 생활환은 복잡한 것이나 지금까지 설명한 바와 같이 그들 선조들이 갖고 있던 특성들에 관한 여러 가지 정보가 포함되어 있다.

지금까지의 연구를 통하여 진화생물학자들은 첫째로 여러 가지 생태학적으로 중요한 형질들의 진화과정상의 경로를 짐작하는 데에는 생물계통학적 연구가 중요하다는 것을 인식하게 되었다. 다음으로 과거 수십년 동안 비유전적 변이는 무시되어온 경향이 있으나 다양한 표현형에 대한 진화적 중요성이 최근 재인식 되고 있다. 진딧물 학자들은 지금까지 다상성의 변화가 생활환상의 변화와 어떤 관계가 있는가를 연구해 왔는데 이런 연구는 특별한 문제들에 대한 새로운 생각이나 분야개척에 도움이 되었다. 셋째로 생태학적으로 중요한 특성의 개체군내 변이에 관한 유전학적 연구가 최근 많이 이루어지고 있는데 이런 연구는 진딧물류의 생활환이나 숙주와의 친화성 문제 등에 관련된 많은 사실을 밝혔다. 이런 연구는 생활환에 미친 선택압의 본질을 밝히는데 도움이 되었으며 다양한 생활환상의 변이에 관한 수량유전학적 연구로 지금까지 해결하지 못했던 다상현상들을 해결할 수 있게 하였다.

끝으로 진화에 있어 발생의 문제가 중요한데 진딧물류의 경우 여러 가지 표현형에 관한 발생학적 지식은 그들의 생활환 진화의 이해에 큰 도움이 된다. 최근의 분자생물학의 발전은 표현형 출현과 관련된 발생유전학에 큰 공헌을 할 수 있을 것으로 생각된다. 이런 연구로 여러 가지 표현형의 기원이나 그의 상실 그리고 다른 표현형과의 연관 등에 관한 지식을 얻을 수 있고 나아가서는 진딧물류의 숙주선택이나 종분화에 관한 장기적 변화상을 이해하는데 도움을 줄 수 있을 것이다.

제7장

곤충류의 환경조건 변화에 대한 적응

생물은 살아가는 동안 다양한 환경조건 변화에 직면하게 된다. 이런 환경조건의 변화는 장기적 또는 일시적일 수 있으며 주기적이어서 예측 가능하거나 불규칙하여 예측 불가능할 수도 있고 때로는 극단적이거나 경미하며 변동이 광범위한 지역에 나타나거나 극히 국부적으로 나타날 수 있다. 이런 환경조건의 특성은 오랜 역사를 통해서 생물의 진화에 지대한 영향을 미쳐 생물의 생활사는 이런 환경조건의 특성에 적응한 결과라고 생각할 수 있다.

환경조건의 변화는 변동폭, 예측성, 변동기간 등 세 가지 측면에서 생각할 수 있다. 이들 중 변동폭 문제는 매우 복잡하여 그것이 생물에 미치는 영향을 간단하게 설명하는 것은 힘들다. 일반적으로 열대지방의 환경조건은 변동이 적다고 하나 여기서도 강우량의 계절적 변동이나 인간의 간섭 등에 의해 곤충류는 크고 작은 영향을 받게 된다. 열대에서 양 극지방으로 가면서 주야간 또는 계절간의 환성조건

변화는 점점 커져 극지방에서는 극에 달한다.

환경조건의 변동이 주야간이나 계절적 변동과 같이 규칙적이고 주기적일 때에는 곤충류는 계시능력과 환경적 징후로 변동을 예측한다. 이런 주기성 변동에는 일주기, 태음주기, 조수주기 등과 같은 단기적인 변동과 연간 주기와 같은 장기적인 주기가 있다.

비주기적 변동은 불규칙적으로 일어나기 때문에 미리 예측할 수 없어 생물은 생리적, 행동적으로 대비하기 힘들다. 그리고 변동기간도 여름철의 건기나 겨울철의 저온과 같이 짧을 수도 있고 산불, 벌목, 개간 등과 같이 영향이 중, 장기에 걸칠 수도 있다.

생물은 이와 같은 환경조건의 변동에 대하여 다양한 적응현상을 보인다. 이런 적응현상은 궁극적으로는 유전적 특성과 유관한 것이나 환경조건의 변화에 대한 생물의 대응에는 크게 두 가지 범주가 있다. 환경조건의 주기적 변동에 대한 적응은 생물시계 또는 기타의 계시기능과 관련된 적응현상으로 신경계나 내분비계와 밀접한 관계가 있다. 불규칙한 변동에 대한 적응은 규칙적으로 변동하는 환경조건에 대한 적응과는 달리 계시기능이나 신경, 내분비계와는 별로 관계없이 신경계나 행동 또는 생리적 반응이 중요한 역할을 한다. 극단적 조건의 단기적 변동에 대한 곤충류의 일반적 대응은 불리한 조건이 지속되는 동안 생장이나 생식을 일시적으로 중단하고 휴지상태로 지낸다. 그러나 불리한 조건이 오래 계속되면 특별한 생리적 적응기능을 갖고 있지 않은 경우 이런 조건을 극복하기는 힘들다.

곤충류는 불리한 조건에 직면하면 그곳을 떠나 환경조건이 좋은 곳으로 이동하여 생활하면서 생식을 계속하는데 이때 중요한 것은 행동이나 생리적 적응성이다. 곤충류 중에는 불규칙한 환경조건의 변화에 대하여 자신을 보호할 수 있는 적응적 행동이나 형태적 특성을 갖는 것도 있다. 예를 들면 불리한 온도하에서 낙엽이나 돌 밑으로 숨는다든지 또는 불리한 조건하에서는 장시형이 생겨 이동하는데 이것은 유전적 다형성에 의한 것이다. 환경조건의 극단적 변화가 오랫동안 일어날 때에는 종의 전멸 또는 종의 대체현상이 일어난다. 이런 경우 산불발생 후 생물상 회복과 같이 회복이 서서히 천이계열(한 지역에서 일어나는 생물상의 시간적 변천 단계 계열)을 따라 복구될 수도 있고 개간이나 도시화와 같이 파괴된 상태가 오래 계속되면 새로운 종이 도입되거나 임의적으로 침입하여 복잡해지기도 한다.

곤충류는 환경조건의 변화에 대하여 다양하게 적응한다. 불규칙적인 변동에 대하여는 불리한 조건이 지속되는 동안 생존율을 높일 수 있도록 생리작용이나 행동이 변하고, 개체군을 보호할 수 있는 유전적 다형성이 발달한다. 또한 규칙적이고 예측 가능한 환경변동에 대하여는 정교한 계시기구와 생장, 발육, 생식 및 행동을 조절하는 신경내분비계 발달로 행동이나 생리기능을 적응시킨다. Tauber(1986) 등은 환경조건의 변동양식과 그것에 대한 곤충류의 적응을 표 7-1과 같이 정리하였다.

표 7-1. 환경조건의 변동양식과 그에 대한 곤충류의 적응현상 (Tauber 등 1986)

	예측성	
기간	불규칙적	규칙적
단기적 또는 국지적	예	예
	갑작스런 온도 변화 먹이의 국지적 결핍	온도, 습도, 먹이, 천적, 경쟁자의 일간, 태음적, 간만간 변화
	적 응	적 응
	계절과 무관한 휴지 계절과 무관한 이동 계절과 무관한 다상현상	생리작용, 행동의 일간, 태음적, 간만간 변동
	주요 기구	주요 기구
	신경기능 → 생리적, 행동적 조절	생물시계 → 행동과 생리상의 리듬

표 7-1. 환경조건의 변동양식과 그에 대한 곤충류의 적응현상 (Tauber 등 1986)(계속)

기간	예측성	
	불규칙적	규칙적
장기적 또는 광역적	예	예
	가뭄, 산불, 들불, 서식처변동(벌목, 개간, 도시화)	온도, 습도, 먹이, 천적, 경쟁자의 계절적 변동
	적 응	적 응
	계절과 무관한 휴지 유전적 다형성 정착과 천이 진화적 변화	휴면 계절적 이동 계절적 다상성
	주요 기구	주요 기구
	유전적 → 생리적, 유전적 변화	신경 내분비 기능 → 휴면

1. 비계절적 환경조건 변화에 대한 적응

환경조건의 변화에 대한 곤충류의 적응현상은 다양하나 그 중에는 변화가 단기적이고 규칙성이 없는 것이나 규칙적인 계절적 변동 모두에 대한 적응도 있다. 어떤 형태의 휴지나 이동은 그 예이다. 계절적 적응현상에는 비계절적 적응과는 다른 생리적 기능이 포함되어 있으며 그의 생태학적 의의나 결과도 비계절성 적응현상의 그것들과는 차이가 있어 관련기구와 기능면에서 일부 중복되는 점이 없는 것은 아니나 이 두 현상은 분리하여 생각하는 것이 적응현상의 본질을 이해하는데 도움이 될 것으로 생각된다.

비계절적 환경조건의 변화는 불규칙적이고 예측이 불가능하므로 이에 대한 적응은 곤충류의 즉각적 반응기능과 밀접한 관계가 있다. 곤충류는 이와 같은 변화에 대하여 일시적인 마비상태 또는 휴지상태에 들어가거나 그곳을 떠나 버린다. 일부 곤충류는 형태나 체색의 변화를 통하여 불리한 환경조건에 대한 저항성을 증가시키는 경우도 있다. 이런 적응현상에는 계절적 적응현상에서 볼 수 있는 것과 같은 장기간에 걸친 생리적 대비는 없다. 여기서 생태학적으로 특히 중요한 점은 환경조건이 유리해지면 생장이나 형태적 발육 또는 생식기능은 곧 재개된다는 점으로 이 점은 계절적 변화에 대한 적응과는 다르다. 곤충류는 불리한 조건하에서 활동이 억제되는 것이 보통인데 이와 같은 상태 자체가 적응적 의미를 갖는 것은 아니고 억제된 상태에서 오랫동안 생명을 유지할 수 있고 유리한 환경조건으로 이동할 수 있는 능력이나 보호적 의미를 가진 형태적 변화를 갖게 되는 것 등은 적응적 의미가 있으며 곤충류는 다양한 적응적 특성을 갖고 있다.

1) 비계절성 휴지

휴지(Quiescence)란 온도, 습도, 먹이 등의 조건이 어느 한계를 넘었을 때 대사기능이 억제된 상태를 말하며 조건이 호전되면 즉각 생리기능이 회복된다. 곤충류의 생장이나 생식기능은 극단적인 조건이 오래 지속되면 해로운 영향을 받게 된다. 온대지방의 지상 곤충류의 대부분은 생육기간 중 불리한 조건이 오래 계속되면 불리한 영향을 받는 것이 보통이다. 그러나 *Melanoplus sanguinipes* 메뚜기의 알은 4℃에서 2~3개월을 지내도 55~67%가 활력을 유지할 수 있다고 하며 *Polypedium vanderplanki* 깔따구의 유충은 고온과 건조에 대한 저항성이 커서 함수량이 8%까지 감소하여도 생명력을 유지하며 100℃에서도 1시간까지는 생명력을 잃지 않으며 이런 유충은 건조상태에서 7~10년 동안 생명력을 유지하여 수분조건이 좋아지면 1시간 내에 발육을 시작한다고 한다(Hinton 1960).

먹이의 양이나 질이 문제가 되는 수도 있는데 곤충류가 불리한 벅

이 조건에서 견딜 수 있는 능력은 종에 따라 차가 있다. 예를 들면 *Culex nigripalpus* 집모기와 *Aedes taeniorhynchus* 숲모기는 최적 조건에서는 5~8일이면 발육을 완료하나 불리한 영양조건에서는 발육기간이 길어지는데 21일 이상은 견디지 못한다고 한다.

2) 비계절성 이동

비계절성 이동은 불리한 환경을 피하여 유리한 환경으로 이동함으로써 생장이나 생식을 계속할 수 있고 개체군이 유지된다. 비계절성 휴지가 그 자리에서 생장이나 생식을 조건이 유리해질 때까지 연기하는 현상이라면 비계절성 이동은 유리한 환경을 찾아 이동함으로써 생장이나 생식을 계속할 수 있게 된다. 이 때 이동으로 그 지역의 개체군 밀도나 공간적 분포는 큰 영향을 받는다. 비계절성 휴지와 비계절성 이동은 반응양식이 다르나 모두가 그의 바탕이 되고 있는 것은 고도로 발달한 생리 작용과 행동적 적응현상이다. 여기서는 구식활동을 위한 단거리 이동이나 생식을 위한 계절내의 이동을 제외한 이동현상에 관하여 살펴보기로 한다.

우리나라에서 벼의 줄무늬잎마름병을 매개하는 애멸구는 일부 3령충으로 월동하는 것도 있으나 대부분은 4령 약충으로 논둑의 화본류 잡초 사이에서 월동하여 4월초에 성충으로(일부 5령충) 되어 맥전으로 이동하여 한 세대를 경과한 후 논으로 이동한다. 현 등(1977)에 따르면 이 월동세대부터 제2세대까지의 성충의 산란수는 세대간에 차이가 거의 없으나 부화율은 제1세대 67.5%, 제2세대 84.1%, 제3세대 21.9% 등으로 제3세대에서 명백히 낮다고 하고 먹이 조건이 이런 차이에 큰 영향을 미친 듯 하다고 하였다. 실제로 애멸구를 5월 1일 이전에 보리에 접종하였을 때 그의 부화율과 성충 우화율은 각각 67.5%와 37.2%였으나 5월 17일 접종시의 우화율은 7.4%로 현저히 떨어진다. 즉 이 곤충은 월동 후 유리한 숙주를 찾아 맥류로 이동하고 맥류가 수확기가 되면서 불리해지면 다른 유리한 숙주인 벼로 이동하여 증식을 계속하는 것이라고 생각된다. 실제로 1970년대 후반 이후의 이 해충 발생량 감소는 다른 원인도 있겠으나 맥류재배면적의 감소와 깊은 관계가 있는 것으로 알려지고 있다.

Johnson(1969)이나 Rabb과 Kennedy(1979) 등은 여러 가지 비계절성 이동 곤충류에 관하여 논한 바 있다. 여러 가지 경제적으로 중요한 해충류 예를 들면 멸강나방, 혹명나방, 벼멸구, 흰등멸구, 파밤나방, *Spodoptera frugiperda* 밤나방 그리고 *Empoasca fabae* 애매미충 등은 열대나 아열대에서 매년 기온의 상승과 더불어 북상하는 유명한 해충들인데 이들의 이동은 대개 기압골의 이동과 깊은 관계가 있으며 이동거리도 대단히 크다. 그리고 이들은 이동 후에 생식을 개시하여 빠른 속도로 밀도가 증가한다.

이런 해충류의 정착지역에서의 발생량은 비래량이나 비래시기 그리고 정착지의 환경조건 특히 숙주식물의 생육조건이 중요하다. 예를 들면 벼멸구는 우리나라에서는 월동하지 못하며 매년 중국으로부터 이동하는데 그의 벼멸구 발생량은 비래시기가 빠르고 비래량이 많을 때 많은 것이 보통이다. 이와 현(1984)은 벼의 생육단계가 벼멸구 증식에 미치는 영향을 조사하여 단시형의 산란수는 약충을 사육한 벼의 생육단계와 밀접한 관계가 있어 사육할 때의 벼의 생육단계가 최고분열기일 때에는 암컷 산란수가 381.1개였으나 출수기나 유숙기일 때는 각각 212.4와 139.3개로 감소하였고 출수 직후 이삭을 제거하여 동화물질의 가해 부위인 엽초에서 이삭으로의 이동을 방해하였을 때는 342.5개로 이삭을 그대로 두어 동화물질의 이삭으로의 이동을 가능케 하였을 때보다 훨씬 많았다. 이것은 이 해충의 비래시기가 빠르면 같은 비래량이라도 증식에 유리한 숙수조선을 맞세 뵌다는 것을 뜻한다. Dingle(1982)은 이런 곤충류의 이동을 계절적 이동에 포함시켰으나 Rabb과 Stinner(1978) 그리고 Tauber 등(1986)은 이것을 비계절성 이동이라 하였다. 남부지방에서 저온기에는 생장이나 생식이 감퇴하기는 하나 이들 곤충류에서 이동을 포함한 생활환 과정은 계절적 요인의 지배를 받는 것은 아니어서 지역적 조건이 허용한다면 이들 곤충류는 연중 어느 때이고 모든 방향으로 이동할 수 있는 적응성을 갖고 있다. 따라서 이들의 북쪽으로의 이동은 북쪽으로의 이동을 자극하는 계절적 요인 때문이 아니고 계절적인 바람의 방향에 의하여 결정된 것이다.

진딧물류도 여름철 숙주간을 이동하는데 이것도 비계절성 이동에 속한다. 이들의 이동은 이동에 앞서 고밀도나 먹이 조건의 악화에 대응하여 유시형이 생긴다. 이동은 바람의 방향에 의하여 대체적으로 결정되나 이동기간은 진딧물 자신이 조절한다. *Aphis fabae* 진딧물은 수 시간 날면 피로하여 비상력이 약화되고 생장이나 생식을 촉신하는 자극에 대하여 예민하게 반응하게 된다. 그리하여 적당한 숙주식물을 발견하게 되면 섭식을 시작하고 배자의 발육이 시작된다. 한편 *Pemphigus treherni* 면충은 여름철 바닷가에 자생하는 빗자루국화(*Aster subulatus*)의 뿌리에 기생하는데 이 면충은 1령충으로 바닷물을 타고 이동한다. 이 면충의 비이동성 개체들은 (−)의 주광성이 강하나 이동성 개체는 (+)의 주광성을 갖고 먹이에 대하여는 반응하지 않는다. 이동성 개체들은 식물체 위쪽의 잎이나 줄기에 붙어 있다 바다 조수물에 씻겨 이동한다. 약 30분 물위에 있게 되면 그들의 행동은 반대로 (−)의 주광성을 갖게 되는데 이 때 적당한 숙주를 찾으면 줄기를 타고 밑으로 이동하여 뿌리에 기생하게 된다.

월동숙주에서 여름숙주로 이동하거나 반대로 여름숙주에서 겨울숙주로 이동하는 숙주전환성 이종기생진딧물류와는 달리 여름철의 이동에 대하여 그것이 계절적이냐 비계절적이냐를 구분하기는 힘든 경우가 많다. 그것은 여름철 이동에는 비계절적 요소와 계절적 요소가 모두 포함되어 있기 때문이다. 즉 이 때의 이동에 관여하는 고밀도나 불리한 먹이 조건은 서로 밀접한 관계가 있으며 먹이조건의 악화는 계절적일 수도 있고 단순히 밀도 증가의 결과로 일어날 수도 있다. 그리고 이런 조건에 대하여 진딧물은 지금까지의 숙주를 떠나 새 숙주로 이동할 때 택하는 식물은 같은 식물일 수도 있으나 다른 종의 식물일 수도 있다. 예를 들면 *Drepanosiphum plantanoides* 알락진딧물은 비숙주전환성 종으로 계속하여 플라타너스나무 사이를 이동하나 숙주전환성인 복숭아혹진딧물은 여름철 여러 종의 초본류 사이를 이동한다.

끝으로 유시형의 출현이나 이동과 관련된 행동습성에 관련된 자극은 진딧물류의 당대뿐 아니라 그 전 세대가 겪은 자극이 원인일 수도 있다. 따라서 이동촉진자극에 대한 반응과정에는 즉각적이고 비계절적인 것과 장기적이고 계절적인 것 두 가지가 모두 포함되어 있다고 하겠다. 이와 같은 복잡한 문제가 개재되어 있기는 하나 진딧물류의 여름철 이동은 숙주범위가 가을철의 이동에서와 같이 좁지 않다. 즉 이 때의 이동은 진딧물류의 생리적 또는 행동적 원인보다는 계절적으로 이용이 가능한 범위의 숙주식물을 찾아 이동하는 것이다. 그리고 가을철에 생기는 유시형은 광주기나 온도의 변화와 같은 계절적 변화에 대한 진딧물류의 신경내분비계가 관여되어 있으나 여름철의 유시형은 고밀도와 같은 직접적인 조건이 원인이 되고 있다.

메뚜기류도 계절적 요소와 비계절적 요소가 관련된 이동을 한다. 메뚜기류의 이동은 주로 습도나 먹이 조건의 변화 때문에 지역간을 이동한다. 이동성 메뚜기류에서는 형태나 생리적 차이가 있는 단서상(Solitary phase)과 군서상(Gregarious phase)이 있다. 이동 개체군에는 군서형이 지배적이나 단서형도 끼여 있다. 형태나 행동적 변화를 일어나는 것은 고밀도에 따르는 개체간 접촉과 후각자극을 받아 신경내분비계의 기능변화가 원인이다. 물론 광주기나 온도, 먹이 조건, 습도, 연령 등도 관계가 있다. 그리고 이런 환경조건들의 영향은 수 세대에 걸친 누적적인 것이어서 같은 난괴에서 출발한 개체들이라도 개체들 간에 반응에 차이가 있을 수 있다.

이상에서 보는 바와 같이 곤충류는 여러 가지 불리한 조건에 놓였을 때 그들의 행동이나 생리 또는 형태에 변화를 일으켜 그곳을 떠나며 적절한 환경조건인 곳에 정착하게 되면 생장이나 발육 그리고 생식을 계속한다. 비계절성 이동과 비계절성 휴지는 환경조건의 직접적 영향을 받으며 단기적으로 생식작용을 뒤로 미룬다는 면에서 공통된 측면을 갖고 있다. 그러나 비계절성 이동시 날개나 기타의 형태적 변화가 따를 때에는 이동 전에 이와 같은 변화가 선행되어야 하며 이동의 경우에는 지역의 밀도 변동에 큰 영향을 미친다.

3) 비계절성 다상현상

곤충류 중에는 비계절적인 환경조건의 변화에 따라 체색이나 형태적 변화를 일으켜 적의 발견을 어렵게 하거나 그 밖의 적응적 특성을 가진 것이 있다. 이런 적응현상은 생장이나 생식현상의 중단 없이 일어나며 환경조건의 직접적 영향을 받는다. 이런 예는 호랑나비류나 기타의 나비류의 번데기나 메뚜기류, 거저리류 등에서 알려져 있으며 여름철 호랑나비류의 비휴면 번데기의 색은 주위 환경에 따라 녹색 또는 갈색이 된다. 이것은 주위로부터 받은 시각, 촉각 그리고 화학적 물질 등의 자극에 의한 것으로 휴면 관련 신경내분비계의 기능과는 별도의 기작의 지배를 받는다(Awiti와 Hidaka 1982).

메뚜기류의 약충과 성충은 주변 환경에 비교적 짧은 시일 내에 반응하여 체색을 변화시킨다. 반응을 일으키는 것은 단서상일 때 뿐이며 탈피 후 수일간의 노출로 체색이 변한다(Rowell 1971). 군서상 메뚜기류에서 볼 수 있는 체색 변화는 단서상에서의 그것과는 달리 주위배경 때문이 아니고 상변화의 원인이 되는 밀도나 기타의 조건에 대한 반응이라고 한다. 사막의 거저리류의 일종인 *Cryptoglossa verrucosa*는 환경 습도에 따라 옅은 청색에서부터 검은색까지 여러 가지 색을 띠는데 이런 체색 변화는 왁스분비로 일어나며 공중습도가 97% 이상인 곳으로 옮겨주면 2시간 후에는 체색이 변화하며 24시간 후에는 완전히 검은색이 된다고 한다.

진딧물류, 소금쟁이류, 귀뚜라미류, 기타의 곤충류에서의 장단시형 출현은 비계절적인 측면도 있으나 다른 곤충류의 시형은 계절적인 것으로 상당 기간 발육이 억제된다. 진딧물류, 쌕쌕이류, 귀뚜라미류 그리고 멸구류의 경우 여름철의 높은 밀도나 숙주조건의 악화가 유시충의 출현을 촉진한다. 다형성인 소금쟁이류에서는 웅덩이가 마를 염려가 없고 저온일 때는 우화 후 곧 생식을 하는 단시형이 생기게 되며 웅덩이가 마를 염려가 있고 고온일 때는 얼마 동안은 부정성충(Teneral adult: 우화 직후의 성충이 아직 충분히 골화하지 않은 것)으로 지내는 장시형을 낳는다. 이 부정성충이 고밀도로 먹이부족을 겪거나 고온에 접하면 생식 전에 이동한다. 그러나 유리한 환경하에서는 장시의 부정성충은 이동하지 않고 생식을 한다.

이상에서 본 바와 같이 곤충류는 환경조건의 단기적이고 비계절적 변동에 대하여 생리적, 행동적 적응을 통하여 불리한 조건을 극복한다. 이런 적응현상은 비계절성 휴지(환경조건에 의하여 생리작용이 억제된 상태), 비계절성 이동(불리한 환경을 떠나 유리한 환경으로 이동), 비계절성 다상현상(환경조건으로 유기된 체색이나 형태적 변화) 등이 있다.

2. 계절적 환경조건 변화에 대한 적응

생물을 둘러싸고 있는 환경조건은 그것이 생물적이거나 무생물적이거나를 막론하고 직접, 간접적으로 계절과 관계가 있다. 그러므로 어떤 생물의 생태학적 적응현상의 가장 기본적이면서 공통된 측면은 그의 생물계절학적 현상이다. 즉 생물을 둘러싸고 있는 생물적 조건과 무생물적 요인의 연중 되풀이 되는 변화상과 생물의 생장, 발육, 생식, 휴면 그리고 이동 등과 같은 현상이 이와 같은 변화상의 적절한 시기에 일치한다는 것은 그들의 생존에 대단히 중요한 것이다.

앞서 설명한 불규칙적이고 국지적인 환경조건 변화와는 달리 계절적 변화는 규칙적으로 반복되며 안정적이고 지역전체에 걸쳐 일어난다. 여러 가지 곤충류는 앞으로 다가올 계절적 환경변화를 나타내는 환경적 징조를 인지할 수 있는 능력이 있어 이런 징후를 통하여 앞으로 겪게 될 불리한 환경조건에 미리 대비하여 생리, 행동 그리고 형태적 변화를 일으킨다. 이런 대응현상은 종에 따라 특이하며 이것을 휴면증후군(Diapause syndrome)이라고 한다.

휴면현상은 계통학적으로 다양한 기원을 갖고 있어 종에 따라 특이한 생리학적 특성을 갖고 있다. 여기에는 여러 가지 휴지현상, 계절적 이동 그리고 다상현상이 포함되어 있으며 이들은 여러 가지 생물학적 현상의 계절적 변동상과의 일치라는 측면에서 적응적 의미를 갖고 있다. Tauber(1986) 등은 휴면을 다음과 같이 정의하고 있다. "휴면(Diapause)이란 신경내분비계가 관여된 대사기능이 저하된 탄력적 상태로 형태 발육이 저하되고 불리한 환경조건에 대한 저항성이 커지고 행동이 변하거나 활동이 약화되어 있다. 휴면이 일어나는 발육단계는 유전적으로 정해져 있으며 그의 발현 발육단계는 종에 고유한 것이고 불리한 조건이 일어나기 전의 여러 가지 환경조건의 자극을 받아 일어나는 것이 보통이다. 휴면이 시작되면 대사 작용은 발육에 알맞은 조건이 되어도 상당한 기간 억제된 상태를 유지한다." 따라서 휴면은 곤충류의 생활환이 계절적 변화에 조화롭게 일치해 나아가는데 대단히 중요한 것이다.

휴면과 관련된 환경적 징후를 명목자극 또는 표시자극(Token stimuli)이라고 하는데 이것은 생물에 대하여 유리하다거나 불리하다거나 하는 것과는 관계가 없고 다만 앞으로 환경조건이 변화할 것이라는 것을 예고할 뿐이다. 가장 대표적인 것이 광주기(일장)이나 온도나 습도 그리고 생물적 요인들도 계절적 변화에 대한 실마리가 될 수 있다. 이런 조건들은 생장이나 발육 그리고 생식이 일어나는 동안에 작용하며 꼭 그런 것은 아니나 흔히 휴면이 일어나는 생육단계의 앞선 생육단계에서 감지하는 경우가 많다. 어떤 학자들은 계절적으로 일어나는 휴지상태(Quiescence)를 휴면과 같은 뜻으로 쓰고 있는데 휴면에는 생리적인 동시에 행동적인 내용을 같이 포함하고 있다. 휴면(Diapause)중에는 대사 작용을 비롯한 여러 가지 생리기능이 저하 내지는 정지되어 있어 휴지와 공통된 점이 있으나 휴면증후군에는 휴지 외에도 생태학적으로 적응적 의미를 가진 여러 가지 현상이 포함되어 있다. 계절적 이동이나 다상현상은 휴면과 밀접한 관계가 있으며 계절적 휴지는 휴면현상에서는 별로 중요하지 않은 경우도 있다. 계절적 휴지는 불리한 조건으로 생기는 일시적인 생리기능의 정지상태이나 휴면은 생활환의 한 단계로 다음 생활환 단계로의 진행을 위하여 거쳐야 하는 일종의 발육단계라는 뜻이 크다. 여기서는 계절적 휴지, 계절적 이동 그리고 계절적 다상현상을 모두 묶은 넓은 뜻으로 휴면을 생각하려 한다. 과거에는 휴면증후군으로 표현되는 여러 가지 현상들을 하나하나 따로 취급한 일이 많았으며 계절적 휴지와 계절적 이동을 "시간적 회피"와 "공간적 회피" 양자택일의 문제로 여겨왔다. 그러나 계절적 이동과 다상현상 그리고 계절적 휴지 간에는 극히 밀접한 관계가 있어 이들은 독립적인 현상으로 생각하기 어려운 점이 많다. 계절적 휴지나 이동 그리고 다상현상은 모두가 생식작용의 일시적 중단을 수반하며 이들은 휴면을 바탕으로 하고 있다. 여기서 이런 세 가지 현상이 계절적 현상과 어떤 관계가 있는가를 휴면과의 관계를 중심으로 살펴보려 한다.

1) 계절성 휴지

계절성 휴지(Dormancy)란 동식물의 생활환의 어떤 발육단계에서 생장이나 형태적 발육 또는 생식이 억제된 상태가 계절적으로 되풀이 되는 생리적 휴지상태이고 생태학적으로는 어떤 한 계절에서만 일어날 수 있으나 때로는 여러 계절 또는 수년간에 걸쳐 일어나는 생장이나 생식의 억제일 수도 있다. 계절적 휴지를 흔히 일어나는 계절에 따라 춘면(Vernal dormancy), 하면(Aestivation), 추면(Autumnal dormancy) 그리고 동면(Hibernation) 등으로 구별하는데 이것은 생물의 생리적 상태를 말하는 것이 아니고 휴지가 일어나는 계절을 바탕으로 한 것으로 이것은 매년 되풀이되는 현상이다.

계절적 휴지는 생장이나 생식에 불리한 조건이 계절적으로 생기기 때문에 생리작용이 저해되어 일어나는 상태를 말하는 것으로 이것은 휴면에 따르는 현상일 수도 있으나 휴면과는 무관하게 일어날 수도 있다. 휴면과 무관한 계절적 휴지의 예로는 진딧물류나 *Euscelis incisus* 매미충에서 알려져 있는데 Sutherland(1968)에 따르면 *Thecabius affinis* 황철나무면충은 겨울을 휴지상태로 지내는데 이 종에는 완전생활환계통과 불완전생활환계통이 있다고 한다. 완전생활환계통에서는 가을철 유시의 단성생식형이 생겨 이것이 겨울 숙주로 이동하여 산성충(암컷과 수컷)을 생산하여 교미한 뒤 휴면난을 낳아 월동한다. 그런데 불완전생활환계통은 여름 숙주에 그대로 남아 산성충이나 휴면난을 생산하지 않는다. 이 계통의 약충과 성충은 숙주에서 휴지상태로 월동한다. 이런 휴지상태는 저온에 의한 것이며 이 때의 휴지는 저온에 대한 저항성이 증대된 생리적 조건을 갖는다고 한다. 저온에서 사육하면 여름철의 면충과는 달리 많은 양의 지방을 축적한다고 한다. 이와 같이 많은 지질을 축적하고 있는 면충은 여름철의 그것에 비하면 휴지 후의 생장이 느리고 다시 생식을 하려면 난자성숙을 위한 시간이 필요하다고 한다. 이 때의 휴지상태는 월동충을 적당한 온도로 옮기면 수 시간 내에 섭식을 재개하고 왁스를 분비하는 것으로 보아 단순한 휴지상태로 생각된다. 곤충류는 휴면 중에는 생장이나 섭식이 중단되는 것이 보통이나 어떤 메뚜기류의 휴지배자는 한계가 있으나 배자발육이 진행되며(Andrewartha 1943), *Chrysopa* 풀잠자리나 *Myrmeleon* 명주잠자리에서도 극히 제한되어 있기는 하나 휴면 중에 섭식과 발육이 일어난다.

2) 계절적 이동

곤충류의 생활환에는 일정한 시기에 고유한 이동현상이 포함되어 있는 경우가 많으며 이런 이동에는 계절적 징후를 감지하여 방향성을 갖고 이동하는 특이한 행동이 포함되어 있다. 이 때 곤충류의 비상근이나 날개의 형태적 변화가 수반한다. 계절성 이동은 비계절성 이동과는 달리 환경조건의 계절적이고 예측 가능한 변동과 관련이 있고 생리적으로는 신경내분비계의 지배를 받는다. 계절성 이동은 계절성 휴지 장소와 관련이 있는 경우가 많다. 이 때에는 휴면증후군의 일부로 이동이 일어나는 것이다. 그러나 비휴면성 계절적 이동의 경우에는 계절성 휴지와는 무관하며 이 때에는 새로운 숙주나 시식처로 이동하고 나면 생장이나 발육은 곧 회복된다. 이렇게 곤충류는 계절적으로 다른 숙주나 서식처를 이용할 수 있게 된다. 비휴면성 계절적 이동의 예는 대부분이 먹이에 대한 선호도와 관련 되어 있으며 휴면성 계절적 이동과는 달리 생장이나 발육 또는 생식이 오랜 시간 중단되는 일은 없다.

숙주전환을 하는 진딧물류는 월동숙주에서 여름숙주로 이동하는데 이런 이동은 계절적인 현상이나 휴면과는 무관한 듯하다. 월동난에서 부화한 간모는 월동숙주에서 무시의 암컷(간자충)을 단성생식으로 낳는다. 그러나 곧 유시암컷이 생기면서 여름숙주로 이동하는데 이것은 여러 가지 조건의 영향을 받으나 주요인은 높은 밀도와 숙주의 생장에 따르는 영양조건의 저하이다(Dixon 1977). 어떤 종은 숙주식물에 대한 선호성 변화도 관련이 있음이 알려지고 있다(Hardie 1980).

이화성인 *Lindbergina aurovittata* 매미충은 숙주선호성에 명백한 계절성을 갖고 있다. Claridge와 Wilson(1978)에 따르면 영국 South Wales에서 이 종은 여러 가지 *Rubus* 딸기속 식물에서 난태로 월동하여 봄에는 월동숙주에서 지내다 여름철이 되면 딸기에서 *Quercus*속 참나무나 다른 목본류 식물로 이동하여 또 한 세대를 경과한다. 가을이 되면 다시 딸기류로 이동하여 월동난을 낳는다. 제1세대와 제2세대의 암컷은 산란 선호성에 명백한 차이가 있는데 산란을 위하여 봄숙주에서 여름숙주로 이동하는 암컷의 이동은 휴면과는 무관한 계절적 이동으로 생각되나 여름숙주에서 겨울숙주로의 이동은 휴면과 관계있는 것으로 보인다고 하였다.

벼에서 반점미 발생의 한 원인이 되는 흑다리긴노린재(*Paromius exiquus*)는 벼과 잡초의 기부에서 월동하여 5월 중순경에 띠(*Imperata cylindrica*)로 이동하여 산란 발육하고 6월 하순에는 출수하는 산조풀(*Calamagrostis epigeios*)로 이동하여 제2세대를 경과한다. 그리고 8월 중순에는 제2세대 성충이 벼로 이동하여 산란 벼에서 제3세대를 경과하고 이 제3세대 성충과 발육이 늦은 제2세대 성충이 월동처로 이동한다. 벼로의 이동은 이동시기와 벼의 출수기가 얼마나 일치하느냐와 밀접한 관계가 있어 출수가 빠른 조생종 벼에 집중적으로 유인되어 반점미율도 높아진다(박 등 2004). 결국 이 해충의 경우는 숙주식물의 종류는 물론 그의 생육조건까지도 이동과 밀접한 관계가 있는 셈이다. 한편 줄점팔랑나비(*Parnara guttata*)는 여름에는 벼를 숙주로 하나 가을에는 띠를 숙주로 하는데 이의 숙주전환은 광주기와 관계가 있고 알과 유충의 크기도 광주기와 관계가 있으나 이 종의 이동은 휴면과는 무관한 것으로 Nakasuji와 Kimura(1994)는 추측하였다.

휴면성 계절적 이동의 특성은 이동이 예기되어 있으며 내분비계의 작용으로 대사작용이 감퇴되고 섭식이나 생식상의 반응이 감퇴된 상태에 있다는 점이다. 휴면성 계절적 이동을 하는 곤충류는 계절적 변화가 있기 훨씬 전에 표시자극을 받아 휴면에 고유한 생리적 변화와 행동적 변화를 내분비계의 기능을 통하여 일으키게 된다. 휴면성 계절적 이동은 휴면 진행과정 중 특정 단계에 일어난다. 따라서 계절성 휴지를 할 곳으로의 이동이나 이탈은 특정 시기에 일어나게 되는 것으로 당면한 환경조건에 의한 것이 아니고 곤충의 생리적 조건과 계절적 변화가 일어나기 전의 환경조건간의 관계에 의하여 그 시기가 조절된다. 대부분의 곤충류는 휴면 시 숨을 곳을 찾아 이동하며 그 시기나 내용은 곤충류의 종류에 따라 다르다. 예를 들면 휴면 전 깍지벌레류는 이동하지 않으며 그 자리에서 계절성 휴면상태에 들어간다. 그러나 곤충류 중에는 계절적 휴지 장소까지 매우 먼 거리를 이동하는 것도 있다. 이동이 일어나는 시기는 계절적 휴시 상태에 들어가기 직전일 수도 있고 종류에 따라서는 휴면 전 성충이 휴지 장소로 이동하여 그곳에서 휴면난을 낳는 것도 있는데 복숭아혹진딧물의 경우는 이동한 성충이 암컷과 수컷을 낳고 이들이 교미하여 휴면난을 낳으므로 이 때의 휴면은 2세대나 앞선 이동과 관련이 있는 셈이다.

일본에서 거세미나방(*Agrotis ipsilon*)은 이동을 통하여 연중 증식을 하여 비휴면성 이동을 하는 것으로 알려지고 있다. 그런데 이 해충의 유충을 단일조건(LD 11:13)에서 사육하면 암컷의 난소는 우화 후 1일 이내에 성숙하나 유충을 장일조건(LD 16:8)에서 사육하면 유화 후 성충의 난소성숙이 수일 늦어진다(21℃에서 4일)(Oku와 Kobayashi 1978).

한편 메뚜기류의 이동은 서식처나 먹이조건의 변화가 지역적으로 차이가 있기 때문에 일어나는 비계절성 이동의 범주에 속한다. 그러나 군서상의 발생이나 그들의 이동에는 계절적 요소가 많이 포함되어 있다. 예를 들면 남아프리카의 *Nomadacris septemfasciata* 메뚜기나 북아프리카의 *Schistocerca gregaria* 메뚜기는 모두가 이동성 종으로 성충태로 휴면하는데 이들에서의 이동과 휴면과의 관계는 관련 요인들이 중복되어 있어 명백하지 않다. *Locusta migratoria migratoria*, *L. pardalina*, *Chortoicetes terminifera* 등은 알로 휴면하는 이동성 메뚜기인데 이들에서는 이동과 휴면은 명백히 구별되는 듯한데 이 경우에도 모체의 상(군서상과 단서상)과 알의 휴면간에는 명백한 관계가 있어 언제나 구별할 수 있는 것은 아니다. 메뚜기류의 경우 휴면이 2차적으로 성충의 상에 영향을 미칠 수도 있다. 특히 충분한 강우량이 있을 때 일어나는 현상이지만 땅속에 휴면난이 축적되었을 때 건조가 여름철 중반 이후 계속되면 다음해 봄 첫 비가 올 때 일시에 알이 부화하여 높은 밀도조건을 낳기 쉬워 이것이 군서상 발달로 이어진다.

이상에서 설명한 바와 같이 곤충류의 이동이 갖는 생태학적 의의는 종에 따라 다양하다. 따라서 휴면과 계절성 휴지 그리고 이동 등 간의 관계를 명백히 하는 데는 앞으로 생리학이나 유전학적 측면의 연구가 뒷받침되어야 하겠다.

3) 계절적 다상현상

곤충류 중에는 체색이나 형태가 계절에 따라 변하는 종류가 많다. 이와 같은 체색이나 형태적 변화는 계절적 휴지기에 외부로부터 자신을 보호하고 생장기나 생식기에 체온을 유지하는데 도움이 되고 그 밖에도 환경조건의 계절적 변화에 대한 여러 가지 적응적 의미를 갖고 있다. 앞서 설명한 비계절성 다상현상이 계절과 무관하게 환경조건의 영향을 직접 받는 것과는 달리 계절적 다상현상은 반복되는 계절적 환경조건 변화에 의하여 매년 되풀이되는 상변화상을 말한다. 계절적 다상현상은 나비류, 나방류, 매미충류, 노린재류, 진딧물류, 메뚜기류 등 여러 가지 곤충류에서 알려져 있으며 분산다형성과 그의 생태학적 의의에 관하여는 Shapiro(1976), Denno(1994), Fujisaki(1994), 현(2003) 등의 종설이 있다.

곤충류의 계절적 다상현상과 계절적 휴지현상은 같은 환경조건의 영향을 받는다. 대부분의 경우 가장 중요한 영향을 미치는 것은 광주기이고 광주기와 온도가 서로 밀접한 관계를 갖는 경우가 많으며 열대지방에서는 온도와 습도가 중요한 경우가 있는데 이것은 오히려 예외적인 것이다. 그리고 개체군내에서 개체 간에 나타나는 계절적 휴지와 계절적 다상현상에서 볼 수 있는 현상 간에는 공통점이 많다. 이런 점에서 여러 가지 곤충류에서의 다상현상은 휴면증후군의 일면으로 양자간에는 깊은 관계가 있다고 볼 수 있을 듯하나. 그러나 곤충류의 계절성 다상현상에는 휴면과는 무관하나 정상적 계절에 일어나는 생장이나 발육 또는 생식과 깊은 관계가 있는 표현형상의 여러 가지 변화에서부터 여러 가지 휴면증후군과 휴면전 기간, 휴면기간 그리고 휴면 후에 나타나는 여러 가지 현상에 이르기까지 다양한 내용을 포함하고 있다. 따라서 여기서는 계절적 다상현상을 비휴면성인 것과 휴면성인 것으로 구분하여 그의 생태학적 의의를 중심으로 생각해 보려 한다. 휴면과 계절적 다상현상과 관련 그의 생리학이나 내분비학 그리고 유전학적 내용은 밝혀진 바가 많지 않으며 비휴면성 다상현상과 휴면성 다상현상은 서로 독립적으로 여러 차례에 걸쳐 진화해온 것으로 생각된다.

Stirellus bicolor 매미충의 체색은 광주기의 영향을 받는데 이 곤충은 연중 생장하고 생식을 계속하기 때문에 휴면은 하지 않는다. 이 매미충의 여름철 체색은 화려한 색이나 겨울철에는 암갈색으로 변하는데 Whitcomb(1972) 등에 의하면 이런 체색 변화는 광주기 때문에 일어나나 먹이 조건도 관계가 있다고 한다. 이 곤충은 여름철에는 주로 *Andropogon virginicus* 새풀에서 생활하나 월동세대는 내한성이 큰 화본류에서 지낸다.

비휴면성 계절적 다상종인 아프리카산 *Zonocerus variegatus* 메뚜기에는 장시형과 단시형이 있는데 이 메뚜기의 시형은 생물적 조건의 영향을 받는다. 이 메뚜기의 경우 장시형은 건기에 흔하며 우기에는 단시형이 대부분이다. 최종령 약충기에 밀도가 높고 영양조건이 불리하거나 반대로 아주 좋으면 장시형 성충의 출현이 촉진된다고 한다(McCaffery와 Page 1978). 이 곤충의 이런 계절적 다상성에는 휴면형상은 포함되어 있지 않는 것으로 보인다.

Drepanosiphum platanoides 알락진딧물의 체색은 계절에 따라 차이가 있는데 이런 다형성은 휴면과는 무관한 듯하다. 이 진딧물은

이른 봄부터 늦은 가을까지 활동하는데 봄과 가을의 전온에서는 흑색띠가 생기며 이것은 체온 유지와 깊은 관계가 있다(Dixon 1972). 이 진딧물의 약충과 우화 직후의 성충은 외부의 저온에 즉각적으로 반응하여 멜라닌 색소를 축적한다. 약충기와 우화 초기의 멜라닌 색소 축적량이 체색을 결정한다. 한편 고온인 여름철 성충은 적색을 띠는데 이 때의 체색은 2세대 이상 전에 겪은 고온에 의한 반응이다.

여러 가지 종류의 나무이류는 휴면난으로 월동하며 성충은 계절적으로 체색이 변한다. 초여름에 우화한 성충은 녹색인데 8월 중순경에는 암적색, 갈색 등으로 체색이 변한다. *Psylla peregrina* 나무이의 경우 체색변화는 성적 성숙기와 유관하며 보호색의 구실을 하는 것으로 생각된다(Sutton 1983).

나비류 중에는 계절적인 다형현상을 나타내는 종이 상당히 많으며 저온형은 몸이 작고 날개에 흑색이 짙어지는 반면 여름형은 몸이 크고 흑색 반점이 적은 것이 보통이다. 흰나비류의 여러 종의 경우 몸의 크기나 시형은 광주기의 영향을 받으며 휴면과 밀접한 관계가 있다. 그러나 북미산 *Nathalis iole* 흰나비의 경우는 광주기의 영향으로 생기는 날개의 흑화현상은 휴면과는 무관하다. 이 나비는 북부지방에서는 월동이 불가능하며 이 나비가 월동하는 지역에서는 휴면현상을 볼 수 없고 매년 월동한 남부에서 북부로 이동한다. 흑화형은 봄과 가을의 단일 저온조건에서 생기고 여름철에는 여름형이 생긴다. 이와 같이 이 나비의 다형은 휴면과는 무관한 것이다.

줄점팔랑나비(*Parnara guttata guttata*)의 경우 유충기와 번데기 시기를 장일조건에서 경과하면 성충의 몸은 작고 날개색이 연해지면서 알의 크기도 작아진다. 그러나 이런 특성들은 서로 독립적인 것이다(Ishii와 Hidaka 1979). 즉 온도는 몸의 크기, 날개의 색과 흑화와 유관한데 저온은 단일조건의 영향을 증대시키고 고온은 장일조건의 영향을 증대시킨다. 이 나비에서 휴면은 유충기에 있으며 성충의 다상현상과는 무관하다고 한다.

휴면을 동반하는 계절적 다상현상은 휴면 전, 휴면 중 그리고 휴면 후의 현상에 관련이 있는 계절적 다상현상이 포함된다. 이런 계절적 휴지는 대체로 세 가지 적응적 의미가 있는 듯 하다. 첫째는 계절적 휴면기간 중 자신을 보호하는데 도움이 된다. 예를 들면 계절적 휴지상태로 들어갈 때는 흔히 엉성한 고치를 만드는 보통 때와는 달리 단단한 고치를 만든다거나 번데기에 더 많은 왁스를 분비하고 알의 모양이나 난각 표면이 달라진다든지 하는 변화가 생긴다. 그리고 휴면기간 중에 보호색을 띠는 날개를 갖거나 날개의 크기도 변한다. 둘째로는 날개의 발달이나 이동과 성장이나 생식간의 에너지 분할의 효율화를 기할 수 있다. 예를 들면 이동성 곤충류에서 흔히 볼 수 있는 현상은 몸의 크기나 날개의 크기가 계절에 따라 차가 있는데 이것은 에너지 분할과 깊은 관계가 있다. 끝으로 몸이나 날개의 그기의 변화나 날개의 흑화를 통한 체온조절 기능은 휴면진행과정의 특별한 단계에서 일어나 이런 현상들은 계절이 바뀌는 동안의 휴면 전이나 휴면 후의 발육에 도움이 될 수 있다.

휴면성인 계절적 다상현상을 밝히려면 휴면과 계절적인 체색이나 형태적 변화에 관련된 유전학, 생리학 특히 내분비생리학에 관한 연구가 필요하다. 지금까지 계절적 다상현상과 휴면과의 관계에 관한 내분비학적 연구가 진딧물류를 비롯하여 나비류, 나방류, 메뚜기류 등에서 여러 학자들에 의하여 이루어져 왔다. 계절적 다상현상은 환경적 징후 즉 표시자극에 의하여 유기되기 때문에 이것은 휴면증후군의 일부로 생각할 수 있겠으나 휴면과 다상현상과의 관계는 종에 따라 크게 다르다.

Chrysopa carnea 풀잠자리의 계절적 다형성은 휴면과 깊은 관계

가 있다. 이 곤충의 경우 여름철의 녹색으로부터 가을철의 갈색으로의 체색변화는 휴면유기자극이나 강화자극과 깊은 관계가 있다. 즉 한계광주기 이하의 일장과 휴면기간(강도)과는 부(−)의 상관관계가 있는데 일장과 체색의 농도 간에도 마찬가지로 부(−)의 상관관계가 있음이 알려지고 있다(Tauber 등 1970).

Eurydema oleracea 노린재의 성충은 우화 직후에는 옅은 색이나 시간이 경과하면서 일장이나 성적 성숙도와는 관계없이 색이 변한다. 이 곤충의 경우 성충의 휴면은 광주기의 영향을 받는데 이것은 어떤 체색단계에서도 일어날 수 있다. 체색변화가 일어나는 동안 휴면을 일으킬 수 있는 광주기에 접하게 되면 휴면으로 체색변화는 중단되고 휴면이 끝나면 다시 체색변화가 진행되어 휴면이 끝남과 동시에 체색변화는 끝난다(Fasulati 1979). 따라서 이 경우에는 휴면이 체색변화를 지연시키는 셈이다.

열대산 *Pteronemobius taprobanensis* 방울벌레의 시형은 밀도와 광주기의 영향을 받는다. 그런데 Masaki(1979)에 따르면 광주기에 대한 시형변동방응곡선은 알의 휴면유기반응곡선과는 명백히 다르다고 한다. 단시형과 장시형 성충은 조건에 따라 휴면란을 낳을 수도 있고 비휴면란을 낳을 수도 있다. 그러나 장시형은 단시형에 비하여 산란수가 적고 산란시기가 늦다. 따라서 이 곤충의 경우는 다상현상관련 자극과 휴면유기 자극은 서로 다르다. *Philosamia cynthia* 산누에나방의 경우 휴면유기와 겨울형 유기에 대한 감응기는 중복되기는 하나 같지 않아 계절적 다상현상과 휴면은 별개의 현상일 수도 있다.

*Gerris*속 소금쟁이류는 날개의 길이에 변이가 많으며 그들의 날개다형성에 관하여는 Vepsäläinen(1978)의 상세한 연구가 있다. 이들 곤충류에는 단상인 부시형과 상시형이 있고 나상형에는 계질직인 깃

과 유전적인 것이 있으며 시형 결정에는 유전적 요인과 환경요인이 모두 관련되어 있다. 계절적 다상성과 깊은 관계가 있는 환경요인으로는 광주기(일장의 증가와 감소)와 온도가 있으며 전자는 계절에 대한 비교적 장기에 걸친 예측을 가능케 하며 후자는 서식처에서의 직접적 변동신호가 된다. 이들에서의 생식여부(휴면)는 일장의 변동도 관계가 있으나 시형과는 직접적인 관련이 없다. 시장의 변이와 휴면의 변이는 유리한 서식처 조건의 공간적 이질성과 시간적 이질성과도 관계가 있다고 한다(Vepsäläinen 1978).

진딧물류는 휴면 전에 유시의 산성암컷과 유성충이 생기는데 이런 계절성 다상현상은 휴면과 밀접한 관계가 있다. 앞서 진딧물류의 생활환에서 설명한 바와 같이 진딧물류의 생활환은 계절에 따라 다양한 형태적 변이를 겪는다. 숙주비전환종인 *Megoura viciae* 볼록진딧물은 여름철에는 여름숙주에서 단성생식으로 단성생식암컷을 낳는다. 가을철이 되어 단일조건에 접하게 되면 이 단성생식암컷은 다리가 짧은 산란성 암컷을 낳으며 이것은 수컷과 교미한 후 휴면란을 낳게 된다. 이들의 가을철 한 세대는 단성생식암컷에서 암컷과 수컷이 태어난다. 숙주전환종인 기장테두리진딧물(*Rhopalosiphum padi*)은 여름숙주에서 단성적으로 증식한다. 가을이 되면 겨울숙주로 이동할 유시충(단성생식 암컷과 수컷)이 생긴다. 이 때의 암컷은 여름숙주간을 이동하는 유시의 암컷과 별로 차이가 없으며 다만 단일조건으로 유도되고, 여름철 이동형과 달리 겨울숙주에 대한 선호성이 크며, 단성생식암컷만을 생산하는 여름철 이동 암컷과는 달리 무시의 산란성 암컷을 생산하여 수컷과 교미 후 휴면성 월동란을 낳는다. 진딧물류의 가을철 표현형의 출현에 중요한 것은 광주기이나 온도나 높은 밀도, 먹이의 질 그리고 숙주식물이 겪은 광주기 조건 등도 종에 따라서는 관계가 있음이 알려져 있다. 그러나 어떤 경우나 양성생식으로 생긴 월동 휴면란을 낳는다는 점은 같다. 양성생식을 하지 않는 종이나 일부 계통은 비휴면상태인 휴지상태의 성충으로 월동하거나 그렇지 않은 것은 죽는다.

이상에서 보는 바와 같이 환경조건의 비계절적 변동에 대한 생리적 특성이나 행동적 특성과는 달리 대부분의 계절적 적응현상은 불리한 환경조건하에서 생존에 대한 적응현상이 아니고 환경조건의 계절적 변화에 생장기간이나 생식, 이동, 휴지 등 전체 생활환의 총체적 일치성이 보다 중요한 의미가 있는 것이다. 이것은 환경조건의 변화에 즉각적으로 대응하기보다 주기적으로 생기는 계절적 조건의 변동에 전체 생활환을 조화시키는 것으로 보아야 한다.

3. 계절성과 생활사의 진화

계절성은 생물의 생활사에 여러 가지 복잡한 영향을 미친다. 곤충류의 생육이나 생식 그리고 발육기간은 에너지 자원, 교미 그리고 기타의 유리한 조건과 일치하여야 하며 물리적 조건이 극단적이거나 천적류의 활동이 활발한 시기에는 그의 영향을 받기 쉬운 생육단계가 출현하는 것을 피해야 한다. 곤충류는 생활사의 일부에 휴지상태나 이동하는 시기를 포함시켜 불리한 시기에서 생존율을 높이고 적절한 시기 또는 유리한 장소에서 생육이나 생식을 할 수 있도록 하고 있다.

곤충류의 생활사에는 휴면성인 휴지나 이동 또는 다상현상 등이 포함되어 있는데 이런 현상들은 외견상으로는 유리한 듯한 시기에도 후일의 생존율이나 증식률 증대를 위하여 생육이나 생식을 뒤로 미루는 경우도 있다. 따라서 이들의 계절성에는 증식면에서의 득실관계가 있게 마련이다. 예를 들면 휴면은 수명이나 증식, 생존, 교미,

기타와 관계가 있는 생활사의 중요한 형질들과 밀접한 관계가 있다. 따라서 계절적 특성들과 관련된 유전적 특성과 그의 변이는 생활사의 진화와 밀접한 관계가 있다. 여기서는 생활사에 나타나는 계절성의 특성을 살펴보고 그의 생활사 진화와의 관계를 살펴보려 한다.

1) 생활사에 나타나는 계절성의 특성

무생물적 조건이거나 생물적 조건이거나 모든 환경조건은 계절성을 갖고 있다. 따라서 각 종의 생활사는 유용한 자원의 이용과 불리한 조건을 피할 수 있는 방향으로 진화한다. 따라서 생활사의 진화를 생각할 때 계절성의 문제는 빼놓을 수 없는 중요한 일면이다.

곤충류는 휴면을 통하여 계절적 일치성을 성취한다. 휴면은 불리한 조건하에서의 생존율을 높일 뿐 아니라 유리한 시기의 생장이나 생식의 시기와 그 양을 결정한다. 이와 관련하여 중요한 것은 휴면하는 생육단계와 휴면의 개시와 종료의 문제일 것이다.

(1) 휴면 발육단계

곤충류의 휴면은 알에서부터 성충에 이르기까지 어떤 생육단계에서도 일어난다. 이것은 휴면현상은 신경내분비계의 지배를 받으며 모든 곤충류는 기본적으로 같은 신경내분비계 체제를 갖고 있는 고로 모든 곤충류는 어떤 생육단계에서도 휴면할 수 있는 잠재력을 갖고 있다고 볼 수 있다. 실제로 누에(*Bombyx mori*)는 알로 휴면하는데 용화 후 4시간 이내에 제뇌수술을 하면 "인공적 휴면" 상태로 25℃에서 100일 이상 생존한다고 한다(Kobayashi 1955). 따라서 어느 발육단계에서 휴면하느냐는 중요한 것은 아닌 듯 하다. 그리고 발육단계에 따르는 저온이나 고온 또는 건조에 대한 저항성에도 차가 없는 듯 하다. 즉 어떤 종류의 휴면난의 내한성은 휴면 유충이나 번데기로 휴면하는 다른 종과 차이가 없고 내한성과 밀접한 관계에 있는 과냉각점이나 냉동방어물질의 축적에도 발육단계에 따르는 차이가 없다고 한다(Asahina 1969). 이와 같이 저온이나 고온 또는 건조에 대한 저항성은 특정 생육단계에만 발달하는 것은 아니므로 적응은 종으로써의 생존전략 진화와 관련하여 생각해야 한다.

휴면은 한 분류군내에서 여러 차례에 걸쳐 독립적으로 발달하였으나 여러 가지 곤충류에서의 휴면 생육단계를 보면 생육단계에 따르는 불리한 조건에 대한 저항성에는 차이가 없음에도 불구하고 특정 생육단계에 치우쳐 있는 경향을 볼 수 있다. 즉 어떤 생육단계에서 휴면하는 것이 유리한 점이 있는 듯한데 이것은 분류군의 생활양식과 관계가 있는 듯하다. 예를 들면 귀뚜라미류와 메뚜기류는 알로 휴면하는 것이 대부분인데(Uvarov 1966) 이것은 그들이 땅속에 산란하여 땅속 온도나 습도가 안정되어 있고 천적으로부터의 보호를 받고 있는 것과 관계가 있는 것으로 보인다. 귀뚜라미류 중에서 유충이 땅속 생활을 하는 경우에는 유충으로 휴면하는데 이것은 땅속이라는 환경조건과 관계가 있는 것이다.

딱정벌레류의 성충은 딱딱한 외골격을 갖고 있어 성충으로 땅속이나 낙엽 밑에서 휴면하는 것이 보통이다. 예를 들면 잎벌레류나 무당벌레류는 땅속에서 성충으로 휴면한다. 그러나 풍뎅이류는 유충으로 땅속에서 월동한다. 나비류 중 수목에 기생하는 종들은 번데기로 휴면하는 것이 많은데 이것은 번데기가 딱딱한 외골격을 갖고 있으며 고치 속에 들어있는 것과 관계있는 것으로 생각되며 나비류 중에도 식물체 조직 속에서 생활하는 종은 유충으로 휴면하는 것이 많다. 이와 같이 곤충류의 생활양식이 휴면 생육단계와 깊은 관계가 있다.

(2) 휴면과 생활사

휴면이 불리한 조건하에서 생명을 유지하는데 도움이 되는 것은 사실이나 그에 못지않게 중요한 것은 생활사의 각 발육단계를 환경조건의 계절적 변동에 일치시켜 진행하도록 하는 일이다. 자연선택작용은 생물의 하나하나의 특성을 대상으로 하고 있는 것이 아니고 생명체에 대하여 총체적인 적응성이 유지되고 나아가서는 그의 증진을 도모하는 방향으로 작용한다. 어떤 발육단계에 유리한 적응일지라도 그것이 그 후의 발육단계에 불리한 조건을 낳게 된다면 그것은 의미가 없다. 따라서 활발한 활동발육단계가 활동에 유리한 계절적 변동상과 일치한다는 것은 휴면현상 진화에서 가장 중요한 것이고 불리한 조건에 대한 적응문제는 2차적인 것이다.

숫검은밤나방(*Agrotis tokionis*)는 고추, 감자, 옥수수, 담배 기타의 전작물의 뿌리를 가해하는 해충이다. 이 해충은 유충태로 월동하여 봄과 여름철에 작물을 가해한다. 성충은 9월 하순~10월 상순에 우화한다. 김(1983)은 수원지방에서 흑광유살등을 이용하여 1979~1982년 4년에 걸쳐 성충의 우화상황을 조사하였다.

이 해충의 성충우화시기는 9월 제6반순부터 10월 제1반순 사이의 약 10일 동안에 집중되어 있다. 이 해충은 유충태로 하면하는데 김(1983)은 1980년 야외에서 채집한 유충의 하면상황을 조사하여 최종령충인 7령충률이 5월 중순에는 수원에서 20%, 전주에서 45%던 것이 5월 하순에는 각각 71%와 67%였고 6월 상순에는 각각 85%와 89% 그리고 6월 중순에는 95%와 96%로 5월 중순에는 전주와 수원 개체군간의 발육 정도에 차이가 있으나 6월 상순 이후에는 거의 차이가 없다고 하였다. 그런데 이 해충의 용화시기를 보면 9월 상순에 집중되어 있어 하면기간을 보면 5월 26일 하면을 개시한 것은 100일이었으나 7월 17일에 하면을 개시한 것은 58일로 그 차는 42일이었

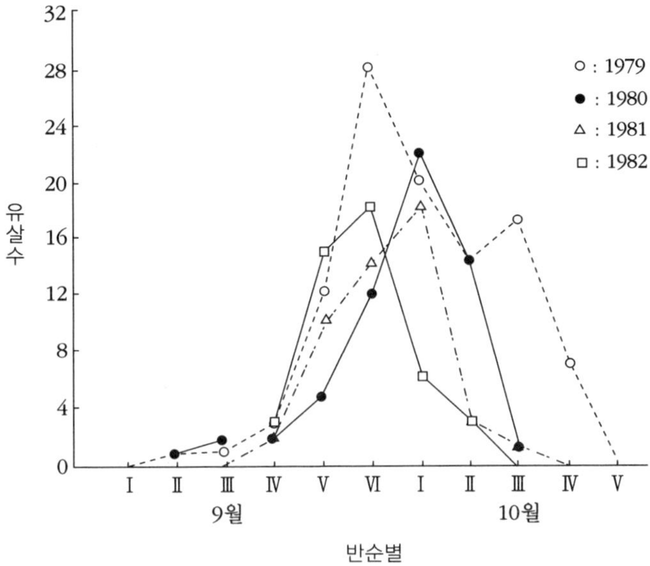

그림 7-1. 숫검은밤나방의 유살상황 (김 1983)

던 것을 생각할 때 하면기간의 조절을 통하여 하면종료시기를 놀랄 만큼 한 시점에 조절하고 있음을 알 수 있다.

휴면발육단계의 진화과정에서 가장 중요한 선택요인은 필요한 조건들의 계절성과 활동발육단계나 세대가 시기적으로 일치하느냐 하는 것이다. 특히 먹이나 그 밖의 자원, 경쟁이나 천적류와의 관계 그리고 생식격리 같은 문제들은 생활사 전략과 깊은 관계가 있다. Hayes(1982)는 온대지방에서의 나비류의 휴면발육단계와 생활사 특성을 그들의 섭식특성, 그 지역의 무상기간, 먹이 식물의 형태와 분포특성 등과 관련 검토하여 휴면을 하지 않는 종은 대부분이 온화한 기후대에서 초본류를 숙주로 하고 있고 성충태로 휴면하는 종들은 온난한 지역에서 목본류를 서식처로 하며 유충태로 휴면하는 종들은 다양하기는 하나 대부분이 한랭한 지역 종들로 초본류를 숙주로 하고 있었으며 알로 휴면하는 종들은 추운지방 종으로 대부분이 목본류를 숙주로 하는 것이었다고 한다.

이와 같은 일반적 경향으로 보아 휴면발육단계가 곤충류의 종에 따라 차이가 있는 것은 각 분류군의 생활양식과 깊은 관계가 있는 듯하다. 곤충류가 어느 생육단계에서도 장기간의 발육정지나 극단적인 기상조건에 대한 저항성을 발달시킬 수 있는 잠재력을 갖고 있어도 자연선택에 반응하려면 적응기구의 발달에 앞서 생존해야 한다. 따라서 선택과정의 출발점에서 전적응이 진화를 좌우하게 된다. Masaki(1974)는 휴면관계의 분포가 분류군에 따라 한 생육단계에 치우치게 되는 것은 각 군의 생활양식 때문에 전적응의 정도가 발육단계에 따라 차이가 있기 때문일 수도 있다고 하였다. Masaki(1981)는 생활사 양식과 관련하여 휴면발육단계가 결정되면 그 휴면발육단계가 불리한 계절과 일치하도록 광주기 반응이나 기타의 발육조절요인이 자연선택의 진행과 더불어 순차적으로 형성되는 것이라고 하였다.

계절적인 먹이 조건의 변화는 곤충류의 생존에 중요하다. 참나무류나 기타의 영년생 식물을 가해하는 나방류는 월동아 가까운 곳에 월동란을 낳으며 봄에 새잎이 생기는 시기와 유충의 부화시기를 일치하도록 하고 있다. Feeny(1970)는 어린 참나무잎은 조직이 연하고 양분이 풍부하나 시간이 지나면서 조직이 굳어지고 양분도 나빠질 뿐 아니라 타닌 함량이 증가하여 생장에 불리해진다고 하였다. 따라서 식물의 잎이 자라는 시기와 유충의 부화시기의 일치는 유충의 생존율과 깊은 관계가 있다. 만약 번데기로 월동한다면 월동 후의 번데기 발육과 성충기가 끼어들어 잎의 생장과 시간적인 일치에 불리해질 수도 있다. 따라서 이런 경우에는 섭식기를 먹이의 공급조건과 일치시키는 것이 보다 중요하다.

Papilio zelicaon 호랑나비의 경우 일부 개체군은 여름 동안 계속

하여 먹이를 이용할 수 있는 식물이 도입된 지역에서는 다화성이나 먹이 식물의 존재가 봄과 이른 여름에만 있는 지역에서는 일화성이라고 한다(Sims 1980).

고자리파리(*Delia antigua*)는 아시아, 유럽, 북미 등에 널리 분포하며 마늘을 비롯한 *Allium*속 식물의 지하인경을 가해하는 해충이다. 이 해충의 연간 발생횟수는 지역에 따라 2~3세대이나 영국의 와이 지역에서는 대부분이 1회 발생하고 일부가 2세대를 거친다. 일본의 효고현에서는 연 2~4회 발생하나 해에 따라 발생횟수에 차가 있고 하면과 동면을 한다고 한다(Maki 등 1959).

백(1958)은 이 해충이 실내에서는 연 4회까지 발생하나 야외에서는 제3회 성충을 채집할 수 없다고 하였다. 박(1989)은 마레이즈포충기와 깔대기 포충기를 이용 진주지방에서 이 해충의 성충활동상황을 조사하여 연간 3회 발생한다고 하고 월동 후 제1세대와 제2세대 성충활동 시기는 일부 중복하나 제3세대는 제2세대와 중복되는 일이 없다고 하고 월동 후 제1세대와 제2세대의 성충활동이 중첩되는 것은 월동 제1세대의 자손 중 5월 상순에 용화한 개체 중 38%가 휴면용인데 반하여 5월 하순 이후에 용화한 개체들은 92% 이상이 휴면용이었다고 하였다. 그리고 제2세대 용은 용화시기와 관계없이 93.3%가 휴면하여 제2세대 성충은 월동 제1세대의 자손 중 일찍 용화한 일부 비휴면개체들이 우화한 것이나 제3세대 성충에는 월동 제1세대 자손 중 늦게 용화한 일부 휴면개체와 제2세대 성충의 자손 즉 진정한 제3세대 성충이 섞인 것으로 보인다.

이 해충은 유충기와 용기의 온도조건에 따라 같은 개체군내에서도 개체들간의 휴면발현양식에 차가 있어 유전적으로 가변성이 큰 곤충이다. 하면과 동면은 외부조건에 대한 반응에 차이가 있으나 생리적으로는 휴면의 유기와 발육 그리고 휴면의 종료와 그 후 일및은 조건이 도래할 때까지의 생리적 휴지 등의 휴면단계를 거친다는 점에서는 공통점을 갖고 있다. 그러나 그들에 관여하는 요인은 하면의 유기나 발육에는 고온이 필요하나 하면발육 후기에는 저온이 필요하고 고온은 휴지상태를 지속시킨다. 반면 동면은 저온에 의하여 유기되고 휴면발육이 종료된 1월 중순 이후에는 저온 조건에 의하여 휴지 상태에 있게 된다.

결국 이 해충은 숙주식물이 없거나 희소한 여름철과 겨울철을 휴면상태로 지내며 섭식에 알맞은 숙주조건과 일치하는 발육단계를 갖기 위하여 세대에 따라 여름철에는 고온을, 겨울철에는 저온을 극복하고 고르지 못한 유충기 발육을 하면과 동면을 통하여 조절하여 봄철과 가을철에 유일한 이동태인 성충의 출현 시기를 숙주식물의 재배시기에 일치시키고 있다.

곤충류는 각각의 서식지에서 자연선택에 의하여 적응도를 최대로 하는 방향으로 진화한다. 이와 같은 관계는 분포지역이 넓은 곤충류에서의 지역계통 발달에서 볼 수 있다. 그림 7-2는 일본에서의 이화명나방(Kishino 1974)과 북미에서의 코드링나방(*Laspeyresia pomonella*)(Riedl과 Croft 1978)의 산지에 따르는 휴면유기 임계일장이다.

이화명나방은 일본의 토착종이며 북미의 코드링나방은 1750년 뉴잉글랜드에서 처음 발견된 침입종이다. 두 종에서 휴면유기 임계일장은 높은 위도인 북쪽지방의 것이 위도가 낮은 남쪽지방의 것에 비하여 길다. 이것은 남쪽지방에서는 여름철이 길어 활동할 수 있는 기간이 길다는 것과 관계가 있으며 북쪽에서는 늦게까지 활동하는 개체들이 도태된 결과라고 생각할 수 있다. 그리고 이화명충에 비하여 코드링나방에서 임계일장의 변이가 큰 것은 이 해충의 침입 후의 각 지역에서의 선발역사와 관계가 있다.

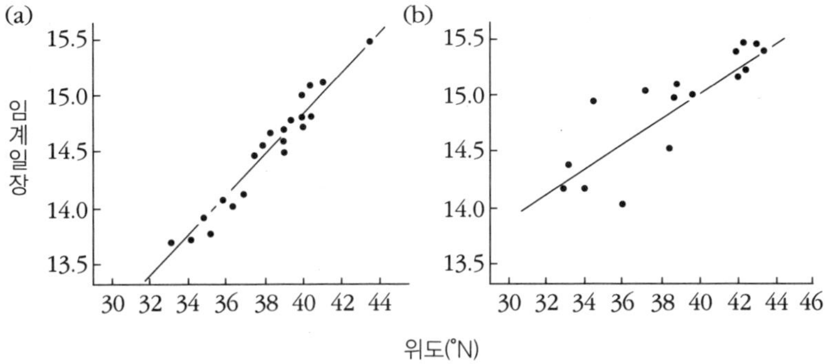

그림 7-2. 여러 지역 개체군의 휴면 임계일장

(a) 일본의 이화명나방 (Kishino 1974), (b) 북미의 코드링나방 (Riedl과 Croft 1978)

현과 이(1975)는 한국에서의 이화명나방의 지역적 발생상을 이 해충의 유살등에의 유살수를 토대로 논하고 추풍령을 중심으로 중부이북지역과 전남, 경남 등 남부지역에서 각각 안정된 발생형을 보이고 이들의 중간지역인 충남북에서는 연간이나 지점간의 발생상 변이가 큰 특성을 볼 수 있다고 하였다.

윤과 현(1989)은 우리나라 이화명나방의 1966~1986년의 유살성적을 검토하고 이 해충의 봄나방(월동세대의 성충) 50% 유살일이 그간 남부지방에서는 2~10일 정도 빨라졌고 수원지방에서는 도리어 2일 정도 늦어졌고 여름나방의 그것은 남부지방이나 중부지방 모두에서 약 2일 빨라지고 중간지대에서는 1일 정도가 늦어졌다고 하였다. 그리고 봄나방의 50% 유살일까지의 유효적산온도(10℃ 이상)는 1966~1970년에는 수원의 집단이 306.4일도이고 광주의 그것이 474.2일도로 남부지방 집단의 그것이 커서 우화까지의 요구온량이 남부지방 집단이 큰 것을 알 수 있으며 그것은 월동유충을 2월 13일 25℃에서 가온 사육하였을 때 용화까지의 기간이 수원의 것은 20.0일데 반하여 광주의 것은 28.5일이었던 것으로도 알 수 있다. 그런데

1976~1980년의 50% 우화일까지의 유효온량은 수원의 것이 323.6일도이고 광주의 것이 407.9일도로 1966~1970년의 그것과 비교하면 수원에서는 17.2일도가 증가하였고 광주에서는 66.3일도가 감소하고 있어 월동 후 유충집단의 발육생리특성이 변하였음을 짐작할 수 있다.

그리고 50% 우화일까지의 유효온량의 변이계수를 보면 1971~1975년과 1976~1980년에서 수원의 그것은 3%와 3.6%, 광주는 7.9%와 3.1%인데 반하여 중간지대로 지목되고 있는 이리에서는 15.1%와 11.4%로 중간지대의 그것이 커서 북과 남의 집단은 비교적 안정되어 있으나 중간지대는 상당히 불안정한 상태임을 알 수 있다.

위에서 보는 바와 같은 발생상의 변화는 기후적 조건에는 큰 변동이 없기 때문에 결국 이 해충과 숙주인 벼의 생육특성간의 상호작용에 의한 것으로 가장 중요한 것은 앞서 설명한 바와 같은 모내는 시기가 빨라지고 수리 안전답의 비율 증가에 따르는 모내기 기간이 짧아진 것에 따르는 벼의 생리적 조건의 영향이었다고 짐작할 수 있다.

일본에서 이 해충은 대부분의 지방에서 2화성이나 북쪽이나 남부 일부에는 1화성인 것과 3화성인 것이 있다.

그림 7-3은 서식처의 위도와 월동세대 성충의 우화상황이다. 그림에서 보는 바와 같이 1화나 3화는 별개이지만 2화 지대에서의 월동유충의 우화까지의 유효온량은 남쪽에서 북쪽으로 가면서 적어지고 있으나 우화시기는 위도에 따르는 차이가 거의 없다. 월동 후의 발육은 온도법칙의 지배를 받을 것이며 봄은 남쪽에서부터 시작되기 때문에 북쪽일수록 우화는 늦어질 것으로 생각되나 위와 같이 우화시기가 위도와 무관하게 일정한 것은 먹이 때문일 것이라고 Masaki (1974)는 추측하고 모내는 시기와 우화일 간의 관계를 검토하여 유의성이 있음을 밝혔다.

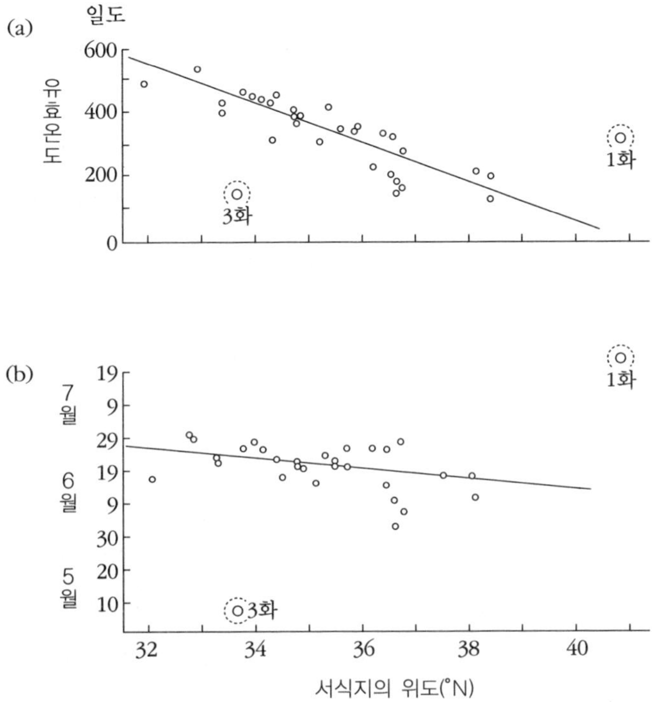

그림 7-3. 이화명나방 월동세대의 우화 (Masaki 1974)
(a) 우화까지의 유효온량, (b) 우화일

휴면성의 선택과정은 인위적으로도 유도할 수 있다. Tauber(1986) 등은 응애류를 포함한 9개 곤충군 50여 종에 대하여 휴면발육단계별로 선택대상을 검토하였다. 인위적 선택의 예는 대부분이 온대지방의 휴면종을 대상으로 비휴면계통의 선택이었는데 수세대의 선택으로 휴면조건하에서도 휴면하지 않는 계통을 얻을 수 있었다. 짚시나방(*Lymatria dispar*)과 같이 내인성 알 휴면종으로 분포지역이 넓은 1화성 곤충에서도 비휴면계통의 선발이 보고되고 있다(Hoy 1978). 그런데 선발효과는 처음 몇 세대는 비교적 크나 휴면인자를 완전히 제거하기는 힘들다.

1화성으로 알로 휴면하는 외잎벌레붙이(*Atrachya menetriesi*)의 경우 약 15세대의 선발로 휴면율을 10~20%까지 감소시킬 수 있었으나 그 후부터는 휴면율 저하가 아주 느려 36세대 후에도 완전한 비휴면계통은 얻지 못하였다고 한다(Ando 1978). 그리고 선발에 대한 반응속도는 지역 종에 따라 차이가 있어 남방계통(35°N 부근)은 비휴면율이 포화상태까지 가는데 4세대면 충분하나 북방계통(40°N 부근)에서는 같은 결과를 얻는데 15세대를 요하였다고 한다. 이런 사실들은 휴면이 polygene계의 지배를 받고 있음을 시사하는 것으로 이것은 교배실험으로도 밝혀지고 있다(Ando 1978).

한편 실험실에서 오랫동안 일정한 조건에서 곤충류를 사육하면 야외와는 다른 선택압을 받아 휴면 특성에 변화가 생긴다. Kikukawa는 저장곡물해충인 화랑곡나방(*Plodia interpunctella*)의 한 계통을 25℃, LD 16:8의 조건하에서 사육하면서 38세대 후의 광주기에 대한 반응을 조사하여 그림 7-4와 같은 결과를 보고하였다(Masaki 1981).

휴면율 수준은 전반적으로 38세대 후의 개체군에서 저하되었고 동시에 자연개체군과는 반응특성에 차이가 있다. 이 실험은 휴면을 완전히 저해하는 조건이었음으로 휴면은 없고 휴면성에 대한 선택압은 최소로 억제되어 있었을 것이다. 그럼에도 불구하고 휴면성이 변한 것은 휴면유전자의 다면효과(하나의 유전자에 의하여 두 가지 이상의 형질이 발현되는 것)에 의한 것이었을 것으로 생각된다. 휴면유전자가 휴면의 유기뿐 아니라 발육기간이나 생식성공률을 통하여 내적증가율(개체군의 증가율)에 영향을 미치는 것을 생각할 때 휴면이 생존에는 아무런 가치가 없는 환경에서 위와 같은 결과를 낳을 수 있을 것이라는 것을 이해할 수 있다.

지금까지 계절적 적응에 관한 연구는 주로 휴면과 광주기나 온도

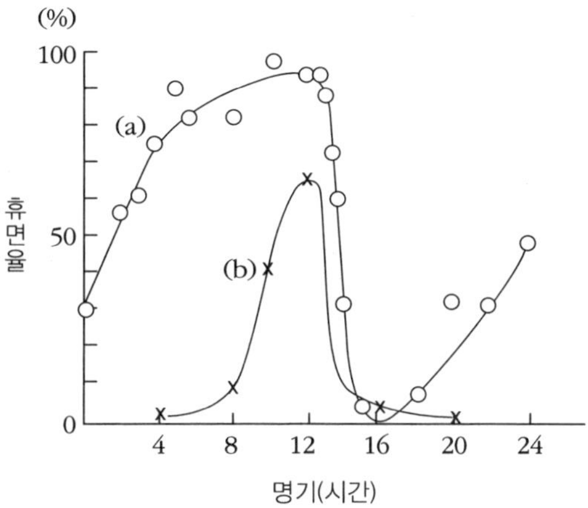

그림 7-4. 화랑곡나방을 일정한 환경(25℃, LD:16:8)에서 사육하였을 때의 광주기에 대한 반응 (Kikukawa) (Masaki 1981)

(a) 자연개체군, (b) 38세대 후

그리고 습도와 같은 물리적 요인과의 관련성을 중심으로 이루어져 왔으나 휴면의 진화과정을 보면 생물적 요인들도 중요한 관련이 있다. Masaki(1980)는 겨울나방류나 몇몇 나방류는 용기에 하면을 하며 겨울에 성충이 출현하는데 이것은 여름철의 포식자의 영향을 생각 않고는 이해할 수 없다고 하였다. 한편 벌류로 의태하는 파리류는 모형이 되는 벌류를 분별할 수 있는 능력을 아직 습득하지 못한 어린 식충성 새들이 충분히 자라 독립하는 시기를 피하여 우화하는 생활사를 갖고 있는데 이것은 의태라는 생존수단을 계절적 전략결정의 배경으로 하고 있는 것이다(Waldbauer와 Sheldon 1971).

포식자의 영향 때문에 종들의 계절적 전략간에 교호작용이 생긴 예가 *Catocala* 뒷날개밤나방에서 알려져 있다. Sargent(1978)에 따르면 이들 나방류의 앞날개는 나무껍질을 닮은 보호색을 하고 있고 뒷날개는 선명한 색으로 아로새겨져 있어 공격을 받으면 갑자기 뒷날개를 보여 공격하는 새가 놀라 머뭇거리는 사이에 도망친다고 한다. 그런데 같은 서식지에서 같은 식물을 먹이로 하면서 같은 시기에 우화하여 비슷한 밀도 변동경향을 갖는 두 종이 혼재하는 것이 발견되는데 이 때 공존하는 두 종의 뒷날개의 무늬는 서로 다르고 그 중 한 종의 뒷날개는 선명한 색상이나 다른 한 종은 흰색으로 둘러싸인 흑색이었다고 한다.

만약 집단내의 모든 개체가 같은 색상을 갖고 있다면 포식자는 점점 이에 익숙해져 놀라게 하는 효과가 사라지게 될 것이다. 그러나 체색이 다른 개체들이 섞여 있으면 새들은 예기치 못한 색에 접하게 되어 놀라게 하는 효과가 있어 생존에 도움이 될 것이라고 그는 생각하였다. 물론 이와 같은 적응관계가 성립하려면 두 종의 우화시기가 일치해야 하며 밀도도 비슷해야 한다. 결국 그들의 계절전략의 형성과정에는 포식자를 매개로 한 생활환의 상호작용이 있었던 것으로 보인다.

계절전략과 행동 그리고 형태 등이 어울린 진화의 예를 불나방류에서 볼 수 있다. "나쁜 맛"을 가진 이 나방류 중에는 초음파를 내는 종과 그렇지 않은 종이 있다. 초음파는 박쥐와 같은 밤에 활동하는 포식자에 대한 경계신호의 역할을 한다. 캐나다의 온타리오 지방에서는 초음파를 내지 않는 종은 박쥐가 아직 활동이 적은 이른 봄에 활동하고 초음파를 내는 종은 여름에 우화하여 발음기능과 관련하여 종구성의 계절적 추이는 박쥐의 활동상황과 평행한다(Fullard 1977). 그러나 초음파를 내지 못하는 종에도 발음기관의 흔적이 있는 것으로 보아 이들 종은 박쥐를 피하는 계절전략을 얻게 되면서 초음파 발생이라는 방어기능이 퇴화한 것으로 보인다.

2) 생활사 진화와 계절성

곤충류의 생활사에 관한 문제는 곤충이 진화과정을 통하여 여러 가지 자연조건하에서 어떻게 선택작용을 받아 왔는가이다. 이것은 생리 및 생태학적 연구를 생활사 진화에 연결시키는 문제이다. 앞서 말한 바와 같이 선택작용은 각각의 특성에 따로따로 작용하는 것이 아니고 전체 생명체에 작용하므로 이것은 총체적인 동시에 현실적인 것이어야 한다.

휴면현상과 같은 생리학적 현상은 발육이나 생식 그리고 생존과 관련하여 득이 되는 면과 손이 되는 면 모두를 갖고 있다. 휴면에는 대사물질의 축적이나 휴면 전 또는 휴면 후의 행동과 같은 에너지 소비, 대사율의 감소와 발육지연과 같은 에너지 보존과 같은 여러 가지 현상이 수반된다. 물론 반대로 계절적 특성과 생활사의 특성이 상호 협력적으로 발달하는 수도 있다.

휴면에는 발육이나 생식의 지연을 수반하는 것이 보통이나 어떤 종들에서는 휴면 전과 후의 생활사 특성 간에 명백한 이해득실의 교환을 볼 수 있다. 예를 들면 *Lapidomera clivicollis* 잎벌레는 장일조건하에서 사육한 비휴면 유충은 단일조건에서 사육한 휴면 유충보다는 몸의 크기가 작은 상태에서 번데기가 되는데 이것은 우화성충의 산란수는 적어지나 먹이가 부족한 늦은 여름철에 먹이 소비량을 줄일 수 있는 유리한 면도 있다.

사과의 해충인 코드링나방(*Laspeyresia pomonella*)과 복숭아순나방(*Grapholitha molesta*)은 광주기와 온도가 휴면 전 생식에 영향을 미친다(Desö 1973, Deseö와 Saringer 1975). 이들 해충은 노숙유충으로 휴면 상태로 월동하는데 크고 활력이 큰 알에서 부화한 유충은 몸은 크나 휴면전 생식력은 적다. 또 진딧물류는 휴면난을 양성생식으로 낳는데 이것은 단성생식에 비하면 증식력은 크게 감소한 것이다. 이때 암컷은 적은 수의 알을 낳는데 이것은 유성생식을 위하여 증식력은 감소하나 겨울철의 생존율을 증가시킨다. 이런 이유로 낙엽기와 진딧물류의 최종 단성생식시기와 관련이 있는 광주기와 온도조건의 영향을 받아 단성생식은 끝을 맺게 된다.

스웨덴의 *Pararge aegeria* 그늘나비에는 1화성인 것과 2화성인 것이 있다. 2화성인 개체들은 하면기가 없어 월동하여 다음해 봄에 증식하나 1화성 개체들은 하면기가 있어 다음해 봄까지 긴 세월을 생식하지 않고 지낸다. 2화성 개체의 유충은 몸이 작아 1화성 개체의 유충에 비하여 몸이 작고 산란수가 적으며 경쟁력이 적은 성충을 낳게 된다. 따라서 이 경우 하면은 생존율과 생식력을 상호교환하고 있는 것이다.

Sarcophaga bullata 쇠파리의 경우는 휴면이 우화성충의 산란수와 깊은 관계가 있다고 한다(Denlinger 1981). 그에 따르면 비휴면 암컷은 약 40개의 알을 낳으나 실내에서 100일간 휴면한 암컷은 약 18개의 알을 낳으며 자연조건에서 월동한 암컷은 그보다 더 적은 약 10개의 알을 낳는다고 한다. Denlinger는 이것은 월동하는 번데기에서의 성비와 관계가 있을 것이라고 하였다. 암컷과 달리 수컷은 8월에 휴면에 들어가는데 암컷은 8월에는 휴면에 들어가지 않고 겨울이 되기 전에 또 한 세대를 생산하다. 이와 같은 비휴면세대를 하나 더 갖게 됨으로 이런 암컷들은 증식에 큰 도움을 주는 셈이다.

그러나 콜로라도감자잎벌레(*Leptinotarsa decemlineata*)와 같은 곤충에서는 월동 후에도 생식력에 차이가 없으며 *Tetrix undulata* 모메뚜기 같은 것에서는 월동하지 않은 것보다 월동한 개체의 생식력이 크다(Poras 1976). 이것은 이들 종은 휴면 후 생식 전에 많은 먹이를 섭취하는 것과 관계가 있는 듯하다. 이 경우는 성충의 섭식습성이 관계가 있는 예이다.

한편 온대지방의 모기류는 성충태로 휴면하는데 이들에서 무섭식생식(생식세포형성이 단백질 먹이를 취하지 않고 일어나는 경우)은 계절적으로 일어난다(Moore 1963). 무섭식생식을 하는 암컷은 휴면하지 않으며 겨울철에는 죽거나 적당한 곳에서는 생식을 계속한다(Spielman 1971). 섭식생식을 하는 암컷만이 휴면을 하는데 무섭식생식도 휴면과 마찬가지로 환경조건과 유전적 영향을 받는다(Spielman과 Wong 1973). 따라서 이들 암컷 모기에서의 휴면은 외부로부터의 단백질 공급 없이 알을 생산할 수 있는 능력 대신에 생긴 것으로 생각할 수 있다.

곤충류의 이동에는 이동과 생식이나 발육 또는 생명유지 간의 에너지 분할이 관련되어 있다. 일반적으로 무시형은 유시형에 비하여 생식력이 크고 생식전기관이 짧아 증식력이 큰 것이 보통이다. 이와 같은 것은 진딧물류, 멸구류, 귀뚜라미류, 기타에서 많이 알려져 있다(현 2003).

Dingle(1981)에 따르면 *Oncopeltus fasciatus* 긴노린재의 경우 북부산(아이오와주) 개체군은 단일조건하에서 생식이 늦어지면서 이동성이 강해지나 Puerto Rico 개체군은 휴면이나 이동 없이 생식하는 경향이 크다고 한다. Puerto Rico 개체군에서도 가까운 거리를 이동하는 습성은 유지되어 있어 먹이를 찾아 여기저기를 이동하기는 한다. 그런데 플로리다 개체군의 성충은 생식을 시작하는데 북부나 Puerto Rico의 개체군에 비하면 약 2배나 긴 시간을 요한다고 한다. 이런 사실은 지역개체군의 생활사에 미치는 선발작용은 계절적 특성이나 그 밖의 특성에 미치는 영향과 구별하기 어려움을 말하고 있다.

생활사와 관련된 특성들은 여러 가지 면에서 상호 밀접한 관계를 갖고 진화하였다. 어떤 경우에는 한 쪽을 희생시키면서 빌딜하여 길항적이다. 예를 들면 휴면은 생식력을 희생시키고 있다. 이러한 생활사의 계절성과 다른 특성 간의 득실관계는 휴면이 개재된 휴지현상이나 이동의 진화에서 일어나는데 이것은 무섭식생식을 하는 종의 진화에서 명백하다.

그러나 계절적 특성은 생활사의 다른 특성들과는 독립적으로 발전하는 수도 있으며 이런 예는 휴면 후 많은 섭식을 하는 종에서 볼 수 있다. 그리고 생활사의 특성들 중에는 서로가 협력적인 방향으로 진화하기도 한다. 넓은 지역에 걸쳐 분포하는 종의 생활사를 보면 서로 독립적인 경우가 있으나 자연선택은 지역적으로 적응한 생활사를 갖도록 작용하고 있음을 알 수 있다. 이것은 어떤 경우에는 몇 개의 특성 간의 조정적 성격을 띠기도 하나 보다 고도의 생활사의 계절적, 형태적, 기타의 특성의 발전으로 나타나기도 한다.

제8장

식식성 곤충군집의 동태학

모든 생물군집은 역사를 갖고 있으며 긴 진화의 역사를 통해서는 물론 비교적 짧은 생태학적 시간을 통해서도 구성 종의 수나 구성 종들 간의 관계는 변해 왔다.

인간은 의식주에 필요한 물질을 얻기 위하여 이주하면서 식물을 세계 각국으로 전파시켜왔으며 또 모르는 사이에도 이동시켜왔다. 이렇게 도입된 새로운 식물에 여러 가지 곤충이 기생하게 된다. 이렇게 정착하는 곤충류에는 원산지에 흔하였던 것이 분포범위를 확대하면서 새로운 지역까지 분포하게 되는 경우도 있고 사람에 의하여 의도적으로 또는 부주의로 도입되어 정착하기도 한다. 여기서는 이와 같은 도입된 식물들에 기생하게 되는 곤충류의 기생을 중심으로 살펴보려 한다.

1. 도입된 식물의 곤충군집

세계적으로 널리 재배되고 있는 카카오, 콩, 포도, 옥수수 등의 작물들의 곤충상을 보면 지역에 고유한 종이 약 80%를 차지하며 2개 또는 그 이상의 지역에 걸쳐 분포하는 종은 10% 미만이 보통으로 세계 공통종은 적다. 따라서 이동하는 것은 식물이고 이동한 지역에 살고 있던 곤충류 중 일부가 새로 침입한 식물에 기생하게 되는 것이 보통으로 생각된다. 예를 들면 사탕수수의 경우 사탕수수가 재배되고 있는 81개 지역에서 조사된 해충류를 보면 세계적으로 1,645종의 해충이 알려져 있으나 그 중 959종은 특정지역(국가, 섬, 제도)에만 분포한다고 한다(Strong 등 1977). 이런 현상은 작물에서뿐 아니라 관상용 관목이나 수목류에서도 알려져 있다.

한편 새로 도입된 식물에 정착하게 되는 곤충류의 대부분은 식성범위가 넓은 광식성 곤충류로 도입된 식물과는 분류학적으로 유연성이 먼 과나 계통의 식물들을 식성범위로 하고 있던 종들인 경우가 많다. 그리고 꼭 그런 것은 아니지만 씹어 먹거나 흡즙성인 곤충류가 잎이나 줄기의 조직 내부를 가해하는 종이나 충영을 형성하는 종보다는 정착률이 높은 경향이 있다. 예를 들면 *Silybum marianum* 엉겅퀴와 *Carduus pycnocephalus* 엉겅퀴는 유럽원산인데 이들이 침입한 미국 캘리포니아주 남부에서 조사한 것을 보면 이 지역의 곤충류는 거의가 외부기생성이었고 잎이나 줄기의 내부기생성 또는 충영형성종은 각각 46종 중 2종(4.4%)과 40종 중 5종(12.5%)으로 극히 적었다고 한다(Goeden 1971, 1974). 그러나 이들의 원산지인 유럽에서는 이런 내부기생성 곤충류가 침입지인 캘리포니아에서와는 달리 식식성 곤충류의 10~30%로 높았다고 한다(Lawton과 Schröder

1978). 이로 보아 내부기생성 곤충류는 외부로부터 섭식하는 광식성 종들에 비하면 적응에 보다 많은 시간이 필요한 듯하다.

이와는 달리 도입식물은 정착지의 곤충류의 기생을 거의 받지 않는 경우도 있다. *Opuntia ficus-indica*와 *O. autantiaca* 선인장류는 남미원산인데 아프리카 남부에 도입된 것은 각각 250여 년 전과 150여 년 전의 일인데 여기서는 이곳의 토착 곤충류 중 기생하게 된 것은 없으며 호주에 도입된 *Opuntia* 선인장류에도 기생하게 된 토착 곤충류는 없다. 이런 사실로 미루어 볼 때 새로 도입된 식물 중 어떤 것은 곧 도입지의 곤충류에 이용되나 일부는 식식성 곤충류의 정착이 극히 힘든 것이 있고 정착에 있어서도 내부기생성 곤충류와 외부기생성 곤충류 사이에는 상당한 차이가 있음을 알 수 있다.

인간이 식물의 지리적 분포에 영향을 미치기는 하나 자연 상태하의 식물의 분포는 지질학적 변동이나 기후조건의 영향을 크게 받는다. 분홍바늘꽃(*Epilobium angustifolium*)은 그 이유는 확실치 않으나 제1차 세계대전 후에 영국에서 그의 분포가 빠른 시일 내에 확대된 것으로 알려져 있다. Horwood(1919)는 이 식물에서 19종의 곤충류를 보고하였는데 MacGarvin(1982)은 30종 이상을 보고하고 있다. 이와 같은 두 사람의 보고한 곤충류 종수 간의 차이는 1차적으로는 전자에서의 조사가 불충분하였던 것과 관계가 있겠으나 지난 60~70년 동안 새로운 가해종이 생긴 것도 틀림없다. 애기비단나방(*Scythris inspersella*)과 포도꼽추잎벌레(*Bromius obscurus*)는 이 식물에 고유종인데 유럽에서 영국으로 침입한 것으로 생각된다. 주홍박각시(*Deilephila elpenor*)는 *Galium*속 꽃갈퀴와 유사종인 큰바늘꽃(*Epilobium hirsutum*)을 가해하던 것인데 식성이 변하여 분홍바늘꽃을 가해하게 된 것으로 보인다. 이와 같은 식물의 인위적 또는 자연적 분포 확대나 식식성 곤충류의 정착관계는 종-면석관계의 중요성의 일면을 말해주고 있다. 그와 동시에 식식성 곤충류의 종수 증가는 침입한 직후에는 빠르고 곧 크게 감소하는 것이 보통이다.

침입식물의 곤충류는 시간의 경과와 더불어 변화한다. 사탕수수는 뉴기니 원산으로 생각되는데 위도가 낮은 지역에 널리 분포한다. Strong(1977) 등에 따르면 이 작물이 인도와 파키스탄에 도입된 것은 기원전 약 1,000년이고 인도네시아와 이집트에는 기원전 약 500년, 그레나다에는 1640년이었고, 혼드라스에는 1840년에 도입되었다고 한다. 이 작물은 재배지역 어디서나 지역 곤충류의 가해를 받으며 종-면적관계가 뚜렷한 분포상을 보이고 있다. 그러나 종-면적관계 회기선으로 설명되지 않는 잔차변수는 각 지역에서의 재배역사와는 무관하여 해충의 종수는 재배역사가 2,000년이 넘는 지역과 150년 정도밖에 안 되는 곳 사이에 큰 차이가 없었으며 이와 같은 관계는 또 다른 재배면적이 넓은 카카오나 아시아와 아프리카의 14개 차재배지역에서 재배기간이 28년과 153년으로 비교적 차이가 적은 차나무에서도 해충의 종수가 안정되어 있음이 보고된 바 있다(Banerjee 1981).

그러나 앞서 설명한 바와 같이 아프리카 남부의 *Opuntia* 선인장의 경우와 같이 도입된 지가 250년이 넘어 널리 분포하고 있어도 아직 토착곤충류의 기생을 받지 않고 있으며 호주원산인 *Eucalyptus* 나무는 캘리포니아에 도입된 지 100년이 넘었으나 별로 해충의 피해를 받지 않고 있다. 그러나 Strong(1984)은 애리조나 주립대학교 구내에 있는 이 나무를 호주에서 이 나무를 가해하는 주머니나방류의 일종이 심한 피해를 주고 있는 것을 보고 한 바 있다. 이런 사실들은 새로 침입한 식물에의 곤충류 정착은 첫째로는 분포면적의 크기 그리고 둘째로는 도입종과 새 정착지에 있는 기존 식물간의 분류학적 근연성, 생물현상학, 생화학 그리고 형태학적 일치성과 관계가 있음을 뜻한다. 따라서 특이성이 큰 식물일수록 새 정착지에서의 곤충 정착률은 낮을 것이라는 것이다. 예를 들면 신대륙에서 구대륙으로 침입한 선인장류나 호주에서 유럽으로 침입한 *Eucalyptus*류는 분류학적으로 특이한 과에 속하면서 생장형이 특이하여 오랫동안 지역 곤충류의 기생을 받지 않고 있는 것이다. 그러나 북미에서 영국으로 침입한 *Chamaecyparis* 편백은 영국의 편백류를 가해하는 두 종의 장님노린재와 한 종의 방패벌레의 기생을 받고 있다고 한다(Southwood 1957).

Kennedy와 Southwood(1984)는 숙주의 지리적 분포면적, 시간 그리고 분류학적 유연성 등의 곤충류 정착에 미치는 관계를 영국 수목류에서의 곤충상을 토대로 다음과 같은 식으로 표현한 바 있다.

$$\log_{10}(\text{곤충종수}) = 0.41\log_{10}(\text{풍부도}) + 0.001(\text{연령}) - 0.51(\text{상록지수}) + 0.013(\text{분류학적 격리도}) + 0.13(\text{침엽도}) - 0.44$$

$$(F_{5,22} = 13.9,\ r^2 = 0.77,\ p < 0.005)$$

여기서 풍부도란 $2 \times 2\text{km}^2$구의 나무 수, 연령이란 *Betula* 박달나무, *Salix* 버드나무류, *Juniperus* 향나무류 등의 빙하기 후의 나무들은 13,000년, *Larix* 낙엽송류와 같은 도입종은 350년을 기준으로 한다. 상록지수와 침엽도는 주관적인 것이고 분류학적 격리도는 같은 분류목에 속하는 영국산 나무의 종수를 말한다. 현재의 나무 종수(풍부도)가 가장 중요한 요인이었으나 연령이나 분류학적 격리도도 기생 곤충류의 종수에 관계가 있다.

식식성 곤충류의 정착상을 보면 처음에는 빠르고 시간이 경과하면서 느려지는 것이 보통이다. 이런 관계를 설명하는데 Lawton과 Strong(1981)은 생태적지위포화설(Niche saturation hypothesis)과 수용력체감설(Pool exhaustion hypothesis)이 있다고 하였다. 전자는 군집생태학적 견해로 종간 상호작용을 중시하는 것이고 후사는 개체군생태학적 견해가 강조된 것으로 종간의 상호작용은 무시하고 종에 따르는 독립적 정착을 중시하는 견해이다. 생태적지위포화설은 종의 정착률은 이용할 수 있는 생태적 지위가 정착하는 종수가 증가함에 따라 점점 감소하게 되어 어떤 식물을 이용하는 곤충류의 종수는 종간경쟁에 의하여 결정되는 것으로 생각한다. 여기서 또 한 가지 중요한 요인으로는 천적이 없는 빈 공간 혹은 도피공간이라는 것이다. 여기서는 장기간에 걸쳐 분포해 온 식물의 지역 군집에는 이용되고 있지 않는 자원은 별로 없다고 보고 있는 것이다.

수용력체감설은 자원이 문제가 되는 것이 아니고 정착 가능한 총체적 종수가 문제라는 것으로 연극에 비유하면 역할의 문제가 아니고 배우의 문제라는 것이다. 여러 가지 곤충류는 극히 광식성이거나 그 식물이 그들 곤충류가 기생하던 종과 비슷한 점이 많으면 분포가 확대되거나 새로 도입되었을 때 식물에 정착할 가능성이 높다는 것이다. 이런 곤충류는 이런 식물을 곧 발견하여 이용하게 될 것이다. 그러나 한 지역 내의 대부분의 곤충류는 새로운 숙주를 이용하는데 필요한 생리학이나 행동적 변화를 일으킬 수 있는 가능성은 적은 것이 보통이다. 결국 잠재적 정착자의 지역 종들은 곧 소진되므로 정착률은 처음에는 높으나 곧 낮아지게 마련이다.

지금까지의 연구 결과로 판단할 때 섭식에 대한 종간경쟁을 전제로 한 생태적지위포화설은 식물에 대한 곤충류 정착상황을 설명하는 데에는 무리한 점이 많은 것으로 보인다. 즉 식식성 곤충류간의 먹이에 대한 종간경쟁은 대부분의 식물에 정착하는 종의 수를 제한할 정도로 영향력이 크지 못하고 그 예도 드물다.

잡초의 생물적 방제를 위하여 여러 가지 식식성 곤충류를 도입하였으나 도입지의 토착 천적류 때문에 실패한 경우가 많았는데 이론적으로 생각할 때 한 곤충을 공격하는 여러 가지 천적류가 공동으로 어떤 지역의 한 종 또는 그 이상의 종을 멸망시킬 수 있다. 이 이론은 여러 가지 천적류는 종에 따라 특이한 방법으로 식식성 곤충류를 공격하며 또 활동하는 시기나 식물체의 부위도 다르다는 것에 주목하고 있다. 즉 어떤 한 종 또는 특정 길드의 천적의 공격을 받기 쉬운 식식성 곤충류라 할지라도 다른 종이나 다른 길드에 속하는 천적류로부터는 안전 할 수 있겠다. 물론 이것은 최소한의 도피처가 있다는 것을 전제로 하여야 하겠다. 이런 이유로 특정 천적류 군의 영향 하에서 공존이 가능한 식식성 곤충의 종수는 제한을 받는다.

식식성 곤충류의 군집구조나 생태적 지위 틀에 미치는 천적류의 영향에 관한 연구는 많지 않다. 식물 중에는 밀선을 갖고 있는 것이 있는데 이런 식물에서 꿀을 따는 개미류는 특수한 경우이기는 하나 그 식물에 기생하는 곤충류를 제거하는 고로 식식성 곤충류에 큰 영향을 미친다. 또 나무류의 곤충군집을 보면 식식성인 것과 육식성인 것의 비율이 비교적 안정되어 있는데 이것은 나무류의 복잡한 공간적 구조와 그의 안전성을 생각할 때 천적이 없는 공간설과 일치한다고 볼 수 있겠다. 이런 예들은 긍정적인 것은 사실이나 식물에 정착하는 곤충의 종수에 대한 천적류의 역할을 단정하기에는 보다 상세한 연구결과가 뒷받침되어야 하겠다.

식식성 곤충류의 군집을 조사해 보면 많은 빈 생태적 지위를 발견할 수 있다. 한 지역내의 유연성이 큰 식물들을 보면 기관에 따라 곤충이 없는 경우가 있으나 다른 식물의 그 기관에는 존재하기도 한다. 예를 들면 온대지방 미나리과 식물은 대부분이 호랑나비류의 기생을 받으나 어떤 종은 가해를 받는 일이 없고 또 잎이나 줄기 내부에 혹파리류의 기생을 받지 않는 것이 있다. 가해를 받지 않는 식물체의 기관은 식물의 종에 따라 차이가 있다. 또 지역적 곤충상이나 서로 다른 지역의 국지적 곤충군집을 비교해보면 지역에 따라 같은 사원을 이용하는 식식성 곤충류의 종수나 자원이용 양식에 큰 차이가 있다. 이와 같은 식물들에서의 기생양상을 생태적 지위포화 문제로 보는 것은 무리일 수도 있다. 물론 식물의 종이 다르거나 같은 식물이라도 지역이 다르면 천적이 달라질 것이므로 이와 같은 자원이용상의 차이를 어느 정도 설명해 줄 수는 있다. 결론적으로 말하면 이런 사실들은 수용력체감설의 이론과 일치하는 면이 많다.

수용력체감설에서 문제가 되는 것은 이용할 수 있는 자원이 아니고 그때까지 이용된 잠재적 정착자 풀이라는 것이다. 어떤 곤충류는 광식성이어서 식성범위를 확대시킬 수 있는 잠재력이 있거나 또는 정착지의 식물이 그들이 지금까지 이용하고 있던 식물과 생리적으로 비슷하여 그 식물에 정착할 수 있는 가능성이 높은 경우도 있다. 따라서 이런 경우 이런 곤충류는 짧은 시일 내에 새 식물에 정착할 수 있다. 그러나 한 지역 내의 대부분의 곤충류는 새로 도입된 식물의 생화학적 특성이나 생리적 특성을 극복하지 못하거나 극복하더라도 시간이 많이 걸리는 것이 보통이다. 일반적으로 한 지역의 잠재적 정착자 풀은 단시일 내에 소진되는 것이 보통이므로 처음에는 정착이 빠르나 점점 정착은 어려워진다.

어떤 지역에서 자라고 있는 식물들은 항상 그곳의 곤충류의 공격에 노출되어 있으며 곤충류는 산란장소를 잘못 택하거나 돌연변이를 일으키거나(예 휴면의 상실이나 휴면상의 변화) 또는 환경조건의 큰 변화 등 때문에 새로운 식물을 숙주로 하게 될 수도 있다. 실제로 수많은 곤충류가 적절치 못한 숙주에 도달하게 되는데 이런 경우 그들은 그 식물을 떠나거나 아니면 죽게 된다.

이화명나방은 일본, 한국, 대만, 중국, 말레이시아, 스리랑카, 유럽의 남부, 호주의 북부 등에 분포한다. 하와이에서 벼가 재배되기 시작한 것은 1853년경이라고 하며 1900~1910년경까지 많이 재배되었으나 그 후 캘리포니아주에서의 벼 재배에 밀려 급속히 감소되었다. Yano(1997)에 따르면 이화명나방은 1927년 오아우섬에서 처음 발견되었고 4년 후에는 카우아이섬에서도 발견되었으며 오아우섬에서는 피해가 심하여 재배가 중단되기도 하였다고 한다. 이에 따라 중국이나 일본 기타 지역에서 4과 10종의 기생봉이 도입 방사되었다. 그런데 현재 보존되어 있는 이 해충의 표본은 1939년의 것이 최종적이라고 한다. 따라서 이 해충의 생존이 확실한 것은 1927년부터 1939년까지의 비교적 짧은 기간으로 보인다. Yasumatsu(1968) 등은 이와 같은 이 해충의 경위에 관하여 벼 재배의 축소에 해충이 적응하지 못했기 때문으로 추측하였다. 즉 재배가 많았을 때는 이모작이었으나 축소되면서 일모작이 되고 이런 상태하에서는 성충의 수명이 짧은 것과 하와이에서는 유충이 휴면하지 않는 것이 원인이 되어 생존을 계속할 수 없었을 것이라는 것이다. 이 해충은 숙주범위가 극히 좁은 협식성을 갖고 있는 점을 생각할 때 위와 같은 경위는 가능성이 크다고 할 수 있다.

Turnipseed와 Kogan(1976)은 콩의 해충류를 새로운 식물을 쉽게 가해하게 되는 광식성 곤충류, 주로 야생 콩과식물을 가해하던 것이 콩의 도입과 더불어 콩을 가해하게 된 협식성 곤충류 그리고 다른 과의 식물을 가해하던 것이 선호성이 변하면서 콩을 가해하게 된 협식성 내지 단식성 해충류 등으로 분류한 바 있다. 예를 들면 *Dectes texanus* 하늘소는 *Xanthium* 도꼬마리류를 가해하던 것인데 콩의 줄기에 기생하게 된 것이 그 한 예이다. 대체적으로 현재까지의 조사결과로 볼 때 콩 해충의 정착상은 초기에는 빠르고 후기에는 느린데 이와 같은 것은 광식성 해충류의 숙주확대와 분류학적으로 근연종을 가해하던 해충의 식성변화가 주가 되고 분류학적으로 다른 식물을 가해하던 해충의 식성변화에 의한 것은 극히 적다는 것을 뜻한다.

일반적으로 어떤 식물에 기생하는 곤충류의 종수는 한 개과 이상의 식물을 가해하는 광식성 곤충류의 종이 가장 많고 한 속에 속하는 식물을 가해하는 협식성 곤충류가 적은 것이 보통이다. 곤충류의 식성이 분류학적으로 유연성이 적은 식물로 변화할 때 두 식물이 함유하는 화학적 물질이 관련되어 있는 경우가 있다. 예를 들면 유럽에서 *Pieris brassicae* 흰나비와 배추흰나비(*P. rapae*)는 십자화과식물의 해충인데 영국에서는 이 해충들이 약 300년 전에 도입된 쥐손이풀과의 한련(*Tropaeolum majus*)도 가해하는데 한련은 십자화과식물이 갖고 있는 겨자유를 갖고 있다는 점에서 이해가 된다. 그런데 *Aphis fabae* 진딧물도 한련에 기생하는데 이 진딧물은 원래 *Arctium* 우엉류에 기생하던 것으로 우엉류는 겨자유를 갖고 있지 않아 함유물질로는 설명이 안 된다.

한편 Moran과 Southwood(1982)에 따르면 관목류인 붓들레아(*Buddleja davidii*)가 관상용으로 중국에서 영국으로 도입된 것은 19세기 말인데 현재 그의 해충류가 15종 알려져 있다. 식물분류학자들에 따르면 붓들레아과는 분류학적으로 앵초과에 가깝다고 한다. 붓들레아는 식물분류학적으로는 다른 나무류나 관목류와는 확실히 다르나 서부 유럽에서는 상당한 수의 해충류의 기생을 받고 있다. 새 해충 중에는 *Verbascum* 현삼류의 해충인 *Cucullia verbasci* 고추밤나방, *Aphis verbasci* 진딧물 그리고 *Campylomma verbasci* 장님노린재 등 3종과 보통 현삼과에 고유한 *Cirnus* 오동나무바구미류 2종이 포함된다. 이와 같은 숙주전환현상은 식물학적인 유연성과는 무관하게 이들 두 식물군은 유연성이 있어 다른 특성에서 공통점이 있음을 시사하고 있다.

이런 예들과는 별도로 새로 도입된 식물을 어떤 곤충이 그의 섭식대상으로 하게 되는 것은 생물계통학적이거나 화학적 물질의 문제보다는 생태학적 문제 즉 새로운 식물과 접하게 되는 지금까지의 숙주의 분포나 밀도가 깊은 관계를 갖고 있는 경우가 있다. Winter(1974)는 영국에서 *Pinus contorta* 소나무와 *Picea sitchensis* 가문비나무의 나비목 곤충류를 조사하여 그들 대부분이 한 과 이상에 걸친 다른 종의 식물에 기생하는 광식성 곤충류였으며 그들 해충류는 원래 황무지에 자생하는 *Myrica gale* 소귀나무, *Vaccinum* 들쭉나무, 진달래과의 *Erica*나 *Calluna*와 같은 분류학적으로 이들 침엽수와는 유연성이 없는 식물을 가해하던 것인데 침엽수를 많이 심게 되면서 이들로 숙주를 전환한 것이라고 하였다. Gould(1979)는 이와 같은 식성변화문제를 실험적으로 증명하였다. 그는 리마콩(적합한 숙주)과 오이(저항성 숙주)를 혼식하였을 때 점박이응애(*Tetranychus urticae*)가 오이에 곧 적응함을 볼 수 있었다. 이와 같은 예는 실험 초기에는 치사율이 대단히 높으나 계속 접촉시킴으로 그에 적응한 개체군을 얻게 된 것으로 이런 예는 많다.

이상에서 보는 바와 같이 어떤 식물에 기생하는 곤충류는 계통학적으로 근연인 식물들을 기원으로 하는 것부터 구조적으로나 함유물질의 면에서 아무런 연관성이 없는 식물들간의 숙주전환 등 여러 가지가 있다. 따라서 대부분 식물에서의 곤충상은 공진화한 것이나 전적응 또는 숙주식물군집의 생태학적 상황 등 여러 가지 원인에 의하여 생긴 결과들이다.

2. 정착한 곤충류의 종분화

토착의 식물들을 보면 그에 고유한 식식성 곤충을 최소 1종은 갖고 있는 경우가 많으며 몇 종의 고유종을 갖는 식물도 많다. 이론적으로 생각할 때 완전한 단식성이 생기는 것은 과식성 곤충이 섭식하던 식물들 중 한 종만이 남고 나머지 식물이 멸종한 경우와 그 곤충이 분화하여 한 종만을 먹게 된 경우 등 두 가지 경우를 생각할 수 있다. 지금까지 이와 같은 문제에 관한 연구 자료는 극히 드물고 그 기간 범위가 불확실하며 그 기구에 관하여는 학자들 간에 견해 차이가 심하다. 종분화 문제에 대한 이해 없이는 식물들이 어떻게 하여 각 종마다 고유한 식식성 곤충류를 갖게 되었는지를 이해할 수 없기 때문에 여기서 종분화에 관하여 개략적인 설명을 하려 한다. 이 문제는 곤충류의 정착을 출발점으로 그 과정을 생각해야 할 것이다.

새로 도입된 식물이 단시일 내에 특성화한 식식성 곤충류를 낳게 하는 경우가 있는 듯하다. 폴리네시아의 원주민이 하와이섬에 정착하게 된 것은 약 1,000년 전으로 추측되며 그들은 타히티섬에서 바나나를 갖고 이주하였다고 한다. Zimmerman(1958, 1960)에 따르면 현재 하와이에 분포하는 폴리네시아계통 야생 바나나류에는 *Hedylepta*속 5종의 들명나방류 고유종이 있는데 이들은 이 바나나 이외의 식물은 가해하지 않으며 이들 5종 해충은 하와이 토착 들명나방류와 깊은 유연관계를 갖고 있다고 한다. 그는 이들 종이 하와이 토착종인 *Pritchardia* 야자류를 숙주로 하고 있던 *Hedylepta*속 다른 들명나방류에서 분화한 것으로 보고 있다. 이 재래종 야자는 현재 하와이에서는 거의 멸종한 상태이므로 새로 분화한 이들 5종의 *Hedylepta* 들명나방이 새 숙주에 남게 된 셈이다. Zimmerman은 *Hedylepta blackburni* 들명나방이 가장 원시적인 종이며 바나나에만 기생하는 것과 가장 가까운 것으로 보고 있는데 이 해충은 얼마 안 남은 *Pritchardia* 야자나 야생의 폴리네시아 바나나나 현재 재배종 바나나 그리고 원래의 숙주인 도입된 야자들을 숙주로 하고 있다. 물론 이것은 좀 더 많은 증거들의 뒷받침이 필요한 것은 사실이나 광식성 곤충류가 단식성으로 변하게 된 진화과정에 대한 충분한 시사는 된다.

한편 *Rhagoletis* 과실파리류는 과실에 기생하는데 *R. indifferens* 과실파리는 체리나무가 도입된 지 약 89년 후인 1913년에는 오리곤, 워싱턴 그리고 브리티쉬 콜롬비아에서 재래종 체리나무에 완전히 정착하게 되었다. Bush(1975)에 따르면 이 과실파리에는 저지대에 분포하면서 재배종을 가해하는 6월 하순에서 7월 초순에 성충이 출현하는 계통과 고지대에 분포하며 최초로 기생하게 되었던 체리(*Prunus emarginata*)를 가해하는 것으로 7월에서 8월에 성충이 출현하는 계통이 있다고 하였는데 이것이 "아종" 또는 "종"이 될 시기는 별도의 문제로 이 야생체리와 재배종 체리의 *Rhagoletis* 과실파리가 유전적으로 확실히 다른 것이라면 100여 년 동안에 이들 체리에서 초기의 종이 분화하였다는 것은 앞서 설명한 Zimmerman의 바나나에서의 1,000여 년에 걸친 종분화 주장을 뒷받침하고 있다.

한 곤충의 유전자 풀은 지리적 장벽에 의하여 두 개 이상의 딤(Deme: 서로 교잡이 가능한 지역 개체군, 대체로 지역 개체군과 동의어)으로 분리된다. 이렇게 격리된 두 유전자 풀은 유전자 부동(Genetic drift: 자연선택이나 돌연변이 또는 이동에 의하지 않고 격리된 개체군에서 유전자 빈도가 확률적으로 변하는 것)이나 분리된 지역에서의 서로 다른 선택작용으로 두 종으로 분화하게 된다. 종분화에서 가장 중요한 것은 유전자 교환의 차단이며 이것은 확률적인 교잡이 아닌 어느 한 쪽으로 쏠린 것이어서 서로 다른 선택압을 받게 된다. 이와 같은 유전자 교환의 차단은 지역적인 격리로 생길 수도 있고 같은 지역내에서도 발생시기의 차이나 유전적 불화합성 등의 원인에 의하여 일어날 수 있다. 전자를 이소성 종분화(Allopatric speciation), 후자를 동소성 종분화(Sympatric speciation)라고 한다. 물론 자연계에서는 동소성 종분화와 이소성 종분화의 중간적인 것도 있어 이들에 대하여 측소성 종분화(Parapatric speciation: 처음에 개체군이 분리되고 후에 적응현상으로 완전한 생식적 분리가 일어나 두 종으로 분화되는 것), 이핵형성 종분화(Stasipatric speciation: 동형접합자를 낳는 염색체 배열 변화가 생기면서 그것이 어떤 지역에서 보다 적응성이 큰 개체군을 낳아 신종으로 진화하는 것) 등 여러 가지 중간적인 종 분화현상이 알려져 있다. 여기서는 유전자 풀이 지리적으로 격리되어 있는 이소성 종분화와 그렇지 않은 동소성 종분화에 관하여 살펴보려 한다.

1) 이소성 종분화

분포범위가 넓은 곤충류는 각 지역의 환경적 특성의 선발압을 받게 된다. 이 때 어떤 광식성 종들은 실제로는 단식성이거나 협식성 지역개체군의 집합으로 구성되어 있어 여러 가지 환경조건에 처하게 되어 이들은 지리적인 장벽에 의해 격리된다. 예를 들면 영국의 산호랑나비(*Papilio machaon*)의 아종은 대륙종과는 지리적으로 격리되어 있으며 대륙종과는 달리 미나리과의 *Peucedanum palustre* 기름나물에만 기생한다(Hord 1945). 이와 같은 격리가 오래 지속된다면 결국 이들은 완전한 두 종으로 분화할 것이다. Strong 등(1984)은 이소성 종분화가 일어날 가능성이 큰 예를 표 8-1과 같이 그들의 특성을 정리하였다.

Bush(1975)는 이소성 종분화에는 두 가지 대표적인 것이 있다고 하고 "1a형"은 분화속도가 느려 수천 세대에 걸쳐 일어나는 듯한데 이것은 격리되어 있기는 하나 유전자 풀이 커서 여러 가지 서로 다른 선택압을 받으면서 서서히 분화한다. 반면에 1b형은 분화속도가 빠른데 이것은 유전자 풀 중에서 지리적으로 격리된 작은 집단에서 창시자효과(Founder effect: 원래의 개체군에서 소수의 개체가 분리되

표 8-1. 이소성 종분화 가능성이 큰 식식성 곤충류 (Strong 등 1984)

연구자	곤충류	비고
Cates 1981	*Estigmene acraea* (불나방류) *Hyles lineata* (멋쟁이박각시류) *Vanessa cardui* (큰멋쟁이나비류)	지역개체들은 지역적으로 특성에 큰 차이가 있음.
Downey와 Fuller 1961	*Plebejus icariodes* (부전나비류)	식성범위가 *Lupinus* (루핀속, 콩과) 속 16종이나 각 개체군은 단식성임, 즉 다른 곳에서는 이용하는 종이라도 개체군에 따라 같이 있어도 이용하지 않음.
Dugdale 1975	*Dodonidia* sp. (나비목)	New Zealand의 동부 Nelson에서 남쪽으로는 먹이가 *Chinochloa*이나 서북 Nelson에서 북섬까지에서는 먹이가 *Gahnia*이다.
Fox와 Morrow 1981	*Eucalyptus*의 해충류	한 지역에서 채집된 80종 중 30종이 그 지역고유종이었고 51종이 협식성이었다. 한 지역의 해충류는 다른 지역에서는 다른 종을 이용하고 있는 것으로 생각됨.
Gilbert 1979	*Heliconius* spp. (네발나비류) (나비목)	*H. cydne*이나 *H. melomene* 같은 나비의 지역종은 지역에 따라 먹는 식물의 종이 극히 제한되어 있다. 전자의 먹이는 8종이고 후자는 31종이나 되어 먹이종수가 매우 많다.
Higgins와 Riley 1970	유럽의 나비류	기주식물에 지역적인 차이가 있는 변종 또는 아종이 많이 알려져 있음.
Hsiao 1978	*Leptinotarsa decemlineata* (콜로라도잎벌레)	Arizona 개체군은 *Solanum elaeagnifolium*을 먹으나 Utah, New Mexico, Texas 개체군에 대하여는 숙주로 부적당함.
Knerer와 Atwood 1973	*Neodiprion* spp. (솔잎벌류)	*N. abietis*와 *N. pratti*는 먹는 식물종류를 지역에 따라 특이하게 택한다.
McNeill S. (개별정보)	*Leptoterna dolobrata* (장님노린재과)	먹이인 화본과식물의 개화기와 이 종의 부화기에는 변이가 있어 북미에서 실제 이용하는 식물의 종이나 생육상태가 지역적으로 큰 차이가 있다.

표 8-1. 이소성 종분화 가능성이 큰 식식성 곤충류 (Strong 등 1984) (계속)

연구자	곤충류	비고
Pielou 1974	*Cachryphora serotinea* (진딧물류)	지역에 따라 기생하는 미역취류 (*Solidago*)의 종에 차이가 있다.
Singer 1971 Rausher 1981	*Euphydryas editha* (나비류)	성충의 산란선호성(Singer)과 유충의 생장과 소화(Rausher)에 지역적 차이가 있다.
Wiklund 1973, 1974	*Papilio machaon* (산호랑나비)	Sweden에서 이 종은 지역에 따라 이용하는 미나리과식물의 종에 차이가 있다.
Wiklund 1977	*Leptidea sinapsis* (기생나비류)	콩과식물 두 종 *Lathyrus montanus* 숲과 *L. pratensis* 초원에서 선호성을 달리한다.

어 새로운 곳으로 침입하여 격리되는 것이 진화의 원인이 되는 경우)에 의하여 종분화가 일어나는 경우이다. *Drosophila* 초파리 집단의 경우, 소수의 격리된 창시자 개체군이 모집단과 단시일 내에 상당히 넓은 지역에 걸쳐 생식적으로 격리되는 경우가 알려져 있으며 특히 출발 집단이 완전히 정착하기 전에 대대적인 개체수 감소가 반복적으로 일어날 경우 그 속도가 빨라지는 것이 알려져 있다.

이소성 종분화에 있어서 1a형과 1b형 종분화의 숙주특이성 분화에서의 상대적 중요도는 상당한 차이가 있을 듯하다. 새로운 먹이 식물이 어떤 지역에 도입되었을 때 1a형 종분화가 일어날 가능성은 희박하다. 즉 광식성 종의 경우 그 지역에 새로운 먹이 식물이 도입되었다고 하여 그것이 종분화를 일으킬 가능성은 적기 때문이다. 반면에 1b형 이소성 종분화는 새로운 숙주특이성 종의 분화에 대단히 중요한 것이 될 수 있다. 종분화에 필요한 격리된 작은 창시집단은 분산이나 또는 다른 원인에 의하여 생길 수 있다. 예를 들면 앞서 설명한 Zimmerman의 *Hedylepta* 들명나방 5종은 모두 분포가 다르고 한정된 곳에 분포하면서 서로 겹치지 않아 최근에 이소성 종분화를 일으킨 것임을 보여주고 있다. 이들 각 종은 저지대의 *Pritchardia* 야자가 점점 사라지면서 고지대의 바나나로 숙주 전환되어야 하는 소수의 국지적 정착자에서 발전된 것으로 생각된다. 물론 이동력이 약한 곤충류에서는 나무와 나무 사이와 같은 극히 가까운 거리라도 이동이 어려워 개체군 사이의 유전자 교환이 힘들어 이소성 종분화가 일어날 가능성이 높아 이런 경우 종분화가 일어날 수 있다. 따라서 유전자 풀이 어떻게 격리되어 있고 그것이 연속되어 있는가(동소성) 또는 서로 격리되어 있는가(이소성)와 같은 문제가 내용면이나 실제적인 면에서 중요한 것이다.

2) 동소성 종분화

대부분의 이동성이 없는 곤충류나 유전자 풀이 공간적으로 격리되어 있는 경우가 아니더라도 식식성 곤충류의 경우 새로 도입된 숙주와 기존의 숙주가 서로 인접하여 있는 경우에도 비교적 빠른 속도로 숙주에 대한 특이성이 분화될 수 있음이 알려져 있다. Bush(1975)는 동소성 종분화가 일어나려면 먼저 새 숙주의 저항성을 극복할 수 있는 유전자가 있어 그 식물을 먹고 자라서 생식할 수 있는 개체들이 일상적인 이동개체군 중에 있어야 하며 이와 같은 선구자들이 단순히 숙주범위를 확대하는데 그치느냐 또는 종분화의 시초가 되느냐는 그들의 숙주 전환이 유전자 교환에 미치는 영향 즉 이 선구자들간 교미확률을 얼마나 증대시키느냐와 관계가 있다고 하고 동소성 종분화와 관련하여 다음과 같은 조건들을 들었다.

① 교미는 숙주식물체 또는 가까운 곳에서 일어날 것.

② 산란암컷은 유충의 먹이가 될 식물체에 산란하여 유충은 선택의 여지가 없을 것.

③ 새 숙주로 전환하기 전의 곤충은 단식성 또는 협식성일 것.

이와 같은 조건은 잎벌레류, 바구미류, 잎벌류, 혹파리류, 과실파리류 등의 여러 가지 식식성 곤충류에서 찾아 볼 수 있다. Strong 등(1984)은 동소성 종분화가 일어날 가능성이 큰 곤충류의 특성을 표 8-2와 같이 정리하였다.

표 8-2. 동소성 종분화 가능성이 큰 식식성 곤충류 (Strong 1984)

연구자	곤충류	비고
Brues 1946	*Rhagoletis pemonella* (과실파리류)	여러 숙주에 기생하는 개체들 간에는 "계통"적분화가 일어난다. 숙주간 이동이나 계통내 개체간 교잡은 가능하다.
Baltensweiler 등 1977 Baltensweiler 1971	*Zeiraphera diniana* (애기잎말이나방류)	계통간 최종령 유충에 형태적 차이가 있음. 낙엽송(*Larix*)에서 자란 것은 짙은색이고 소나무(*Pinus*)에서 자란 것은 적황색이다.
Guttman 등 1981 Wood 1980 Wood와 Guttman 1981, 1982	*Enchenopa binotata* (뿔매미류)	동소성 숙주식물은 계통에 따라 형태, 계절적 현상 등에 차이가 있고 유전형에도 큰 차이가 있다. 그리고 암컷은 같은 숙주에서 우화한 수컷과 선별적으로 교미한다.
Klausner 등 1980	*Oncopeltus fasciatus* (긴노린재류)	이 곤충의 휴면은 유전적 영향을 받아 개체간에 차이가 있는데 휴면에 차이가 있는 개체들은 먹이 식물이 다르다.
Knerer와 Atwood 1973	*Neodiprion abietis* (솔잎벌류)	3종의 숙주식물에서 자란 개체들은 형태적으로는 차이가 없으나 계절적 현상에 차이가 있고 유전적 격리현상도 있다.
Le Quesne 1965	매미충류	숙주와 서식처가 다르면 형태와 생활사에 차이가 있다.
Menken 1981	*Yponomeuta padellus* (집나방류)	3종의 숙주에서 서식하는 개체군은 유전적인 차이가 있으며 교미는 대부분이 동일 숙주상에서 이루어진다.
Mitter 등 1979	*Alsophila pometaria* (겨울자나방류)	숙주가 다르면 유전자형에 명백한 차이가 있으며 이 곤충은 단성생식을 한다.

표 8-2. 동소성 종분화 가능성이 큰 식식성 곤충류 (Strong 1984) (계속)

연구자	곤충류	비고
Phillips와 Barnes 1975	*Laspeyresia pomonella* (코드링나방)	사과, 호두, 자두 등에서 서로 다른 계통이 알려져 있다. 그러나 이 경우 과수원끼리는 서로 격리되어 있어 개체군은 엄밀한 의미에서 동소적인 것은 아니다.
Price와 Willson 1976	*Tetraopes tetrophthalmus* (하늘소류)	최근에 정착한 숙주와 원산지 숙주에서 생육한 하늘소는 계절적 현상, 크기 그리고 수명에 차이가 있으며 수컷은 같은 숙주에서 자란 암컷과 더 많이 교미한다.
Tavormena 1982	*Liriomyza brassicae* (잎굴파리류)	한 숙주에서 채집된 곤충들은 다른 숙주에서 채집한 것에 비하여 그 숙주에 더 많은 가해를 한다. 그리고 유충의 생육속도가 같은 숙주에서 다른 숙주에서보다 빠른 경향을 나타낸다.

위와 같은 조건들 중 유전자 교환의 방해가 될 것으로 가장 있을 법한 조건은 교미의 시간적 격리 즉 이시적 격리(Allochronic isolation)이다. 식식성 곤충류의 발육은 먹이식물에 따라 다르다는 보고가 많다. 따라서 성충기간이 짧은 곤충류에서는 서로 다른 식물을 먹고 자란 개체들의 출현시기가 달라 개체들간의 유전자 교환의 기회가 적어질 수 있다. 휴면을 하지 않거나 그 밖에 성충의 동시 출현을 돕는 기능을 갖지 못할 때 또는 이동력이 적은 경우 이시적 격리는 효과가 크다. 후자의 경우 특히 장거리 이동력이 없고 이동수단이 나는 것이 아니고 걷는 것일 때 또는 난다해도 부전나비류와 같이 숙주식물 가까운 곳에서 교미하는 경우에는 그 효과가 크다. 이런 추론은 이런 조건에 맞지 않는 목본류 기생 나비류 대부분이 숙주범위가 넓어 동소성 종분화가 극히 드문 것으로 그 일면을 알 수 있다. 그러나 위의 조건을 충족시키는 많은 종류의 수목류 기생성 노린재류에 있어 *Lygocoris*속 무늬노린재류와 *Lopidea* 장님노린재류는 수목기생성으

로 종분화가 크게 일어난 것으로 보이나 숙주범위는 좁다.

북미산 *Enchenopa binotata* 뿔매미 복합종은 동소성 숙주계통분화와 임시종 분화의 좋은 예이다(Wood 1980). 이 종은 먹이식물이 다르면 개체들간에 형태적으로나 유전적으로 차이가 생기고 계절적인 발육상에도 차이가 있다. 그리고 암컷은 교미할 때 같은 식물에서 자란 수컷을 선택하는 경향을 갖고 있으며 식물간 이동은 별로 없다.

Bush(1975)는 여러 가지 단식성 또는 협식성 곤충류가 동소적 종분화를 일으켜 온 것으로 믿고 있으나 이것은 아직도 확실한 것은 아니어서 앞으로 더 많은 연구가 필요하다. 따라서 동소성 종분화 속도의 문제를 생각하는 것은 문제가 많은 듯하다. 가장 많이 연구된 전기 *E. binotata* 뿔매미의 경우 숙주계통(종이 아님)이 분화하는데 추정방법에 따라 한 계통은 2만 년 내지 20만 년이라고 하고 다른 계통은 25만 년 내지 300만 년이라고 Wood와 Guttman(1981)은 추정하였다.

이소성 종분화나 동소성 종분화는 다른 여러 가지 개념이나 해석과 더불어 새로운 숙주 특이성의 진화에 관한 이론에 도움이 되고 있다. 여기서 설명한 여러 가지 정착사실들은 계통분화 과정을 설명할 수 있는 예가 몇 가지 있기는 하나 종분화를 완전히 설명한 것은 하나도 없다. 도대체 종이 분화하는 데는 얼마나 걸릴까? 앞서 1a형 이소성 종분화는 서서히 일어나 긴 시간을 요하며 1b형과 동소성 종분화는 빠른 시일 내에 일어난다고 하였는데 이것들이 식식성 곤충류의 입장에서 실제로 어떤 의미가 있을까 하는 것에 대하여는 알려진 것이 별로 없다. 새로 정착한 지 100년이 되었음에도 불구하고 신종이 분화하지 않았다고 해도 놀랄 일은 아니다. 전기 Zimmerman의 나방류의 경우 1,000년 정도가 걸렸다고 추측할 수는 있다. 그렇게 생각한다면 식물과 곤충류가 접촉한 후 1만 년이 되어도 새로운 식물에 기생하게 되는 곤충의 종수는 보잘 것 없고 100만 년 후가 되면 겨우 눈에 뜨일 정도의 종이 진화하는 것은 놀랄 일이 아니다. 더욱이 광식성 곤충류나 협식성 곤충류 그리고 단식성 곤충류의 경우 여러 가지 종분화 기작은 분화율에 아주 다른 영향을 미칠 뿐 아니라 곤충류의 분산력, 휴면특성 그리고 증식방식에 따라서도 차이가 있다.

이상의 설명을 종합해 보면 곤충류가 새로운 식물에 정착할 때 두 가지 요인이 중요한 것으로 생각된다. 그 하나는 식물의 분포면적 크기이고 다른 하나는 새로 도입되는 식물과 기존 식물간의 분류학적 유연관계나 생물현상학적 일치성 그리고 생화학적, 형태학적 근사정도가 그것이다.

새로운 식물에 처음으로 정착하는 곤충류 중에는 식성 범위가 넓은 광식성 곤충인 경우가 많다. 그리고 정착률을 보면 씹어 먹거나 흡즙하는 등의 외부에서 가해하는 곤충류의 정착률이 충영을 형성하거나 조직내에서 가해하는 것들 보다는 높은 듯하다. 정착종수는 처음에는 많으나 시간이 지나면서 감소하여 결국에는 정착종이 없어진다. 그렇게 보면 종간경쟁으로 공존 종수가 정해진다기보다는 숙주한계에 의하여 정착종수가 점점 감소한다고 보아야 할 듯하다. 정착하는 종의 기원은 여러 가지 식물을 가해하던 광식성 종일 수도 있고 새로운 숙주식물과 분류학적으로 유연성이 큰 식물 또는 식물 분류학적 유연성과는 무관하게 생화학적으로 유사한 물질을 갖고 있는 식물일 수도 있다. 또 곤충이 원래 기생하던 식물에 가까운 곳에 새 식물이 많아지면서 그 식물로 숙주를 전환하는 경우도 있다. 이런 설명은 식식성 곤충류의 신종분화에 관한 근본적 설명은 아니다. 그리고 어떤 특이성을 가진 신종의 출현에는 대단히 긴 시간이 걸리는데 적어도 1,000년 이상은 걸릴 것이라는 것도 알 수 있다.

제9장

생물군집내 식식성 곤충개체군 생태학

생물군집은 어떤 지역 내에 공존하는 여러 종개체군의 집합체이다. 한 군집내 종개체군간의 상호작용상과 그들 개체군의 시간적, 공간적 동태는 생물군집 구조를 좌우한다. 따라서 생물군집학의 연구는 구성 종개체군의 공간적 구조 특성과 그의 시간적 동태를 파악하고 그와 같은 양상(pattern)의 원인을 구명하는 것을 주요 목표로 하고 있다. 여기서는 종개체군의 동태학과 종개체군간의 상호작용을 식식성 곤충류의 개체군 동태를 중심으로 살펴보려 한다.

1. 곤충개체군의 장기적 밀도 변동

곤충류 중에는 개체수가 극히 불안정하여 해에 따라서나 지역에 따라 밀도에 큰 차이가 있는 것이 있다. 예를 들면 유럽의 *Dendrolimus pini* 솔나방은 번데기로 땅속에서 월동하는데 독일에서

60세대 이상에 걸친 밀도 조사 결과를 보면 적은 해와 많이 발생한 해의 밀도는 20,000배나 차이가 있었다고 한다(Varley 1949). 그러나 대부분의 경우 변동폭은 수십 배에서 수백 배가 보통이다.

일본이나 우리나라에서는 벼의 해충인 이화명나방이나 멸구, 매미충류에 대한 유살 등에 의한 유살수가 1960년경(일본은 1940년 초)부터 여러 지역에서 조사된 것이 있다. 이런 성적은 일종의 지표자료로 개체수의 정확한 자료는 아니나 농업환경 변화가 해충발생에 미치는 영향에 관한 중요한 정보를 포함하고 있어 중요한 자료이다.

독일에서는 임업해충인 *Bupalus piniarius* 자나방, *Panolis flammea* 밤나방, *Hyloicus pinastri* 박쥐나방 등의 유충과 번데기의 밀도가 매년 같은 방법으로 조사되고 있고 영국에서는 *Operophtera brumata* 자나방에 대한 18년에 걸친 생명표 관련자료(정량적)가 조사되어 있다(Varley와 Gradwell 1968).

스위스에서는 낙엽송의 해충인 *Zeiraphera diniana* 애기잎말이나방에 대한 발생조사가 1850년부터 시작되었는데 1949년부터는 장기적인 연구사업으로 전환하여 같은 방법으로 밀도가 조사되고 있어 개체군 동태학적으로 중요한 정보를 제공하고 있어 그 내용을 소개하면 다음과 같다.

이 해충은 평균 8.5년을 주기로 대발생이 일어나며 대발생시와 소발생시의 밀도 차이는 약 10,000배에 달한다. 이 조사가 시작된 후 제2회의 대발생이 끝났을 때 Auer(1961)와 Baltensweiler(1968) 등은 주기적 밀도 변동 원인으로 이 해충의 내적요인과 대발생 말기의 천적류와 바이러스병이 그 원인일 것이라고 추정하였다. 즉 발생이 적을 때는 잎의 영양이 좋아 개체군의 증식률이 높았는데 특히 개체군에는 대사활성이 높고 증식력이 큰 암색유충 비율이 높았다. 그런데 유충밀도가 높아지면 종내 경쟁이 심해지면서 경쟁에 약한 암색

유충 비율이 감소하고 담색유충 비율이 높아지고 말기에는 높은 밀도의 천적류와 바이러스병의 유행으로 유충치사율이 높아져 밀도가 감소한다. 즉 이들은 밀도의 주기적 변동을 개체군내의 피드백 현상으로 설명하려 하였다.

1976년 제3회의 대발생 주기가 끝났는데 그 원인에 대하여 Fischlin과 Baltensweiler(1979)는 이 해충의 유충밀도가 증가하여 낙엽송이 큰 피해를 입으면 다음 해의 잎에는 조섬유 함량이 많아지는데 이 조섬유의 함량과 이 해충의 유충의 생존율 그리고 우화한 성충의 산란수간에는 명백한 역상관관계가 있어 이런 관계를 이용한 개체군 모델을 시뮬레이션 한 결과 주기적 변동을 비교적 정확하게 재현할 수 있었다고 하여 이런 현상을 일종의 유도저항성(Inducible resistance: 식식성 곤충류의 가해로 생기는 숙주식물의 방어 반응) 이론으로 설명하였다. 그런데 제5회의 주기가 끝날 무렵 최종주기변동에 특이한 변동이 나타났다. 즉 추정으로는 1990년에 최대밀도가 생겨야 하는데 그 해에 밀도가 크게 감소하여 피해를 거의 볼 수 없을 정도였다고 한다. 그 원인은 1989년과 1990년 2년 동안 3월의 이상 고온으로 월동란의 휴면 후 발육이 고르지 못하고 부화율이 낮아진 것과 낙엽송의 신엽생장상태와 유충부화시기가 잘 일치하지 않아 어린 유충의 치사율이 높았기 때문이었다. 이와 같은 사실은 실험적으로도 확인되었다. 이상기상조건이 주기변동에 영향을 미치는 것은 1871년과 1902년에도 있었던 것이 그 후에 알려졌다. 이런 사실의 구명에는 5주기 40년에 걸친 연구로 밝혀진 셈이다.

이와 같은 장기간에 걸친 개체군 동태연구는 해충의 개체수 변동요인의 해석에 대단히 중요한 공헌을 하였다. 단기간의 연구만으로는 잘못된 결론을 낳을 수 있는 위험성이 있음을 시사하고 있는 것이다.

현(1968)은 4년에 걸쳐 야외에서 솔나방(*Dendrolimus spectabilis*)

개체군 동태학적 연구를 하고 솔나방의 발생량을 지배하는 주요 요인이 전년도 8월중의 강우량 특히 일평균 강우량임을 발생밀도와 전년도 8월중의 강우량과의 관계를 이용하여 밝히고 실험적으로 강우가 부화 직후 유충의 분산에 미치는 영향을 조사하여 강우강도가 클 때 분산유충이 땅에 떨어져 치사율이 높아진다고 하고 야외 소나무의 수관부가 크면 유충이 땅에 떨어지는 것이 적어 치사율이 낮아진다는 것을 뒷받침하였다. 그러나 현재와 같이 솔나방의 발생을 거의 찾아 볼 수 없는 상황은 강우량의 영향보다는 1970년대 이후의 임상변화가 큰 영향을 미쳤을 것으로 보아야 할 것이다. 이와 같이 곤충의 밀도변동은 서식처 특히 군집구성동태의 변동과 밀접한 관계가 있다. 이와 같이 해충발생이 환경변화에 큰 영향을 받는다는 것을 생각할 때 장기적인 정량적 연구는 실제적인 문제해결을 위한 대책마련으로 대단히 중요할 뿐 아니라 복잡한 환경문제의 합리적 해결에도 불가결이다.

유감스럽게도 우리나라에서는 솔나방과 솔잎혹파리(박과 현 1977)에 관한 개체군 동태학적연구 이외에는 장기간에 걸쳐 엄밀한 밀도나 치사요인에 대한 조사를 통한 개체군 동태학적연구는 거의 없는 상태이다. 이것은 응용연구기관의 연구사업기간이 수년밖에 안되며 최근의 해충학자들이 야외가 아닌 실험실내에서의 연구에 몰두하는 것과도 무관하지 않은 듯하다. 물론 이화명나방이나 멸구, 매미충류에 관하여는 유살등 유살수 조사 성적이 장기간에 걸쳐 축적되고 있기는 하나(그것마저도 최근에는 소홀히 되고 있는 경향이 있다) 같은 장소에서 같은 방법으로 포장에서 장기간에 걸친 밀도변동 조사는 없다. 따라서 이와 같은 주요 해충류에 대하여도 그의 밀도 변동에 대하여는 상황증거를 중심으로 한 추측 이상은 할 수 없는 상황에서 단시일 내에 환경조건이 크게 변화하고 있는 우리나라의 현실에서 해충문제에 대한 장기적이고 과학적인 대책 수립에 문제가 아닐 수 없다.

2. 개체군 밀도 변동요인

곤충 개체군 밀도 변동에 관여하는 요인들에 관한 연구는 예로부터 곤충생태학자들의 깊은 관심사였다. 오래전 Harcourt(1969)는 그때까지 개체군 변동에 관한 요인분석은 실험실내의 인위적 조건이나 단편적인 자료를 이용한 것으로 여러 가지 요인이 얽혀있는 복잡한 야외개체군의 동태를 이해하는 데는 극히 불충분한 것이라고 하였다. Milne(1984)이 구북구다색풍뎅이(*Phyllopertha horticola*)에 관한 30여년에 걸친 개체군 동태학적 연구를 통하여 주장한 바와 같이 생태학에서 야외 동물개체군의 변동 원인을 규명하는 것보다 중요한 것은 없다.

곤충 개체군 밀도의 변동에 관여하는 요인에는 기상요인과 같은 무생물적 요인과 먹이 식물이나 천적 그리고 동종 또는 같은 요구조건을 가진 다른 생물과의 요구조건에 대한 경쟁과 같은 생물적 요인이 있다. 그리고 이들 요인의 영향이 개체군 밀도에 따라 달라지는지 그렇지 않은지에 따라 밀도 의존성 요인(Density dependent factors)과 밀도 독립성 요인(Density independent factors)으로 분류하는데 대체로 생물적 요인은 밀도 의존성이며 물리적 요인은 밀도 독립성이다. 물론 흙의 물리 화학적 요인은 숙주식물을 통하여 곤충 개체군의 생존이나 증식에 영향을 미치게 되는데 이런 경우 이런 구별은 명백하지 않다.

기상적 요인과 같은 물리적 요인과 천적이나 경쟁과 같은 생물적 조건 중 어느 것이 생물의 개체군 밀도에 미치는 영향이 큰가에 대하여는 옛날부터 많은 논쟁이 있어 왔다. 특히 1950년대에는 곤충 개체군은 천적류의 작용과 같은 밀도 의존적인 조절작용으로 어떤 밀도를 중심으로 조절된다는 주장과 곤충 개체군 밀도는 기상요인과 같은 밀도 독립적 요인의 직접적인 영향이나 기주식물을 통한 영향을 크게 받는다는 주장간의 심한 논쟁이 있었다. 전자에 속하는 학자들은 천적류나 생물의 경쟁 등 생물적 요인은 개체군의 밀도에 따라 영향력을 달리하므로 개체군의 밀도는 어떤 밀도를 중심으로 상하로 변동된다고 하는 Nicholson을 위시한 생물학파 학자들과 생물적 방제론자들이었다. 물리적 요인을 중시하는 학자들은 Andrewartha나 Birch 등의 기후학파로 그들은 기후적 조건은 원칙적으로 확률적 변동을 하며 개체군 밀도는 조절되는 것이 아니고 기후적 조건의 변동에 따라 변하는 것이라고 주장하였다. 이런 논쟁은 Milne(1962)의 포괄적 이론으로 일단 결말을 보게 되었으나 그 후에도 야외곤충개체군의 밀도 의존적 조절기능이 실제로 작용하는지 또는 그 작용이 엄밀한 의미에서 밀도 의존적인 것인지 여부를 놓고 많은 논쟁이 계속되고 있다.

야외에서 개체군의 밀도 변동에 관여하는 요인은 여러 가지가 있는데 그들 요인 중 가장 중요한 요인을 지배요인 또는 관건요인(Key factor)이라고 한다. 이 개념을 제시한 Morris(1957)는 그로 인한 치사율이 높을 뿐 아니라 변동 폭이 커야한다고 하고 실용적인 면에서는 가해생육단계의 밀도에 미치는 영향이 커야 한다고 하고 세대간 밀도 변동과 각 치사인자간의 관계를 이용하여 평가하였다. 그 후 Varley와 Gradwell(1960)은 전 세대에 걸친 치사율을 K라고 하고 각 치사요인에 의한 치사율을 k_0, k_1, k_2 등으로 하였을 때 지배적 요인은 그의 변이가 전체치사율에 미치는 영향이 가장 큰 것이라고 하였다. Podoler와 Rogers(1975)는 K에 대한 각 k의 회기계수가 가상 큰 것을 지배요인으로 하였다. 결국 지배요인은 개체군 밀도를 평균 개체군 밀도에서 보다 큰 차이가 생기도록 하는 요인인 셈이다. 반면에 밀도 의존성 요인은 보다 높은 밀도에서 좀 더 크게 작용하여 개체군 밀도를 평균적인 밀도로 유지하는 방향으로 작용하는 요인이라고 할 수 있다.

곤충 개체군 밀도 변동에 관여하는 지배적 요인과 밀도 의존적 치사요인에는 성충이나 부화 직후 유충의 분산, 월동 중인 알이나 유충 또는 번데기의 치사, 천적류, 기주식물의 영양조건, 경쟁, 먹이 부족, 동족포식, 생식력 감소, 성비변화, 병원미생물 등 여러 가지가 있다. 곤충에 따라서는 밀도 의존적 치사요인이나 지배요인이 숙주식물에 따라 달라질 수도 있다. 예를 들면 콜로라도 감자잎벌레(*Leptinotarsa decemlineata*)의 경우 토마토에서는 유충에 밀도 의존적 기생률이 작용하나 감자에서는 밀도 의존적인 먹이 부족과 분산이 작용한다. 또 참나무류의 해충인 겨울물결지나방(*Operophtera brumata*)의 경우 원산지인 영국에서는 땅속에서 월동하는 번데기에 대한 먼지벌레류와 반날개류 그리고 들쥐류 등의 포식작용이 밀도 의존적으로 작용하나 이 나방이 침입한 캐나다에서는 *Cyzenis* 기생파리가 지배요인으로 작용한다.

Stiling(1988)은 야외개체군 중 밀도 변동을 영양단계와 관련하여 한 단계 위인 천적류, 밑인 숙주식물의 양과 질, 주로 성충에서 일어나나 부화 직후의 유충에서도 일어나는 분산, 성충의 생식력 감소, 강우와 같은 기상조건의 직접적 영향 등으로 구분하여 분석하여 표 9-1과 같이 정리하였다.

표에서 보는 바와 같이 밀도 의존성이 검출된 치사요인은 전체 55예 중 32예로 전체의 약 58%이며 그들 대부분 즉 91%가 유충과 번데기 그리고 성충기에 작용하고 있다. 그리고 지배요인으로는 천적이

표 9-1. 야외개체군 밀도에 관여하는 밀도 의존요인과 지배요인 (Stiling 1988)

	치사요인					작용충태			
	천적	먹이의 질, 양	이동 분산	산란수 감소	기후 등 밀도 비의존	알	유충 번데기	성충	
밀도 의존성 예	13	5	8	6	23	3	14	16	55
%	23.6	9.0	14.5	10.9	41.8	9.1	42.4	48.5	
주요 지배요인 예	20	5	12	12	6	10	30	22	55
%	36.4	9.1	21.8	21.8	10.9	16.7	48.4	35.5	

연구내용에 차이가 있어 항목별 총수에 차이가 있다

36.4% 그리고 성충의 분산과 산란수 감소가 각각 21.8%로 전체의 80%를 차지하고 있으며 그의 작용생육단계는 유충과 번데기에서 48.4%, 성충기가 35.5%로 거의 대부분을 차지하고 있다. 그는 곤충류의 분류군, 외래종과 토착종, 단식성종과 광식성종, 내부기생성과 외부기생성 그리고 정주성과 이동성 곤충류를 비교하고 치사요인의 중요도에 특별한 차이가 없었다고 한다.

Varley(1973) 등은 여러 가지 임업해충에 관한 지배요인을 정리하였고 Podoler와 Rogers(1975)는 회기계수를 이용하여 31연구예의 지배요인을 정리하고 그 중 14예 45%가 밀도 의존적 요인이었다고 하였다. Nakasuji(1982)는 Podoler와 Rogers의 12예에 11개 연구예를 더한 23예 중 포식자나 기생자가 주요한 치사원인이 된 것이 9예 39%였다고 하고 그 중 *Parlotoria oleae* 깍지벌레와 캐나다의 *Operophtera brumata* 자나방은 도입천적으로 생물적 방제에 성공한 예인데 후자의 경우 원산지인 유럽에서의 치사요인은 천적이 아니고 월동중의 치사라고 하여 지역에 따르는 차이를 지적하고 있다. Southwood(1975)는 32개의 연구 예를 검토하고 대체로 삼림해충이나 저곡해충의 경우는 유충기 치사요인 특히 기생자와 포식자가 지배요인인 경우가 많고 흡습성 곤충류는 먹이의 질을 통한 성충의 생식력 감소가 보다 중요하다고 하였다. 또 그는 농업해충의 경우 성충의 이동 또는 생식력 감소가 중요한 듯 하다고 하였다.

한편 Southwood와 Reader(1976)는 가막살나무의 해충인 *Aleurotrachelus jelinekii* 가루이에 대한 개체군 동태학적연구를 통하여 밀도 의존적 요인을 찾지 못하였으나 그 후 Hassel, Southwood, Reader(1987)가 엽당밀도에 대한 세대내 밀도의존성을 검토하여 그의 존재를 밝힌 바 있다.

Dempster(1983)는 나비류 24종의 생명표 관련 연구를 검토하고 밀도 의존적 요인이 확인되지 않은 것은 33%인 8예였고 밀도의존성이 확인된 16예 중 13예는 먹이부족, 분산, 성비변화, 동족포식 그리고 생식력 감소와 같은 경쟁과 관련이 있는 요인들이라고 하였다. 여기서 한 가지 생각해야 할 문제는 포식과 기생, 분산과 이동, 먹이의 조건 그리고 생식력의 감소 등과 같은 밀도 변동 요인들은 그 중 어떤 것이 밀도 변동과 관련보다 크게 작용하는 경우가 흔히 있다는 점으로 지배요인이 존재한다 할지라도 그것이 꼭 밀도의존적인 것은 아니라는 것이다.

그리고 이런 연구의 가치는 개체군동태에 관련된 여러 가지 요인들 간의 상호작용관계를 보다 깊이 있게 이해하는데 도움이 된다. 물론 이런 연구를 통하여 얻을 수 있는 추정치와 실측치 간에는 차이가 있을 수 있겠으며 또 모든 요인을 포함시킬 수도 없는 것이 사실이다. 그러나 이런 연구는 우리가 밝힌 것 즉 설명이 가능한 비율과 불분명한 부분을 명백히 함으로써 앞으로 더 연구해야 할 것이 무엇이고 어떻게 하는 것이 보다 나은 결과를 얻을 수 있는가에 대한 명확한 문제를 제시하여 줄 수 있다. 즉 이런 연구는 완전한 해답을 얻기 위함보다는 이해의 정도나 예측성 그리고 관리의 효과를 보다 향상시키는데 도움이 된다. 그리고 실용적인 문제로는 지배적 요인이 밝혀지면 그것을 이용한 해충 개체군 밀도 변동 모델을 이용하여 그의 변동을 예측할 수 있어 어느 시기에 방제하는 것이 가장 효과적이며 어떤 방법이 보다 효과적인가를 판단하는데 도움이 될 뿐 아니라 지배요인이 기상적 요인과 같이 인위적으로 조절할 수 없는 것일 때는 살충제와 같은 외적요인을 효과적으로 이용하는 대책을 마련할 수 있고 그 요인이 인위적으로 조절할 수 있는 것일 때 예를 들면 천적류와 같은 경우일 때는 그 요인의 강화를 위한 대책을 강구할 수 있는 등 보다 효율적인 관리대책수립에 도움이 된다.

3. 종간 경쟁

한정된 자원이 부족할 때 종내 개체들 간이나 종간에 일어나는 경쟁은 공존하는 종의 수나 이들 종의 기능 즉 그들이 어디서 어떻게 먹고 지내며 그들의 몸의 크기나 계절적 활동 등과 같은 생물학적 현상에 중요한 영향을 미치는 것으로 알려지고 있다. 경쟁이란 요구조건이 같은 생물들 간에 자원이 부족할 때 일어나는 상호간의 간섭이나 자원의 쟁탈로 생존이나 생식에 불리한 영향을 받게 되는 것을 말하는데 경쟁의 영향을 받는 여러 가지 생태학적 현상에는 경쟁 이외의 현상으로도 설명할 수 있는 것도 많다. 예를 들면 새로 침입한 식물에 정착하는 곤충류를 보면 처음에는 많고 빠르나 시간이 경과하면서 종수가 적어지는데 이것은 먹이나 서식공간에 대한 종간 경쟁 때문에 한 식물에 공존할 수 있는 곤충의 종수에 한계가 있기 때문 즉 경쟁의 결과라고 할 수도 있고 정착으로 정착 가능한 종 풀이 차차 소진되기 때문이라고 해석할 수도 있다.

Strong 등(1984)은 생명표 관련 31개 연구 예들을 검토하고 그 중에서 종간 경쟁이 개체군 밀도 변동 요인으로 밝혀진 것은 19%인 6개

예였다고 하였다. 물론 이것은 식식성 곤충류에서 종간 경쟁의 예가 없다는 뜻이 아니고 다만 식식성 곤충류의 군집구조와 관련 종간 경쟁이 언제나 중요한 요인의 구실을 하는 것은 아니라는 뜻이다.

Strong(1982)은 분류학적으로 유연성이 크며 숙주식물에서 같은 부위를 같은 시기에 가해하면서 수명이 길고 증식력이 작은 전형적인 K-선택성(발육이 느리고 경쟁력이 크며 여러 차례 생식을 하는 비교적 안정된 환경에서 생활하는 생물들) 생활사를 가진 열대산 *Heliconia* 생강류의 해충인 가시잎벌레류(Hispinae)를 대상으로 종간 경쟁관계를 조사하였다. 이들 잎벌레류의 성충과 유충의 경우 서로 배타성은 없다. 즉 성충은 서로 적대행위를 하는 일이 없이 다른 것의 주위를 서서히 맴돌며 먹기도 하고 쉬기도 한다. 유충은 성충보다 행동이 느리며 같이 먹이를 취하면서 조용히 지낸다. 이들 잎벌레들은 자연 상태 하에서 여러 종이 같이 지낼 뿐 아니라 실험실에서 한 페트리접시 안에 같이 있어도 수개월 동안 죽는 일 없이 같이 지낸다고 한다. 이런 사실들은 다른 많은 식식성 곤충류가 같이 있을 때 서로 죽이거나 동족포식을 하는 예들과는 다른 특이한 현상이다.

자연상태에서 성충은 어린 *Heliconia* 생강의 말린 잎 속에서 지내는데 때로는 한 말린 잎에 5종이 같이 있는 경우도 있었다. 말린 잎이 자라면서 펴지면 계속하여 새로운 잎을 말고 그 속에서 지낸다. 성충의 수명은 1년 이상이나 되는 것이 있으며 잎들 사이를 자유롭게 이동한다.

여러 가지 사실들로 보아 이들 잎벌레는 한 잎에서 상호간섭이나 쟁탈성 경쟁을 통하여 이들 잎벌레 군집의 구조가 영향을 받는 것 같지는 않다. 즉 이 잎벌레들의 숙주에 대한 특이성은 다른 종과의 공존으로 영향을 받지 않는다. 그리고 서로 다른 지역의 군집구조를 보면 실제로 공존하는 종들은 종간 경쟁 양상에서 볼 수 있는 종간 관계는 볼 수 없고 그들 간에는 종간 경쟁이 없는 듯한 양상을 나타내고 있었다. 더욱이 어떤 잎벌레 군집에서의 종수는 종간의 배타성에 영향을 미치지 않았으며 종간 경쟁에서 볼 수 있는 것과 같은 잎에서의 밀도 증가가 종간의 배타성을 증가시키는 것과 같은 현상도 볼 수 없었다. 그리하여 말린 잎의 잎벌레 밀도는 먹이나 숨는 곳 같은 자원이 부족해질 정도의 높은 밀도에 달하는 일은 없었다.

Strong(1983)은 그 후의 연구로 성충에 대한 포식작용과 유충, 알, 번데기에 대한 기생이 이 잎벌레의 밀도를 종내 경쟁이나 종간 경쟁이 일어날 수 없을 정도로 감소시킨다고 하고 성충에 대한 포식은 여치류나 침노린재류가 대단히 중요하며(Seifert 1982) 알, 유충, 번데기에 대하여는 기생벌류가 중요한데 어떤 종의 알은 35~50%가 좀벌류의 기생을 받았고 번데기 역시 75%가 기생벌의 기생을 받았다고 한다. 기생벌류를 비롯한 여러 가지 천적류가 이들 잎벌레류의 밀도를 이렇게 낮은 밀도로 억제하는 결정적 요인인지 여부는 앞으로 더 많은 연구가 있어야 하겠으나 이에는 숙주식물간의 거리나 그들의 생장 그리고 기상조건 등을 포함한 총체적인 연구가 있어야 할 것이다. 또 다른 가능성은 이런 잎벌레류의 공존관계를 종간공존의 진화라고도 생각할 수 있는데 이 문제는 규명이 대단히 어렵다. 천적류와 다른 요인들이 이들의 밀도를 자원 대비 아주 낮게 억제하고 있다는 사실은 공존하는 다른 종에 대하여 다른 생태적 지위로의 전환에 대한 선택작용이 별로 없었다는 것을 의미하는 것으로 보인다.

식식성 곤충류에 있어서 종간 경쟁의 예가 적은 것은 Hairston (1960) 등이 지적한 바와 같이 녹색식물은 양적으로 풍부하고 식식성 동물은 천적류의 영향을 크게 받아 경쟁의 필요조건인 먹이의 부족을 겪는 일이 없어 경쟁이 적은 듯하나 자연계에는 식식성 곤충류에서도 경쟁현상은 볼 수 있다.

Strong 등(1984)은 식식성 곤충류의 종간 경쟁에 관한 연구 예를 관련종, 기작 그리고 분류군, 서식처, 먹이 식물 등의 측면에서 검토하여 편중적인 것 12건과 균형적인 것 5건 등 17건을 정리하고 종간 경쟁의 예는 여러 가지 식물군, 서식처, 곤충분류군에 걸쳐 광범위하게 존재하는데 일반적으로 노린재류와 매미충류와 같은 흡즙성 곤충류에서 보다 흔한 경향이 있다고 하고 종간 경쟁관계는 대부분이 편중적인 것으로 균형적인 것과는 3:1 정도로 편중적인 것이 많다고 하고 때문에 경쟁을 균형적인 것으로 전제하고 있는 종간 경쟁의 이론은 식식성 곤충류에 대하여는 적절치 못한 것이라고 하였다. 실제로 종간 경쟁관계 연구 예를 보면 경쟁은 언제나 있는 것이 아니고 가끔 있는 수시적인 경우와 식물의 유도성 방어(후술)를 통한 간접적인 경쟁의 예가 대부분이다.

Rathche(1976)는 초원에서 줄기를 파고드는 곤충류 13종(딱정벌레류 8, 파리류 2, 나비류 3)의 유충들 중 70% 이상이 최소한 2개 이상의 길드에 걸쳐 자원을 같이 이용하였으나 그 중 두 종만이 서로 불리한 영향을 미쳤다고 하였다. 한 종의 꽃벼룩 유충과 *Epiblema* 애기잎말이나방의 유충만이 확률적 이론치보다 낮은 공서관계를 나타내 경쟁관계를 보여주었는데 실내실험으로 이와 같은 차이는 간섭성 경쟁 때문임이 밝혀졌다. 이 두 종 곤충이 한 개의 줄기에서 공존할 때 이 꽃벼룩의 유충은 *Epiblema* 잎말이나방 유충을 공격하여 죽인다. 따라서 이 꽃벼룩은 길드내에서 명백한 경쟁관계를 나타내는 예이다.

Kareiva(1982)는 *Phyllotreta cruciferae*와 *P. striolata* 두 종 벼룩잎벌레와 배추흰나비의 배추류에서의 경쟁관계를 조사하고 먹이식물의 밀도가 높을 때 배추흰나비가 *P. cruciferae* 벼룩잎벌레의 밀도를 억제하고 *P. cruciferae* 벼룩잎벌레는 *P. striolata*의 밀도를 억제하였는데 반대 방향으로의 영향은 거의 없었다고 하였다. 그는 21개의 실험 중 명백한 경쟁관계는 이 두 경우뿐이라고 하였다.

한편 현존의 군집에서 명백한 경쟁관계를 발견할 수 없다는 것이 군집구조와 경쟁이 무관하다는 것을 뜻하는 것은 아닐 수 있다. 즉 식물들은 현재의 군집에서는 경쟁을 최소화시키거나 완전히 배재하는 방향으로 진화해왔다고 생각할 수도 있다. Connell(1980)은 이것을 "과거경쟁의 유물(The ghost of competition past)"이라고 하였다. 이 개념은 그럴듯한 것임에는 틀림없으나 그의 증명은 대단히 어려운 것이다. 즉 두 종 또는 그 이상의 종에서 먹는 곳이나 시기 또는 몸의 크기 등에서 경쟁을 최소화하려면 얼마나 차이가 있어야 하며 이런 차가 경쟁 이외의 측면에서 생각할 수 있는 차이와 비교하였을 때 확실히 경쟁에 의한 것이라고 할 수 있을 것인지 등이 문제가 된다. 한 가지 생각할 수 있는 것은 서로 다른 지역에 분포하는 같은 종의 식물에서 진화한 곤충군집의 경우 경쟁이 곤충류의 진화에 명백한 영향을 미쳤다면 비슷한 환경조건에서는 비슷한 군집이 지역마다 독립적으로 진화하였을 것으로 생각할 수 있다. 그러나 지역 군집들은 비슷한 기후조건하에서도 군집구조에 명백한 수렴성을 보이지 않는 것이 보통이어서 이런 경우에도 문제가 없다고는 할 수 없다.

우리는 식식성 곤충류 군집에서 경쟁의 역할을 생각할 때 현존하는 종들 간의 상호작용관계를 바탕으로 해야 하기 때문에 실제로 몇몇 식식성 곤충류는 경쟁관계에 있는 것이 확실하나 많은 종은 많은 경우 경쟁관계에 있지 않다고 보아야 한다.

4. 천적류

식식성 곤충류는 척추동물, 병원미생물 그리고 거미류를 비롯한 많은 천적 곤충류의 공격을 받는다. 여기서는 곤충을 잡아먹는 포식

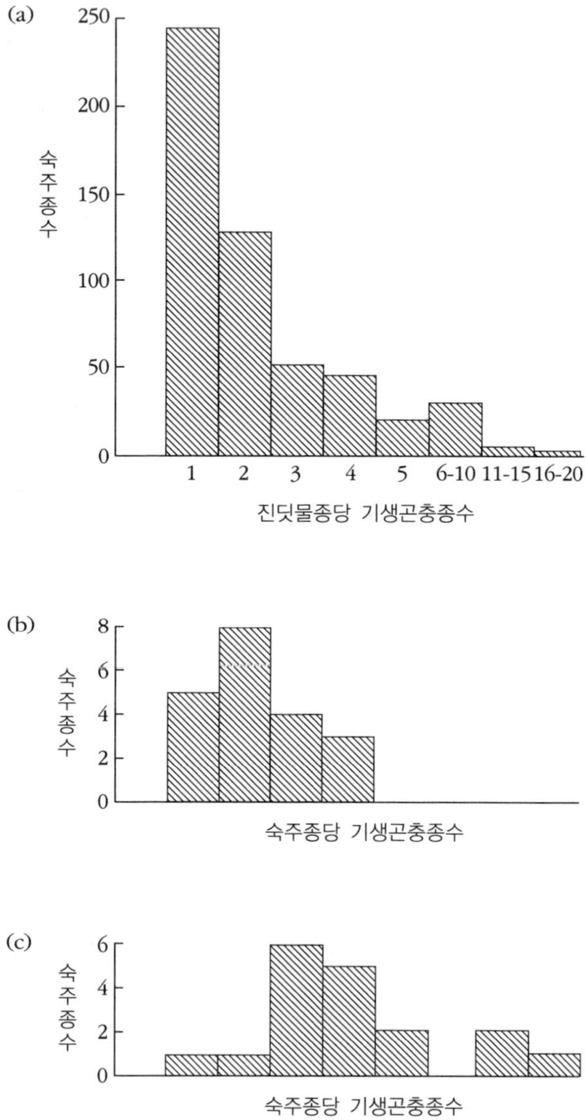

그림 9-1. 식식성 곤충류와 천적종수와의 관계

(a) 구북구 분포 528종 진딧물류의 종당 기생봉종수 (Starý와 Rejmánek 1981), (b) 초본류, 관목류, 목본류에 충영을 만드는 혹벌류에 기생하는 벌의 종수 (영국), (c) 가는나방속 굴나방유충에 기생하는 벌의 종수 (b와 c는 Askew 1980)

성 곤충류와 곤충류에 기생하는 기생성 포식곤충류를 중심으로 설명하려 한다. 그림 9-1은 식식성 곤충류와 천적종수와의 관계이다.

그림에서 보는 바와 같이 많은 식식성 곤충류는 10종 이상의 기생성 곤충류의 공격을 받으며 많은 것은 20종의 포식성 기생 곤충류의 기생을 받는 것도 있다. 물론 식식성 곤충류는 포식 기생성 곤충류 뿐 아니라 여러 가지 포식성 곤충류의 공격도 받는다. 대부분의 천적류의 작용은 밀도 의존적인 것은 아니나 천적류는 식식성 곤충류의 밀도 변동과 밀접한 관계가 있다. 이와 같은 천적류의 작용으로 식식성 곤충류의 밀도는 대부분의 종에서 낮게 유지되고 있다. 그리고 일부 천적류의 작용은 역밀도 의존적(식식성 곤충류의 밀도가 낮을 때 효과가 크다)이기 때문에 식식성 곤충류 개체군 밀도 변동에 파멸적 결과를 초래하는 수가 있다. 물론 이런 예는 "공간적(지역적)"인 것으로 세대간 즉 "시간적"인 것은 아니어서 그들의 개체군 밀도 안전성에 미치는 영향은 같은 것은 아니다.

Varley 등(1973)은 영국에서 겨울물결자나방(*Operophtera brumata*)의 개체군 동태를 연구하였다. 이 나방은 *Quercus robur* 참나무를 비롯한 몇 가지 광엽성 나무류의 해충인데 여러 가지 발육단계에서 다양한 천적류의 공격을 받는다.

여러 가지 치사요인들 중 땅속에서 월동하는 번데기에 대한 포식작용은 유일하게 밀도 의존적으로 작용하였다. 이 때의 포식 작용은 밀도 의존적일 뿐 아니라 지연적 측면이 있어 다음 해의 밀도에도 관계가 있다. 이 때의 치사요인으로는 먼지벌레류나 반날개류와 같은 곤충과 들쥐류와 같은 포유류가 있는데 들쥐들은 직접적인 밀도 의존적 작용을 하며 지연적 작용은 겨울나방의 밀도가 높은 해에는 딱정벌레류의 생존율과 증식력이 증대되어 다음 해에는 딱정벌레의 밀도가 높아지는 것이 원인일 것이라고 하였다.

이 나방에서 번데기의 포식자와는 달리 대부분의 천적류는 밀도 독립적이거나(예 유충기생성 *Cyzenis albicans* 기생파리, 번데기기생성 *Cratichneumen culex* 맵시벌) 역밀도 의존적이었다. 그리고 한 가지 특이한 점은 어떤 치사요인의 중요성은 개체군에 따라 달라질 수 있다는 점으로 영국에서는 *Cyzenis albicans* 기생파리는 이 해충의 밀도를 조절하지 못하나 이 해충이 침입한 캐나다에서는 생물적 방제를 목적으로 이 기생파리를 도입하여 큰 효과를 보고 있다. 이 자나방의 천적류로는 기생벌과 기생파리와 같은 기생성 곤충류뿐 아니라 포유류, 포식성 곤충류, *Plistophore operophterae*와 같은 원생동물 그리고 다각체 바이러스 등 여러 가지가 있으며 이들 대부분은 밀도 의존적인 것은 아니어서 그들의 중요성은 연도나 지역에 따라 차이가 있다.

식식성 곤충류 군집 문제와 관련하여 중요한 점은 여러 가지 천적류의 개별적 영향의 정량적 평가를 통하여 조절적인 것과 비조절적인 요인을 식별하고 비조절적인 것에 대하여는 어떤 것이 파멸적이고 어떤 것이 변동을 초래하는 것이며 어떤 것이 해충밀도에 큰 영향을 미치며 어떤 것이 무관한 것인지 등을 밝히는 일일 것이다.

한편 전절에서 설명한 지배요인 분석은 어떤 요인이 개체수 변동에 보다 중요한 영향을 미치는가를 가리기 위한 것으로 그것이 해충 개체군을 제어할 수 있는가 그렇지 못한가와는 별개의 문제이다.

천적류를 이용한 해충방제를 생물적 방제라고 한다. 생물적 방제는 천적을 이용하여 해충 개체군을 낮은 밀도로 억제하고 그 상태를 안정적으로 오래 유지하려는 것으로 일단 성공하면 천적에 큰 영향을 미치는 요인(주로 살충제의 이용)이 방해하지 않는 한 영구적으로 낮은 해충밀도를 유지할 수 있고 부작용도 없다.

생물적 방제는 주로 외국에서부터 침입한 해충을 대상으로 한다.

이것은 침입해충은 새로운 지역으로 침입할 때 천적을 동반하지 않는 것이 보통이어서 침입지에서는 심한 피해를 주기 때문이다. DeBach (1971)는 도입 천적류에 의한 생물적 방제 예를 검토하고 그림 9-2와 같이 정리하였다.

그림에서 보는 바와 같이 도입 천적이 정착에 실패하거나 정착하더라도 방제에 실패한 예가 상당히 많다. 이것은 앞서 설명한 바와 같이 해충개체군은 천적류 이외에도 많은 요인들의 영향을 받기 때문이다.

Kuno(1987)는 오랜 기간에 걸쳐 상세한 개체군 동태학적연구가 이루어진 대발생형 해충 가문비나무애기잎말이나방(*Choristoneura fumiferana*), *Acleris variana* 잎말이나방, *Zeiraphera diniana*

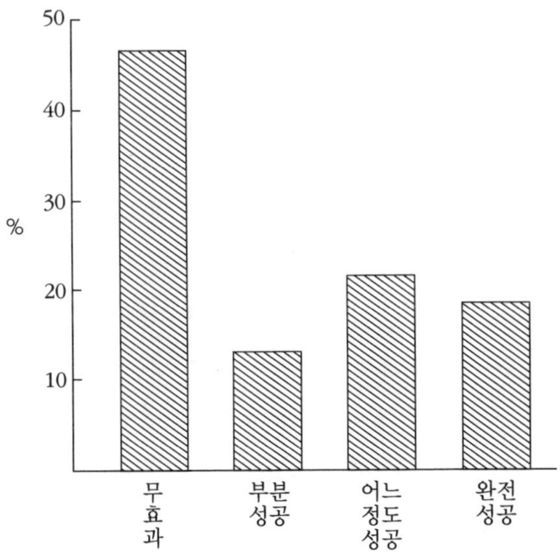

그림 9-2. 천적을 도입하여 생물적 방제에 성공한 예 (DeBach 1971)

무효과 ; 천적이 정착에 실패하였거나 효과가 없었던 경우, 부분 성공, 어느 정도 성공, 완전 성공 등은 주관적 판단

낙엽송회색잎말이나방 등과 일본에서는 대발생하는 일이 거의 없는 해충인 끝동매미충, *Epilachna niponica* 무당벌레 그리고 호랑나비(*Papilio xuthus*) 등의 개체군이 천적류에 의하여 개체군밀도가 밀도 의존적으로 조절되는지 여부를 검토하고 천적이 사망요인으로 중요한 것은 사실이나 그들이 개체군을 효과적으로 억제하여 안정시킨다는 확증은 없다고 하였다. 이러한 사실은 Dampster(1983)의 나비류 야외개체군 연구결과에서나 앞서의 Stiling(1988)의 검토에서도 보고되었다.

천적류의 도입에 의한 생물적 방제 성공 예는 몇 가지 예외는 있으나 대부분이 침입해충에 대한 그 해충의 원산지에서의 유력 천적의 도입에 의한 것이다. 이런 경우 해충 개체군을 엄밀한 의미에서 제어하고 있는지 여부와는 별도로 해충밀도를 아주 낮게 오랫동안 억제하고 있는 것은 확실하다. 침입해충의 경우 침입지에서는 토착 천적류를 포함 군집 구성종간의 상호자용관계는 역사가 짧아 이런 상태에서는 억제능력이 큰 천적의 도입이 실험실내의 먹이-포식자간 상호작용계가 성립할 수 있다.

Elton(1958)은 그의 저서 『침입 동식물의 생태학』에서 복잡한 군집일수록 구성종 개체군의 밀도 변동은 안정되어 있다고 하였는데 근래 해충-천적계의 변동에 관하여도 이 문제는 군집생태학적 측면에서 주목을 받고 있다. 캘리포니아주에서는 감귤의 *Aunidiella aurantii* 깍지벌레를 방제하는데 *Aphitis melinus* 등 좀벌류 3종을 도입하여 성공하였다. Murdoch(1995) 등은 이 깍지벌레와 좀벌과의 관계를 조사하고 그레이프프루트 귤나무에서의 나무내부와 수관부에서의 밀도를 비교하였을 때 나무내부의 밀도가 수관부보다 100배나 높다고 하고 그 원인은 나무 내부에서는 개미류가 있어 기생봉의 활동을 방해하기 때문에 기생률이 낮다고 하였다. 즉 나무의 내부에는 깍지벌레의 은신처가 있어 여기서 밀도가 높아지면 개체군의 일부가 수관부로 밀려나는데 이것이 기생봉의 지속적 기주 역할을 하여 기주-기생자체계를 유지시키고 있는 셈이다. 깍지벌레 개체군 밀도는 기생봉의 기생률이 낮은 나무의 내부에서 수관부보다 안정적이어서 기주-기생봉체계가 효과적으로 작용하고 있는 수관부에서 깍지벌레의 밀도 변동은 도리어 불안정하다고 하였다. 그리고 개미를 제거하면 수관부와 나무내부 모두에서 깍지벌레 개체군 밀도의 변동은 불안정하게 되는 것으로 보아 개미의 존재가 깍지벌레-기생봉계의 안정에 도움이 되는 듯하다고 하였는데 이것은 군집구성이 2종 체계에서는 불안정하나 3종 체계에서는 안정하다는 것을 시사하고 있다.

5. 유도저항성과 식물을 통한 간접적 상호작용

생태학이나 진화생물학의 중요한 목표의 하나가 생물들 간의 상호작용이 그들의 밀도나 표현형 그리고 개체군의 유전자형에 미치는 영향의 구명이다. 자연 상태에서 이들 상호작용관계는 대단히 복잡한 것임은 잘 알려진 사실이나 지금까지의 지상동식물 간의 상호작용관계는 주로 직접적인 양자간 관계가 대상이 되어왔다. 그러나 최근 두 종간의 상호작용관계만으로는 이해하기 힘든 여러 종간의 관계나 그의 진화문제가 많은 관심의 대상이 되고 있다.

지상식물은 많은 종류의 상리공생자나 적대적 생물들과 상호관계를 갖고 있는데 이런 관계는 보통 동시에 일어난다. 식물을 찾는 동물들은 분류학적으로 다양할 뿐 아니라 그들이 이용하는 식물의 기관이나 시기가 다르고 그들이 식물에 미치는 영향도 다양하다. 예를 들면 식물이 다른 생물의 공격을 받으면 지상부와 지하부로의 동화물질 분할상이 변하고 짧은 기간 광합성량이 증가하며 식불체에는 형태적 변화가 생기고 체내에는 방어물질이 생산된다. 또 공격을 받아 꽃의 크기가 달라지고 꿀이나 화분과 같은 보상물이 감소하면 화분매개동물과의 관계가 영향을 받는다. 그리고 공격에 대한 식물의 반응은 전신에 걸친 것이 있어 병균이나 식식성 곤충류, 기타의 군집구성생물과의 관계에 영향을 미치기도 한다. 따라서 식물과 동물간의 상호작용과 그들이 진화에 관한 지식은 생물군집의 특성진화를 이해하는데 대단히 중요하다. 여기서는 공격을 받은 식물의 직접적인 반응으로 생기는 유도저항성과 식물을 통한 간접적인 상호작용을 살펴보려 한다.

1) 숙주식물의 유도저항성

식식성 곤충류의 공격이 유도한 식물의 방어반응을 숙주식물의 유도저항성(Inducible resistance)이라고 한다. 작물과 병원미생물 간에는 병원미생물의 감염이 식물에 Phytoalcxin의 생신을 유도한다는 것을 Müller와 Börger(1940)가 보고 한 바 있으며 Phytoalexin의 방어기구에 관한 생화학이나 유전자 수준의 연구가 최근까지 활발하게 이루어져왔다. 식식성 곤충류에 대하여도 식물의 유도저항성에 관한 연구가 최근 많아지고 있다.

Green과 Ryan(1972)은 감자의 해충인 *Leptinotarsa decemlineata* 잎벌레의 가해를 받은 감자에서는 단백질 분해효소인 proteinase 저해물질의 생산이 촉진된다는 보고를 하였으며 이 물질은 곤충의 가해뿐 아니라 인위적인 손상으로도 생산된다. 식식성 곤충류가 유도하는 식물의 방어물질에는 proteinase 저해물질 외에도 잎의 조섬유량의 증가와 같은 먹이의 질의 감퇴나 수지의 분비에 의한 해충류의 생존율 저하 같은 예도 있어 전자를 화학적 유도저항성, 후자를 조직적 유도저항성이라고 하기도 한다. 화학적 유도저항성 물질로는

Proteinase 저해물질 외에도 미나리류의 Furanocoumarin, 담배의 Nicotine 등이 알려져 있다. 담배의 경우 가해를 받으면 뿌리에서 합성된 Nicotine이 도관을 통하여 잎으로 이동한다. 담배재배에서는 순자르기를 하여 불필요한 꽃을 제거하여 잎의 크기나 중량을 증가시키고 잎의 Nicotine량을 증가시키고 있다.

Haukioja(1985) 등은 *Epirrita autumnata* 자나방에 의하여 유도된 자작나무에서의 유도저항성은 유충의 발육을 지연시키고 용중을 감소시키며 이것은 최소 3년간 지속되어 이 해충의 개체군 밀도 변동에 큰 영향을 미치며 이것은 식해로 떨어진 잎이나 벌레의 똥을 거쳐 식물에 흡수되어 영향을 미치기도 한다고 하였다.

2) 식물을 통한 간접적 상호작용

포식작용은 피식자를 죽이는 것이 보통이나 식식동물은 식물을 죽이는 일은 거의 없고 섭식은 식물체내의 타감물질(Allelochemicals: 생물이 생산하는 2차대사물질로 다른 생물의 생장, 행동 또는 개체군 증가에 영향을 미치는 물질)의 생산이나 세포구조에 영향을 미치고 발육이나 생리 그리고 형태에 영향을 미친다. 식식성 동물에 의한 간접적 영향은 자연계에서 흔한 현상으로 그들 간의 상호작용관계는 분류학적으로 서로 다른 분류군간 뿐 아니라 시간적으로나 공간적으로 서로 떨어져 있는 생물들 간에도 일어나며 이와 같은 식식성 동물이 유도한 간접적 영향은 절지동물군집에서의 종풍부도나 그들의 밀도와 깊은 관계가 있다.

Bailey와 Whitham(2002)은 미국 애리조나주에서 들불이 있은 후의 *Populus tremuloides* 사시나무에서 맹아재생이 절지동물군집의 종풍부도나 그들의 밀도에 미치는 영향을 들불과 식식작용을 관련시켜 조사하였다. 엘크큰사슴의 섭식을 막았을 때는 사시나무의 맹아

생장량은 들불이 심하였던 곳에서 심하지 않았던 곳에 비하여 10배 컸으며 들불이 없었던 곳에서는 맹아생장은 거의 없었다고 한다. 그리고 엘크큰사슴의 섭식량은 들불이 있었던 곳에서 심하지 않았던 곳에 비하여 2배가 많았고 들불과 엘크큰사슴이 절지동물군집에 미치는 영향은 상반된 것이었다고 한다. 즉 조사된 절지동물은 11목 21과에 걸친 것이었는데 들불의 경중은 단독으로는 절지동물의 종풍부도나 밀도에 미치는 영향은 없었고 중 정도의 들불과 엘크큰사슴의 심하지 않은 섭식은 절지동물군의 종풍부도에서는 30%, 밀도에서는 약 40% 증가시켰으나 들불과 엘크큰사슴의 심한 섭식은 종풍부도를 69%, 밀도를 72% 감소시켰다고 한다. 그리고 들불과 엘크큰사슴의 섭식으로 다음과 같은 4개의 특징적인 절지동물군집상이 나타났다고 한다. ① 엘크큰사슴의 섭식이 없을 때는 들불의 경중과 관계없는 종풍부도를 보였다. ② 들불이 심한 곳에서 엘크큰사슴의 섭식이 심하면 종풍부도가 섭식이 없는 곳보다 68%나 감소하였다. ③ 들불과 엘크큰사슴의 섭식은 밀접한 관계가 있어 들불이 경미한 곳에서 엘크큰사슴의 섭식이 있었던 곳에서 종풍부도가 가장 컸다. ④ 엘크큰사슴의 섭식이 있었던 곳과 그렇지 않은 곳을 묶어서 보면 들불이 경미하였던 곳이 종풍부도가 가장 높았다고 한다.

이와 같이 들불과 같은 물리적 요인이 식물의 생장에 영향을 미치고 그에 따르는 식물의 생물학적 변화는 식식성 동물군집의 구조에 축차적인 영향을 미친다. 생태계에서 구성요소들 간의 이와 같은 복잡한 상호작용관계는 두 종간의 관계나 환원주의적 입장에서 문제를 이해하기보다는 전체적인 관점에서의 연구가 중요함을 뜻하는 것이다.

Ougushi(2005)는 *Salix miyabean* 버드나무를 중심으로 한 곤충군집의 동태에 관하여 다음과 같이 설명하고 있다. 이 버드나무에 특이종인 *Aphrophora pectoralis* 거품벌레는 그해의 새 가지에 생기며 가해를 받은 버드나무에는 잎이 더 많이 생긴다. 이렇게 생긴 새 가지에는 초봄에 23종의 잎말이나방이 발생한다. 잎말이나방류가 우화하고 나면 말린 잎 대부분에는 다른 곤충류 특히 이런 말린 잎을 선호하는 대륙털진딧물(*Chaitophorus saliniger*)의 기생을 받게 된다. 이런 진딧물류는 그들에서 감로를 수집하는 3종 개미류의 보호를 받는데 개미류가 많아지면 버들꼬마잎벌레(*Plagiodera versicolora*) 유충의 생존율이 감소한다. 한편 이들 식식성 곤충류에 있어서는 직접적인 종간 경쟁은 없는 것으로 생각된다(버드나무에서 곤충류가 소비하는 잎의 양은 20% 이하로 낮다). 더욱이 거품벌레의 약충이나 잎벌레 유충은 활발한 이동력을 갖고 있어 피해 잎에서 능동적으로 떠날 수 있다. 이와 같은 일련의 복잡한 상호관계는 거품벌레의 산란이 식물의 반응을 통하여 유기된 것으로 이와 같은 복잡한 상호작용 관계의 이해는 군집구조의 특성을 이해하는데 극히 중요함을 말하는 것이다. 여기서는 같은 숙주식물을 이용하는 식식성 동물들이 식물의 형질변화를 통하여 간접적인 관계를 갖게 되는 점을 중심으로 식식성 동물이 유도하는 간접적 관계를 살펴보려 한다.

(1) 시간적 상호작용관계

식식성 곤충류의 가해를 받은 식물은 형태적으로나 생리적으로 영향을 받게 되며 이런 영향은 그 후에 정착하는 곤충류에 여러 가지 생물학적 영향을 미치게 된다.

Harrison과 Karban(1986)은 초봄에 *Lupinus arboreus* 루핀이 *Platyprepia virginalis* 불나방의 가해를 입으면 다음에 섭식하는 *Orgyia vetusta* 독나방 유충의 생존율이나 번데기 무게를 감소시킨다고 하고 이것은 가해 후에 생기는 잎의 질소함량 감소 때문일 것이라고 하였다. 이와 같은 예를 Denno(2000) 등은 해변 늪지대의 갈대에 기생하는 멸구류에서 보고한 바 있다. 그들에 따르면 *Prokelisia dolus* 멸구의 가해를 받은 갈대에 *P. marginata* 멸구를 접종하면 발육이 지연되고 몸무게가 줄어든다고 하고 이것은 *P. dolus*의 가해가 필수아미노산 함량을 감소시키기 때문일 것이라고 하였다.

이와는 반대로 긍정적인 영향의 예도 보고된 바 있다. 즉 *Malacosoma californicum pluviale* 텐트나방 유충의 가해를 받은 오리나무에서 자란 8~9월의 미국흰불나방(*Hyphantria cunea*)의 번데기는 커지고 용화율도 높아 산란수가 12.5%나 많았다고 한다(Williams와 Myers 1984). 또 식식성 곤충류는 가해한 식물의 외형적 형질을 변화시켜 다음에 기생하는 곤충류의 생태에 영향을 미치기도 한다. *Rhus glabra* 슈막(옻나무류)이 이른 봄에 *Blepharila rhois* 밤나방의 가해를 받으면 지제부에 맹아가 생기는데 이렇게 하여 생긴 어린 슈막은 두눈하늘소(*Oberea ocellata*)의 산란을 더 많이 받게 되어 이로 인한 피해가 증가한다(Strauss 1991). 또 *Salix eriocarpa* 버드나무가지에 충영을 만드는 *Rabdophaga rigidae* 혹파리의 피해를 입은 가지의 끝쪽으로 생기는 가지나 잎은 연하여 버들진딧물(*Aphis farinosa*)이 많이 발생한다. 그리고 충영형성 가지에는 버들꼬마잎벌레(*Plagiodera versicolora*)와 반금색잎벌레(*Smaragdina semiaurantiaca*)의 발생밀도가 높았다(Nakamura 등 2003).

식물이 이른 봄에 잎에 가해를 받으면 꽃의 크기, 수, 화분의 질과 양 그리고 꿀의 생산이 영향을 받게 되어 화분매개곤충류에 영향을 미치게 된다. Strauss(1996) 등은 배추흰나비(*Pieris rapae*)의 가해를 받은 야생의 *Raphanus raphanistrum* 무는 꽃의 수나 크기가 크게 감소하여 이 나비의 방화 횟수나 꽃에 머무는 시간을 감소시키며

벌류의 방화도 적어지고 꽃파리류가 꽃에 머무는 시간이 짧아진다고 하였다. Strauss와 Murch(2004)는 참외를 대상으로 화분매개의 수량에 미치는 영향을 관찰하기 위하여 참외 잎을 펀치기를 이용하여 20% 손상시킨 다음 손이나 벌통을 넣어 화분매개를 시켰다. 이 정도 잎의 피해는 수량에 영향을 미치는데 손이나 벌통을 넣어 화분매개를 도와주면 수량에 차가 없었다고 하여 잎에 대한 가해와 더불어 화분매개에의 영향을 통한 간접적 영향의 중요성을 밝혔다.

(2) 공간적 상호작용관계

직접적인 접촉은 없으나 한 식물의 잎이나 뿌리를 가해하는 종들 간에는 식물이 생리작용의 변화를 통한 영향을 받는 경우가 있다.

Moran과 Whitham(1990)에 따르면 명아주진딧물(*Hayhurstia atriplicis*)은 명아주(*Chenopodium album*)의 잎에 충영을 만들며 *Pemphigus betae* 면충은 뿌리에 기생하는데 이 면충은 명아주에 별 영향을 미치지 않으나 명아주진딧물은 뿌리의 생체량에 큰 영향을 미친다고 한다. 이에 따라 명아주진딧물은 이 면충의 밀도를 크게 감소시키며 때로는 완전히 제거하기도 한다고 한다. 구북구다색풍뎅이(*Phyllopertha horticola*)는 냉이(*Capsella bursa-pastoris*)의 뿌리를 가해하는데 이 풍뎅이의 유충은 숙주의 영양생장을 크게 감소시켜 숙주에 수분부족을 유발하여 가용성 질소 농도를 증가시켜 지상부에 기생하는 *Aphis fabae* 진딧물의 밀도를 증가시키나 진딧물은 숙주식물이나 풍뎅이에 아무런 영향을 미치지 않는다고 한다(Gange와 Brown 1989). 그런데 방가지똥(*Sonchus oleraceus*)에서의 이 풍뎅이와 *Chromatomyia syngenesiae* 잎굴파리와의 관계는 위와는 달리 뿌리가 피해를 입었을 때 이 잎굴파리의 번데기의 크기는 커지고 증식력이 증대하는데 이것은 뿌리의 피해로 숙주의 질이 증진되기 때문인 듯하다. 그러나 잎굴파리의 피해는 뿌리의 생장량을 크게 떨어뜨려 풍뎅이의 생장을 감소시킨다(Masters와 Brown 1992).

(3) 곤충류 이외의 생물군과의 상호작용관계

식식성 곤충류는 곤충류뿐 아니라 포유류나 미생물류와 같이 식물을 자원으로 이용하고 있어 이들과는 분류학적으로는 거리가 먼 것이라 하여도 식물의 여러 가지 형질을 변화시켜 고유한 상호관계를 갖게 된다.

앞서 Bailey와 Whitham(2002)의 사시나무에 미친 엘크큰사슴의 피해와 절지동물군집 관계에서 본 바와 같이 식식성 포유류의 섭식은 식물의 생육 특성을 변화시켜 곤충류군집의 종 다양도나 그들의 밀도에 큰 영향을 미친다. Danell과 Danell(1985)에 따르면 자작나무류 *Betula pendula*와 *B. pubescence*에 발생하는 진딧물류, 나무이류, 잠엽성 곤충류 그리고 충영곤충류는 *Alces alces* 엘크큰사슴의 피해를 받은 곳에 많은데 이것은 엘크큰사슴의 가해를 받으면 잎이 커지고 잎의 질소나 엽록소 함량이 증가하기 때문이라고 하였다.

비버쥐(캐나다비버 *Castor canadensis*)는 *Populus* 사시나무류의 밑둥을 잘라 집 짓는 재료로 이용하는데 이런 가해를 받았을 때 생기는 맹아들은 가해를 받지 않은 정상적인 것에 비하면 Phenole glycoside류와 전질소함량이 많아 이들을 선호하는 *Chrysomela confluens* 잎벌레의 발생이 많아진다. 가해 후 재생 맹아에서 자란 잎벌레는 식물에서 얻은 이런 방어물질을 간직하고 있어 개미류의 공격을 덜 받게 되고 질소함량이 많은 잎을 먹게 되어 발육이 빠르고 몸이 더 커진다. 그리고 가해 후에 생기는 맹아들은 영양기관이나 생식기관의 생체량을 증가시키고 새 가지가 많이 생기게 되며 식물의 전체적 외형구조에도 차이가 생긴다고 한다(Martinsen 등 1998).

식물은 여러 가지 병원미생물이나 내부기생식물 또는 균근류의 기생을 받는데 이런 미생물류는 식식성 곤충류와 깊은 관계가 있는 것이 상당히 많다. *Tetranychus* 응애류의 가해를 받은 목화유묘에는 *Verticillium dahliae* 갈색무늬병균에 의한 병반이 적게 생기며 이 병균에 감염된 목화유묘에서는 응애류의 밀도가 감소한다(Karvan 등 1987). 이와는 반대로 긍정적 영향도 알려져 있다. Johnson 등(2003)은 *Marssonina betulae* 곰팡이에 감염된 자작나무에서는 *Euceraphis betulae* 진딧물의 선호성이 증가하고 밀도 증가도 크다고 하고 감염된 잎에서 이 진딧물을 사육하면 체중이 커지고 뒷다리 종아리마디가 길어지고 배자의 발육이 촉진된다고 하는데 그 이유는 곰팡이의 감염이 잎의 아미노산 함량을 증가시키기 때문일 것이라고 한다.

내부기생식물들은 숙주식물에 균독소를 생산케 하여 식식성 동물이나 병원균에 대한 저항성을 증가시킨다. 따라서 내부기생식물에 감염된 식물을 먹은 식식성 곤충류는 여러 가지 생물학적 영향을 받게 된다. 그러나 *Drepanosiphum platanoidis* 알락진딧물이나 *Periphyllus acericola* 진사진딧물은 내부기생곰팡이에 감염된 *Acer pseudoplatanus* 단풍나무에서 건전한 나무보다 밀도가 높고 체중이 커 증식력이 크다고 한다. 이때 감염된 잎은 보다 많은 가용성 질소를 함유하고 있었다고 한다(Gange 1996).

불완전균근곰팡이는 *Plantago lanceolata* 창질경이에 Aucubin이나 Catalpol 같은 섭식저해물질을 생산케 하여 저작곤충류와 잠엽성 곤충류의 발생을 감소시킨다(Gange와 West 1994). 그러나 *Myzus ascalonicus* 진딧물과 복숭아혹진딧물(*M. persicae*)에 대하여는 체중과 증식률을 증가시킨다(Gange 등 1999). 그리고 외부기생성 곰팡이류는 식식성 곤충류의 가해로 불리한 영향을 받는데 이것은 식식성 곤충류가 지상부생체중을 감소시켜 균근곰팡이가 이용할 탄수화물을 감소시키기 때문이라고 한다(Gehring과 Whitham 1994).

(4) 생태계 조작 곤충류

생물적 또는 무생물적 자원의 이화학적 조건을 변화시켜 다른 생물의 자원이용에 직접 또는 간접적인 영향을 미치는 생물들을 생태계 조작 생물이라고 한다(Jones 등 1994). 생태계 조작 곤충류(Insect ecosystem engineers)는 식물에 외형적 변화를 일으키게 하여 종간의 상호작용관계에 영향을 미친다. 이것은 지금까지 설명한 예에서와 같은 식물에 대하여 외형적 변화 없이 형질상의 변화를 일으켜 영향을 미치는 경우와는 다르다.

생태계 조작의 예로는 충영형성, 잎말이, 주머니만들기, 천공성 가해 등과 같이 다른 식식성 곤충류나 천적류에 새로운 서식처를 마련하는 곤충류들이다. 미소나방류, 바구미류, 잎벌류 그리고 메뚜기류 등은 숨을 곳을 만든다. 이들이 만든 숨을 곳을 차지하는 곤충류는 천적류의 공격을 피할 수 있고 불리한 미기상조건으로부터 보호받을 수 있으며 유리한 먹이 조건에 쉽게 접할 수 있는 등의 유리한 점을 갖게 된다. 앞에서 언급한 버드나무의 잎말이나방류에서와 같이 생태계 조작 곤충류는 다른 곤충류에 복잡한 영향을 미치기 때문에 이 분야의 연구는 야외생물군집의 실상을 이해하는데 많은 도움이 될 것이다.

(5) 직접적 상호작용과 식물을 통한 간접적 상호작용

식물의 형질변화를 통한 식식성 동물들의 간접적 영향은 지상 식물군집에서는 극히 흔한 현상이다. 형질변화를 통한 군집에서의 간접적 영향에 관하여는 오래전부터 그의 중요성이 인식되어 있었으나 포식작용이나 영양단계 또는 경쟁과 같은 밀도와 직접적인 관계가 있는 간접적 영향에 비하면 상세한 연구가 많지 않다. 이것은 한 영양단계에서의 상호작용관계는 서로 유연성이 큰 종 간이나 또는 같은 자원을 동시에 이용하는 종 간에서 가장 심하다는 생각과 또 하나는 종간 경쟁과는 달리 식물의 형질변화를 통한 상호작용관계는 보통 식식작용이 심하지 않은 곳에서 흔히 일어나기 때문에 관심을 덜 가져왔기 때문이라고 생각된다.

Oughushi(2005)는 지상 식물들에서 식식성 동물들이 일으킨 변화 때문에 생기는 상호작용관계를 시간, 공간 그리고 생물분류군을 바탕으로 검토하고 같은 숙주를 이용하는 식식성 동물들 83개 쌍들 중 47%는 서로 도움을 주고 있었다고 하였다. 이와 같은 관계는 가해를 받은 식물의 보상적 생장 때문에 식물의 영양가가 증가하거나 생체량이 증가하기 때문이라고 한다. 지상 생태계에서 식식성 곤충류와 식물간의 관계에서는 형질변화에 의한 간접적 영향이 크고 식식곤충류와 그의 천적류간의 상호작용에서는 밀도를 통한 간접적 영향이 클 것으로 생각된다. 이것은 천적류는 식식성 곤충류를 죽이나 식식성 곤충류는 식물은 죽이지 않고 식물체의 일부만을 소비하기 때문이다. 물론 형질변화를 통한 간접적 영향이 피식자의 행동변화를 일으켜 그것의 영향을 받는다는 것이 널리 알려져 있다. 그러나 식식성 곤충류의 행동변화로 생기는 간접적 영향은 포식자가 잡아먹기 전부터 있는 것이고 식물을 통한 간접적 영향은 식물이 가해를 받은 다음에 생기는 결과라는 점에서 큰 차이가 있다. 즉 식물을 통한 간접적인 영향은 가해 후의 일이나 식식곤충과 천적간의 상호작용은 식물을 먹기 전 또는 먹는 것과는 관계없이 일어나는 현상이다.

한편 자연계에서 식식성 곤충류 간의 종간 경쟁관계는 별로 중요하지 않다고 Lawton과 Strong(1981)을 비롯한 여러 학자들은 주장한다. 경쟁은 자원이 한정되었을 때 일어나는 현상이기 때문에 식식성 곤충류간의 직접적 종간 경쟁은 가해가 심할 때에 일어난다. 그런데 식물의 형질변화를 통한 간접적 상호작용은 가해가 심하지 않을 때도 일어날 수 있다. 이것은 식식성 곤충의 간접적 상호작용관계로 생기는 식물의 방어력은 식물이 죽기 전 낮은 정도의 가해로도 곧 생기는 것도 한 이유가 된다. 결국 심한 가해는 간접적 상호작용을 일으킬 가능성을 감소시킨다.

이런 점에서 1차생산의 50% 이상이 1차소비자에 의하여 소비되는 수계생태계와 1차소비량이 4~18% 정도로 적은 지상생태계를 비교할 때 이와 같은 식물을 통한 간접적 상호관계가 후자에서 흔하다는 것은 당연한 일이다. Denno 등(1995)은 식식성 곤충류 간의 종간 경쟁관계 연구를 검토하고 145건 중 반 이상이 한 종의 가해가 식물체의 영양가를 변화시키거나 2차타감물질의 생산을 촉진하여 뒤따르는 종에 불리한 영향을 미치게 되는 식물기원의 경쟁이었다고 하여 자연계에는 식물을 통한 간접저 상호작용관계가 흔함을 지적하였다.

생물군집학에서는 군집구조를 에너지 이동과 관련 식물연쇄를 이용하는 것이 보통이다. 그런데 식물연쇄에는 영양단계간의 직접적인 상호작용을 대상으로 할 뿐 영양단계 이외의 상호관계는 포함되지 않는다. 앞서 설명한 바와 같이 영양단계 이외의 식식성 동물들에 의하여 유도된 간접적인 상호작용관계는 여러 가지 식식성 동물들을 변화된 식물의 형질을 통하여 연결시킨다. 따라서 지상식물군집의 영양단계의 문제를 생각할 때 비영양단계적이고 간접적 연관을 무시한 연구는 동물군집의 연구에는 적절치 못함을 짐작할 수 있을 듯하다. 그리고 영양단계에서의 영양단계간 상호작용이론은 생태계 조작과 관련된 문제의 이해에는 별로 도움이 되지 않는다. 따라서 Berlow(2004) 등은 앞으로 식물연쇄동태의 이론 전개에는 비영양단계적 연관이 식물연쇄망구조에 포함되어야 할 것이라고 하였다. 식물연쇄는 에너지 이동과 관련된 영양단계간의 직접적인 상호작용을 대상으로 하나 간접적인 상호작용관계에서는 에너지 이동과 관계없는 비영양단계적 영향을 여러 가지 상호작용을 묶는 매체로 포함한다.

앞서 설명한 Ougushi의 버드나무의 예에서 상호작용관계를 정리해보면 식물연쇄계로는 버드나무를 먹이로 하는 거품벌레, 잎말이나방류 그리고 잎벌레류를 들 수 있겠는데 이들은 시간적으로 또는 공간적으로 서로 격리되어 있다. 진딧물류는 잎말이나방류가 만든 말린 잎이 없을 때는 버드나무에 기생하지 않으므로 이 영양단계계에는 포함되지 않는다. 간접적 상호작용관계는 거품벌레와 잎말이나방류의 관계는 가해 후의 새 가지 발생을 통하여 생기고, 잎말이나방류와 진딧물류는 말린 잎을 통하여 관계가 생기며, 잎말이나방류와 3종의 개미류는 진딧물류를 통하여 관계가 생기고, 진딧물류와 잎벌레류는 개미류의 진딧물 보호를 통하여 관계가 생긴 셈이다. 그리하여 이 때의 상호작용계는 6개의 직접적인 것들과 4개의 간접적인 상호작용계를 구성하며 그 중 4개는 유리한 것이다. 그런데 식물연쇄계는 3개의 불리한 직접적인 상호작용만이 포함된다. 이와 같이 간접적인 상호작용관계는 직접적인 상호작용계와는 상당한 차이가 있는 내용을 밝혀 일반적인 식물연쇄계보다는 더욱 실질적인 군집에서의 다양성 실태를 이해할 수 있게 한다.

6. 개미류, 식물, 매미목 곤충류의 상호작용관계

자연계에서 개미류는 곤충류의 중요한 포식자의 하나이며 코코넛이나 코코아의 해충방제를 위한 그의 이용방안이 실제로 모색되고 있기도 하다. 그러나 개미류는 식식성 곤충류 군집에서 극히 복잡하고 미묘한 역할을 한다. 개미류와 식물과의 상호부조적 관계에는 식물이 개미류의 보호를 받는 대신 개미에게 먹이를 제공하는 수의적 관계나 임의적 관계에서부터 개미에게 집을 지을 곳을 기관내부에 갖고 있는 보다 밀접하게 관련되어 있는 절대적이고 불가분의 관계가 있는 것까지 그 양상은 다양하다. 이와 같은 개미류와 식물과의 관계는 옛날부터 특별한 상호작용관계의 예로 생물학자들의 흥미를 끌어왔다. 그러나 최근 이 분야의 연구가 진행되면서 임의적인 개미류-식물간 상호관계가 특히 열대림의 수관부에서 식물연쇄구조와 깊은 관계가 있음이 알려지면서 군집생태학적 중요성이 재인식되고 있다.

개미식물류에서의 공생관계연구는 종간 상호작용의 결과 평가나 상호부조관계에서의 안정성 발전의 이해에 도움이 되며 종의 공존이나 식물연쇄의 구조적 특성 그 밖의 생물군집생태학적 문제의 이해에 크게 도움이 되고 있다.

여기서는 개미류와 식물간의 상호관계를 개미친화성 식물과 개미식물에서 개관하고 그의 생태학적 의의를 살펴보려 한다.

1) 보상물 중심의 상호관계

개미류는 절지동물들에 대한 중요한 천적류이다. 따라서 식물에 대하여는 중요한 보호기능을 갖고 있으며 식물은 개미류를 유인하기 위하여 직접 또는 간접적인 여러 가지 수단을 갖고 있다. 이런 상호작용관계는 대부분이 수의적이거나 임의적인 것이다.

(1) 개미친화성 식물류

개미친화성 식물(Myrmecophilic plant)은 화외밀선(Extrafloral neatary)이나 영양체(Bettian body)와 같은 특별한 기관을 갖고 있

어 개미류를 유인한다. 화외밀선은 화기밀선과 달리 화분매개와는 무관하고 보호에 이용된다. 현재 66개과의 현화식물류와 고사리류에서 그의 존재가 알려져 있으며 나자식물에서는 알려진 것이 없다. 영양체는 영양분이 풍부한 조직으로 적어도 20개과의 식물에서 그의 존재가 보고되고 있다. 화외밀선을 가진 식물의 종수는 식생조건에 따라 차이가 있다. 파나마의 Barro Colorado 섬에서 조사된 243종 식물 중에는 약 1/3이 화외밀선을 가진 식물이었다고 하며(Schupp와 Feener 1991), 서부 말레이시아의 Pasoh 보호림에서는 741종 식물 중 12.3%가 화외밀선을 갖고 있었다고 한다(Fiala와 Linsenmair 1995). 그런데 멕시코의 Los Tuxtlas 연습림에서는 289종 식물 중 3%만이 화외밀선을 갖고 있었다고 한다(Ibarra-Manriquez와 Dirzo 1990).

한 군집내에서는 식물의 생활형에 따라 차이가 있다. 아마존 열대우림의 경우 수관상부에서는 외부기생식물이나 넝쿨식물에 화외밀선을 가진 종이 많고 수관하부에서는 목본식물에 많았다고 한다(Bluthgen 등 2000). 그리고 넝쿨식물에서는 넝쿨의 부위에 따라 화외밀선에 차가 있는 경향이 있는데 이것은 이런 식물들이 주위의 식물을 연결시켜 개미류의 이동을 쉽게 하는 것과 관계가 있는 듯 하다고 하였다.

화외밀선을 찾는 개미류에는 여러 종이 있어 *Dioscorea praehensilis* 마에서는 27종이 보고되었고(Di Giusto 등 2001), *Croton sarcopetalus* 대극에서는 20종이 보고되어 있다(Freitas 등 2000). 그리고 멕시코의 Zapotitlan 지역 반건성 식생에서는 135예의 개미-식물 공생관계에서 42종의 식물과 13종의 개미류가 발견되었으며 Veracruz의 해변 열대저지대에서는 그보다 많은 312예에서 102종의 식물과 30종의 개미가 발견되어(Rico-Gray 등 1998) 지역 간에 차이를 보였다.

한편 보호는 가해에 가장 약한 기관이나 타격이 심한 시기를 중심으로 이루어져야 하므로 화외밀선 분비는 식식성 곤충류의 공격을 받는 시기와 일치해야 한다. 따라서 분비 활동은 곤충류의 일중활동 시간이나 식물체 각 부분의 발달 또는 식물의 생장상 등과 밀접한 관계가 있다. 예를 들면 *D. praehensilis* 마는 지면에서 수관부로 넝쿨이 뻗을 때 아직 가지가 생기기 전 잎이 없는 시기에만 화외밀선을 생산하여 피해에 약한 줄기의 분열조직을 보호한다. 그리고 종에 따라 어떤 것은 새벽에(*Macaranga tanarius* 대극) 또 어떤 것은 밤에(*D. praehensilis* 마) 그리고 어떤 것은 낮에(*Acasia hindsii*) 꿀을 가장 많이 분비하는데 이것은 특정 곤충류의 활동상과 관련이 있는 것으로 보인다.

또 식물들 중에는 개미류를 유인하기 위한 특별한 기관은 없으나 개미류의 보호를 받는 흡즙성 곤충류의 기생을 통하여 보호를 받는다. 이 때 개미류가 보호하는 곤충류의 식물에 미치는 영향은 그들의 밀도가 낮을 때는 별로 문제가 되지 않으나 밀도가 높으면 문제가 된다. 그리고 개미류는 영양이 풍부한 곳이나 조건이 좋은 곳으로 이들 곤충류를 운반하거나 천적류로부터 이들을 보호하는 것이 보통이나 때로는 그들 곤충류를 잡아먹기도 한다.

개미류가 보호하는 곤충류에는 진딧물류, 깍지벌레류, 기타의 매미목 곤충류 그리고 부전나비류의 유충 등이 있다. 개미류는 이들 곤충류를 생장이 왕성하고 양분이 풍부한 식물체 조직으로 운반하고 천적류로부터 그들을 보호하여 증식을 도우며 대신 이들 곤충류가 생산하는 감로를 이용하는데 때로는 이들을 포식하여 단백질을 보충하기도 한다. 부전나비의 유충은 개미류를 유인하는 물질을 생산하는 분비선을 갖고 있으며 어떤 종은 개미류의 보호는 받으나 감로는 생산하지 않아 일종의 기생적 관계일 수도 있다. 줄점박이부전나비(*Maculinea arion*)는 생활사의 일부를 개미집에서 개미의 유충을 포식하면서 지낸다.

진딧물류는 그의 생활사에서 설명한 바와 같이 여름철에는 단성생식을 하고 가을철에는 양성생식을 하며 알로 월동하는 복잡한 생활환을 갖고 있다. 이들은 단성생식을 되풀이하므로 증식률이 크고 단기적 자원을 활용할 수 있고 분산을 위한 유시형과 증식에 보다 유리한 무시형을 갖는 다상현상도 갖고 있다. 진딧물류는 체관부에 주둥이를 꽂고 흡즙하는데 체관액(篩管液)은 질소는 적고 탄수화물이 많아 필요한 양분을 얻기 위하여는 많은 양을 흡수해야 하며 남는 탄수화물은 감로로 배설한다.

개미류는 사회생활을 하며 장기간 높은 밀도를 유지한다. 개미집단은 진딧물에서와 같이 거의 모든 개체가 암컷이며 하는 일이 전업화 되어 있다. 일개미는 집을 중심으로 상당한 거리를 구식활동 범위로 한다. 온대지방에서 개미집 근처의 해충류는 개미류의 영향을 상당히 받는다.

모든 개미류가 진딧물류와 공생관계를 갖는 것은 아니고 불개미아과와 시베리아개미아과 그리고 두마디개미아과의 뿔개미속(*Myrmica*)과 주름개미속(*Tetramorium*)의 일개미들이 감로를 수집한다(Kunkel 등 1985). 그런데 개미류와의 공생관계는 특정 진딧물분류군에 한정되어 있지 않는 듯하여 개미동물(Myrmecophile animal)의 진화는 서로 다른 여러 가지 기원을 갖고 있는 것으로 생각된다.

결국 공생관계를 통하여 개미류는 감로를 얻고 진딧물류는 보호를 받는다. 간단히 생각할 때 개미류는 먹이를 얻으려고 여기저기로 찾아 다녀야 하므로 이에 많은 energy를 소모한다. 진딧물류는 증식력을 유지하기 위하여는 많은 체관액을 흡즙해야 하므로 감로를 많이 생산하게 된다. 그러나 체관액의 아미노산 함량이 극히 낮으며 진딧물류는 아미노산 이용률이 커서 배출되는 감로는 개미류에게는 충분한 것이 못된다.

한편 진딧물류는 몸이 연하고 천적류에 대한 방어능력이 별로 없기 때문에 진딧물류는 개미류의 보호가 큰 도움이 된다. 보호를 받는 진딧물류는 대부분이 집단을 이루고 있는데 이것은 개미의 입장에서는 에너지원이 모여 있어 이용에 유리하다 하겠으나 이것은 진딧물류의 천적류에게도 마찬가지이다. 진딧물류의 입장에서는 개미류를 유인하기 위하여 많은 양질의 감로를 생산해야 하는 부담이 있다. 이 점은 수의적 보호를 받은 진딧물류의 경우 감로 생산이 개미의 보호를 받을 때가 보호를 받지 않을 때보다 많은 것으로 짐작할 수 있다.

개미류와 진딧물류는 크게 성공한 생물분류군이라고 생각된다. 그런데 실제로 진딧물류가 개미류와 밀접한 공생관계를 갖고 있는 종은 소수이다. 예를 들면 미국 로키산맥지대에 분포하는 진딧물류 중 개미류의 보호를 받고 있는 진딧물류는 전체의 1/4 정도이고(Bristow 1991), 중앙 유럽에서는 1/3 정도가 절대적인 공생관계를 갖고 있다고 한다(Stadler와 Dixon 1998).

지금까지 개미류와 진딧물류의 복잡한 관계나 그들의 공생관계의 예가 비교적 적은 이유에 관하여 여러 가지 가설이 제기된 바 있다. 그 중 하나가 식물한계설(Plant permissive hypothesis)(Bristow 1991)인데 이것은 진딧물류의 개미류 유인에 가장 중요한 요인이 숙주 식물의 질이라는 것이다. 식물의 종류나 같은 식물에서도 기관에 따라 개미류 유인을 위하여 생산하는 감로의 질에 차이가 있어 개미류에 영향을 미친다. 그러나 실제로 같은 식물 심지어는 같은 기관에 기생하는 진딧물의 종류는 여러 종이 있고 그들은 개미류와의 관계에 차이가 있어 식물의 질이 배출하는 감로의 질을 결정하여 이런 관계를 낳는다고 단정할 수는 없을 듯하다. 최근의 연구결과를 보면 식물의 목질부에 기생하는 진딧물류는 개미류와 공서하는 경향이 큰데 이동성이 크고 따로 떨어져 가해하는 유시의 진딧물류에서는 반대로 개미류와의 공서가 드문 경향이 있다(Dixon 1998).

지금까지의 연구결과를 보면 한 가지 이론으로 복잡한 이들 간의 관계를 설명하기는 어려움이 있다. 숙주식물의 분포상이나 밀도 또는 토중생물군집의 내용과 같은 상향성 요인은 직접 구성 요인계를 통하거나 또는 진딧물류의 생물학적 특성에 영향을 미치며 식물의 영양 상태나 그의 2차대사물질은 간접적으로 진딧물류에 영향을 미친다. 그리고 천적류와 같은 하향성 요인은 진딧물류와 개미류간의 관계에 큰 영향을 미친다. 따라서 진딧물류와 개미류간의 관계를 하나의 고도로 발달한 상호부조적 관계에서부터 길항적인 관계까지에 이르는 계열상에서 파악하고 그와 관련된 생리학, 생태학 그리고 진화적 요인들을 밝힘으로써 이와 같은 관계가 발달하게 되는 실상을 이해할 수 있겠다.

진화와 관련하여서는 아직 밝혀야 할 점이 많으나 이런 관계들은 상호부조적 관계와 길항적 관계의 과정변화에 대한 방향을 이해하는 데 도움이 된다. 예를 들면 상호부조적 관계는 진딧물류와 개미류가 보다 빠른 증가율을 갖게 되고 집단이 커지면 설립될 가능성이 커지고 이런 조건하에서 진딧물류는 개미류의 유인을 위하여 보다 질이 좋은 감로를 더 많이 생산하게 될 것이며 이것은 개미류의 구식활동을 변화시킬 것이다.

상호부조적 관계 발달과 관계가 있는 생태학적 요인도 많이 알려져 있다. 예를 들면 개미류가 당분이 포함된 진딧물의 배설물을 제거하여 곰팡이류의 증식을 억제하는 것은 상호작용 발달에 도움이 된다. 서식처가 작게 분할되는 일이나 밀도나 분포 그리고 질과 같은 식물적 요인은 진딧물류의 밀도를 증가시켜 개미류와의 접촉확률을 증가시키게 되어 이런 상호작용관계의 발달에 도움이 된다. 이런 이유로 희소종들 간에는 절대적인 상호부조관계는 생기기 힘들다. 그리고 질 좋은 감로를 생산해야 한다든지 개미가 없거나 개미류의 접근에 알맞은 식물이 적은 경우와 같이 공생에 부담이 큰 경우에는 길항적 관계가 발달할 가능성이 크다. 또 식물이 화외밀선이나 영양체를 갖고 있을 때 상호부조를 위하여 이들과 진딧물과 경쟁관계가 성립하거나 식물체내의 2차대사물질이 개미류의 활동에 영향을 미칠 때는 긴밀한 상호작용관계는 발달하기 어렵고 진딧물류의 천적에 의한 치사율이 낮아 개미류의 보호 효과가 크지 않거나 개미류가 보호하는 진딧물류를 선택적으로 공격하는 천적류가 있을 때는 도움이 되기보다는 부담이 된다.

지금까지 이와 같은 공생관계에서 상호작용관계의 주역은 개미류로 알려져 있다. 그러나 많은 종류의 진딧물류가 개미류의 도움을 받기 위하여 경쟁을 하는 예는 알려진 바가 없어 공생개미류에 대한 진딧물류의 선택폭은 대단히 클 것으로 생각된다. 진딧물류는 단성생식을 하여 증식력이 크며 개미류는 사회생활을 하여 비교적 안정된 집단을 유지하는데 이와 같은 생물학적 특성상의 공통점과 그에 따르는 선택압의 다양성을 생각할 때 이 두 공생생물들은 여러 가지 선택지가 있을 수 있다. 예를 들면 진딧물류는 증식력이 크기 때문에 일부 소수의 개체가 개미에 의하여 포식된다 하여도 별로 큰 영향을 받지 않으며 개미류의 경우는 같은 종 또는 다른 종과 접하는 것을 피하려고 활동 범위 내에 자기들만이 이용할 수 있는 자원을 마련하는 등 다른 방향의 적응전략을 택하고 있다.

(2) 진딧물류와 개미류의 적응

지금까지 진딧물류와 개미류의 공서관계는 개미류와 공서함으로써 진딧물류는 개체군의 사망률이 낮아지고 배설물이 제거되어 진딧물 개체군에 유리하게 작용하는 것으로 알려져 왔다. 그러나 진딧물류는 종에 따라 개미류와 극히 긴밀한 관계를 가진 것, 수의적인 것 그리고 회피하는 것 등 여러 가지가 있어 최근 진딧물류가 개미류로부터 받는 도움에 대하여 여러 가지 의문이 제기되고 있다. 즉 진딧물류가 개미류와 긴밀한 관계를 갖는 데에는 여러 가지 생리적 부담이 동반된다는 사실이 많이 알려지고 있다. 더욱이 진딧물류의 섭식량이나 감로 배출량 증가가 진딧물류에 도움이 되는지는 의문의 여지가 있으며 특히 이것은 개미류와의 관계가 그리 긴밀하지 않은 경우에 더욱 그렇다. 진딧물류는 단순히 식물의 물질을 뽑아내어 개미류에게 옮겨주는 것이 아니고 뽑아낸 것을 변형시켜 개미류를 유인하는데 이것은 진딧물 입장에서는 부담이 된다. 낙타진딧물(*Tuberculatus quercicola*)은 불개미(*Formica yessensis*)와 공서할 때는 그렇지 않은 때에 비하면 성충의 몸이 작아지고 생식력도 감소하여 개미와의 공생이 상당한 부담이 됨을 알 수 있다(Yao 등 2000). 또 개미류의 보호를 받고 있는 진딧물류는 보호를 받지 않은 것들에 비하면 작은 크기의 감로를 보다 자주 배설하며 감로성분도 보다 고농도의 아미노산, 당분, trehalose를 함유하고 있다고 한다(Yao와 Akimoto 2001). 그리고 *Chaitophorus* 털진딧물류는 배출 감로의 당조성을 변화시킬 수도 있는데 개미류의 보호를 받는 *C. populialbae* 털진딧물과 은백양털진딧물(*C. populeti*)은 개미류의 보호를 받지 않을 때는 3당류인 Melezitose 함량을 감소시킨다. 그러나 개미류와 공서하는 일이 적은 *C. tremalae* 털진딧물은 이런 반응을 갖고 있지 않다. 이런 예들로 보아 다량의 감로를 생산하는 것은 개미류를 유인하는데 도움은 되나 진딧물류 스스로에게는 부담이 되는 듯하다. *Aphis fabae cirsiacanthoides* 진딧물의 경우 고동털개미(*Lasius niger*)와 공서할 때는 평균생장률이 현저하게 감소하며 생식률이 낮아지고 생육기간이 길어져 증식률이 감소한다고 한다(Stadler와 Dixon 1998). 그리고 쑥국화에 기생하는 수의적인 개미 공서 진딧물류도 고동털개미의 보호를 받을 때 생장속도가 크게 감소한다고 한다. 따라서 진딧물류와 개미류와의 공서관계를 생각할 때 이런 측면도 같이 생각해야 할 것이다.

진딧물류와 공서하는 개미류는 전위와 위부에 많은 감로를 저장하기 위하여 형태적으로 변화한다. 개미아과와 시베리아개미아과의 전위는 식물이나 매미목 곤충류에서 얻은 풍부한 탄수화물이 포함된 먹이를 섭취하여 저장할 수 있게 되어 있다. 이것은 소낭 뒤에 있으며 먹은 것이 중장으로 내려가는 것을 조절할 수 있다. 전위는 소낭의 음식물을 중장으로 내려 보내며 이들 두 아과의 진딧물류에서 먹이가 중장으로 흐르는 것을 여기서 조절한다. 개미류는 많은 양의 감로를 저장하여 그것을 집으로 운반할 뿐만 아니라 수집한 감로의 양에 따라 위를 수축할 수 있는 능력도 갖고 있다.

한편 개미류는 감로를 수집하는 동안 포식의 위험을 받게 될 것이므로 개미류는 구식활동 시 이런 문제에 대비해야 한다. 예를 들면 *Lasius pallitarsis* 털개미는 포식성인 *Formica subnuda* 불개미의 활동이 큰 곳에서는 비록 그곳이 먹이 조건이 좋더라도 머무는 시간이 짧다(Nonacs와 Dill 1991). 그런데도 이런 양질의 곳을 이용하는 것을 보면 포식자의 위험이 있는 곳과 안전한 곳에서의 생장률이 문제가 되는 듯하다. 즉 위험성이 큰 곳에서 섭식할 때의 도움이 크면 클수록 그곳을 이용하는 경향은 커진다. 이렇게 보면 개미류는 위험성과 보상에 대한 평가를 통하여 집단의 최선책을 도모하는 방향으로 채식활동을 하는 것으로 생각된다. 그리고 동료개미를 위한 길잡이표식은 얻은 감로량과 연관이 있는 것으로 보인다. 따라서 자원을 찾아 구식활동을 하는 개미의 수는 감로의 생산량이나 진딧물 집단의 크기의 영향을 받는 것으로 생각된다.

일반적으로 개미집에 가까운 곳의 진딧물 집단이 멀리 떨어져 있는 집단보다 개미류의 보호를 많이 받는 것이 보통이다. 그러나 나무에서는 이런 경향은 계절이 진행되면서 진딧물류의 집단과 개미집간의 거리가 점점 멀어지기 때문에 변하게 마련이며 작게 쪼개진 초지에 분포하는 진딧물류는 그렇지 않은 곳의 진딧물류보다는 개미류가 자주 찾는 경향이 있어 공간적 요소와도 관련이 있어 복잡하다. 그리고 개미의 보호를 받는 진딧물류가 포식자로부터의 보호 작용을 보다 많이 받는 것으로 생각되고 있다. 개미류와 공서하지 않는 진딧물 집단이 쪼개진 식물 집단에서 흔한 것을 보면 서식처의 분할 자체가 개미류의 보호보다 좀 더 중요함을 알 수 있다.

서식처의 분할은 진딧물수뿐 아니라 개미군집의 내용과도 관계가 있다. 예를 들면 다여왕성인 *Formica aquilonia* 풀개미는 큰 나무로 된 넓은 구역에 더 많은데 반하여 단일여왕성인 *Formica lugubris* 풀개미는 어린나무숲이나 큰 나무숲의 쪼개진 구역 그리고 임분의 가장자리에 더 많으며 가문비나무가 우점인 북방림에서의 개미류군집은 공서 진딧물류의 종류보다는 생태천이의 영향을 더 크게 받는다고 한다.

진딧물류의 밀도가 증가하면 개미류에 공급되는 먹이량은 증가할 것이며 개미류의 보호를 받는 진딧물류가 보다 양질의 감로를 더 많이 생산하면 개미류에게는 유리할 것이다. 그리고 단위노력당 얻어지는 감로가 많아 채식효율이 커지면 개미류의 구식활동은 감로 생산이 많은 진딧물 집단에 집중되면서 개미집에서 멀리 떨어져 있는 집단을 덜 돌보게 될 것인데 이런 진딧물은 천적류의 영향을 많이 받게 될 것이다. 그렇게 되면 이런 진딧물 집단은 분산하여 집단의 크기를 줄이거나 보다 양질의 감로를 생산하여 유인효율을 높이거나 하여 치사율을 감소시키려 할 것이다. 이때 개미류를 유인하기 위한 보다 양질의 감로 생산은 개미류에 대한 경쟁관계에 또 다른 문제를 낳는다. 즉 개미류는 진딧물류가 분비하는 감로 이외에 식물의 화외밀선이나 영양체에서도 필요한 energy를 얻을 수 있는데 이때에는 진딧물류가 생산하는 감로와 식물이 생산하는 물질이 개미류에게 어떻게 작용하는가 하는 또 다른 문제가 생긴다. 이런 문제는 복잡하여 화외밀선과 감로 생산 매미목 곤충류를 둘러싼 경쟁은 없다는 보고(Delclaro와 Oliveira 1993)가 있는가 하면 부의 상호작용관계가 있다는 보고(Engel 등 2001)도 있다. 그리고 개미와 진딧물 공생관계에 미치는 화외밀선의 영향은 이들 공서관계의 기구나 인과관계에서의 차이와는 무관하다고 한다(Oftenberg 2000). 결론적으로 개미류와 보다 밀접한 관계를 가진 진딧물류에서는 천적류의 영향을 덜 받을 것으로 절대적 공생관계를 가진 진딧물류는 보다 성공적으로 개미류를 유인하여 수의적 공생관계에 있는 진딧물류보다는 큰 보호효과를 얻고 있다.

결국 진딧물의 입장에서 생각할 때 개미를 위한 부담(c)과 치사위험도(m)의 관계에서 $m/c<1$일 때는 개미류와의 공생관계는 발달하지 않고 $m/c=1$일 때는 수의적 공생관계가 생길 가능성이 있으며 $m/c>1$일 때는 절대적인 공생관계가 생길 가능성이 크다.

(3) 상호부조관계의 동태학

개미류와 진딧물류간의 상호작용관계를 보면 어떤 진딧물류는 개미류와 아주 밀접한 관계를 갖고 있는데 같은 숙주식물에 기생하는 비슷한 종들이나 다른 종들은 그렇지 않은 것이 있다. 이것은 숙주가 나무거나 초본이거나 하는 것과는 관계 없이 나타나는 현상이다. 그런데 이들 간의 관계는 다양한 요인이 관련되어 있는 극히 복잡한 것이어서 어떤 한 가지 이론으로 설명하기는 어렵다. 지금까지 개미류와 진딧물류의 상호관계에 관련되어 있는 것으로 알려진 요인은 대부분이 실험조건하에서 밝혀진 것이다. 예를 들면 상호부조자에 대한 경쟁문제는 실험조건하에서는 잘 알려진 것이나 야외조건에서는 밝혀진 것이 없다. 따라서 이런 특정 조건하에서 얻은 결과로 여러 가지 진딧물류와 개미류의 공존관계를 설명할 수는 없다.

Addicott와 그의 동료들은 불탄 곳에서 식생과 진딧물 그리고 개미류의 군집을 조사하여 여러 가지 당류자원의 종류와 같은 생태학적 조건이 2종 개미류의 역할에 대한 종내 또는 이종 생태학적 이웃 간 경쟁관계에 큰 영향을 미치고 진딧물 개체군 증가에 미치는 개미류의 긍정적 영향은 밀도와 관계가 있다고 하였다(Addicott 1985). 즉 낮은 진딧물 밀도에서는 개미의 존재는 전멸가능성을 감소시키는데 반하여 진딧물 밀도가 높을 때에는 개미류는 영향이 없거나 밀도감소 가능성을 증가시킨다고 하였다. 그들은 시간적, 공간적 의미에서의 생물들의 활동이나 영향의 범위를 생태학적 이웃(Ecological neighborhood)이라고 하였는데 이것은 관찰이나 실험이 이루어진 규모로 결과의 해석에 중요한 의미가 있다. 어떠한 생물에 대한 생태학적 이웃은 하나가 아니고 이것은 연구결과의 비교나 이론과 실제 간의 비교를 위한 규모이다. 다음은 그 한 예이다.

진딧물의 경우 직접적인 관계가 있는 것은 숙주식물의 종류와 기생부위이다. 식물은 생장하는 동안 질적으로 변한다. 즉 진딧물이 흡즙하는 식물 조직의 생육단계나 같은 종 또는 다른 해충류의 가해상 그리고 식물자체의 방어력은 생장에 따라 변한다. 숙주식물의 개미류와 진딧물류간 관계에 미치는 영향은 복잡하나 진딧물류는 최적의 숙주에서 가장 밀도가 높다. 따라서 서식처내에서의 개미집의 분포는 그와 관계가 있는 진딧물류에 중요할 뿐만 아니라 숙주식물의 분포나 밀도의 계절적 변동도 영향을 미친다. 대부분의 식물들은 생육단계를 달리하는 여러 가지 기관의 집합체이므로 진딧물의 입장에서는 가장 양질의 부위에 기생하는 것이 중요하겠으며 불리한 곳에서 서식하게 되는 것은 진딧물 입장에서는 부담되겠다. 이런 견해는 진딧물류와 개미류의 상호작용관계에서의 득실관계를 생식이나 적응상의 득실관계로 해석하는 것으로 식물의 질이 감로의 질을 결정하여 개미와 진딧물간 관계를 좌우한다는 생각과는 다르다.

또 Stadler 등(2002)은 쑥국화에 기생하는 4종 진딧물과 개미류와의 관계를 실험실과 야외에서 조사하였다. 천적이나 개미가 없을 때 절대적인 개미류 공생종 *Metopeurum fuscoviride* 수염진딧물은(시비된) 양질의 숙주에서 가장 낮은 증식력을 보였고 수의적 개비 공생종인 *Aphis fabae* 진딧물과 둥글밑진딧물(*Brachycaudus cardui*) 그리고 개미류의 보호를 받지 않은 *Macrosiphonielle tanacetaria* 수염진딧물은 시비된 숙주에서 증식률이 크게 증가하였다고 한다. 일반적으로 불리한 숙주(무시비)는 개미류의 보호를 받지 않거나 수의적 공생 진딧물류에 불리하게 작용하므로 숙주식물의 질은 진딧물류의 증식에 중요한 것으로 생각된다. 이 결과는 숙주와 상호부조적 관계 정도가 다르면 환경조건에 따라 진딧물류에 미치는 영향이 달라짐을 나타내고 있다(Stadler 등 2002).

야외조건하에서는 무생물적 조건과 천적의 영향으로 실제 증식률은 이론치보다 낮다. 양질의 숙주상에서 개미가 존재할 때 *M. fuscoviride* 수염진딧물의 증식률은 최대였으나 저질의 숙주상에서는 낮은 밀도로 개미류를 유인하지 못하기 때문인지 결국 전멸하였다. 그런데 이런 조건하에서도 이동력을 가진 *M. tanacetaria* 수염진딧물은 증식이 이루어졌다. 그리고 양질 숙주와 저질 숙주의 상대적 분포빈도나 개미류의 존재가 결과에 영향을 미치는 듯 하였다고 한다. 이와 같은 쪼개진 질적 이질성 때문에 *M. tanacetaria* 수염진딧물은 큰 이동력을 갖게 된 것으로 보인다. 따라서 서식처내의 개미집의 분포를 통한 하향성 영향과 숙주식물의 분포나 계절적 변동을 통한 상향성 영향 관계가 한 계절 내에서의 진딧물류의 종류나 상호부조관계에서의 득실에 영향을 미치는 것으로 생각된다. 변화하는 환경에서는 종에 따라 상호부조관계를 통하여 얻게 되는 득과 실이 차이가 있는데 이것은 변화하는 환경에서는 개미류와의 공생관계의 정도에 차이가 생길 것이고 동시에 이용하는 식물이 달라질 수 있기 때문이다.

한편 식물이 생산하는 2차대사물질이 진딧물에 영향을 미쳐 이것이 개미류와의 상호작용관계에 영향을 미치는 경우도 알려져 있다. 예를 들면 Wink와 Witte(1991)에 따르면 *Macrosiphum albifrons* 수염진딧물과 *Aphis genistae* 진딧물은 식물체에서 quinolizidine 알칼로이드를 그들의 생체중 1g당 각각 180μg과 400μg까지 흡수한다고 한다. 이들 진딧물은 식물의 방어물질을 몸에 지녀 천적류에 대응하는 것으로 생각된다. *A. genistae* 진딧물과 *A. cytosorum* 진딧물은 개미류와 수의적 공서를 하는 종인데 *A. cytosorum* 진딧물에서 감로를 수집한 고동털개미(*Lasius niger*)는 quinolizidine 알칼로이드를 생체중 1g당 450μg이나 함유하고 있었다고 한다(Szentesi와 Wink 1991). 그러나 이 2차대사물질이 개미에게 미치는 영향은 알려진 바가 없다. *Senacio jacobaea* 쑥방망이, *Aphis jacobaea* 진딧물, *Tyria jacobaeae* 불나방 그리고 개미류의 관계는 *Senacio jacobaea* 쑥방망이의 pyrrolizidine 알칼로이드 함량과 밀섭한 관계가 있어 진딧물은 이 알칼로이드의 함량이 낮은 식물에 기생하며 함량이 높은 식물을 피한다고 한다(Vrieling 등 1991). 진딧물의 기생을 받지 않은 숙주식물이 *T. jacobaeae* 불나방의 피해를 받는 경우가 있는데 이것은 개미가 없기 때문이다. 개미가 없으면서도 피해를 받지 않는 경우가 있는데 이때에는 pyrrolizidine 알칼로이드 함량이 높아 이것이 불나방의 가해를 막아준다고 한다. 이와 같은 관계가 이 쑥방망이의 알칼로이드 함량이 다른 유전계통을 갖게 한 것으로 생각되는데 실제로 개미류가 알칼로이드 함량이 낮은 감로를 생산하는 진딧물 집단을 선택적으로 택하는지 여부는 밝혀진 바 없다.

식물의 질적 문제와 곤충류와의 관계는 대단히 복잡하다. 식물에 대한 시비는 직접 또는 개미류의 활동증대와 같은 간접적인 영향을 통하여 진딧물류의 생태에 긍정적인 영향을 미치며 phenol류와 같은 2차대사물질의 생산을 감소시키는 수도 있다. 흙속의 원생동물, 톡토기류, 지렁이류도 식물체의 질소나 2차대사물질의 함량에 영향을 미친다. 예를 들면 토양 중 생물들은 식물을 통하여 보리수염진딧물(*Sitobion avenae*)이나 복숭아혹진딧물(*Myzus persicae*)에 영향을 미치는 것으로 알려져 있으나 그들의 영향은 흙속 생물의 종류에 따라 차이가 있다(Bonkowski 등 2001). 원생동물에 의한 세균류의 포식이나 톡토기류에 의한 곰팡이류의 소비와 같은 간접적인 영향은 식물의 양분이용이나 생장 그리고 진딧물류의 생육에 큰 영향을 미치기 때문에 이런 결과가 생기는 것으로 생각된다. 그러나 흙속 생물들이 개미류와 진딧물류의 상리공생관계에 미치는 영향에 대하여는 확실히 밝혀진 바가 별로 없다. 결국 각각으로 구분된 특의적 요인들이 두 관련 생물들에 영향을 미쳐 결국에는 상호부조적관계 발전에도 영향을 미칠 가능성이 크다. 진딧물류가 크게 증식하여 개미류와 상호부조적 관계를 가질 수 있는 서식처란 잠재적 서식처 전체에 비하면 상당히 적다고 생각된다. 따라서 앞으로 진딧물-개미 공생문제에 관한 연구에는 공진화에 관한 구성요소적 측면을 개미류와 진딧물류의 공서관계범주에 포함시키는 것이 중요할 듯하다.

2) 개미식물

열대지방의 현화식물 중 100속 이상의 식물이 개미류와 보다 밀접한 공생관계를 유지하기 위하여 특별히 발달한 구조를 갖고 있다고 한다(Davidson과 McKey 1993). 이런 식물들을 개미식물(Myrmecophyte)이라고 하며 이들은 줄기, 가시, 잎자루 또는 잎에 마련된 개미집을 지을 곳을 갖고 있다. 개미류는 이런 식물에서 생활하게 되면서 보다 안정적이고 항구적인 공생관계를 유지할 수 있고 이들은 이런 생활에 알맞은 특성이 발달하여 있다. 그리고 이들 개미류는 식물을 보호해 준다. 대체적으로 수의적인 공생관계에 비하면 개미식물의 예는 적으나 열대지방의 생물군집에서는 중요한 생태학적요인인 경우가 있다. 특히 수관하부나 중미의 *Acacia* 또는 초기 임목에서는 생태학적으로 중요한 군집구성요소가 되어 있다.

개미류는 개미식물을 다른 식식성 곤충류의 가해로부터 보호한다. *Leonardoxa* 실거리나무의 경우 개미가 없을 때 씹어먹는 곤충류에 의한 엽 면적 손실량은 개미가 있을 때의 7~12배나 되었으며 *Petalomyrmex* 개미류는 잎의 생장에 영향을 미치는 흡즙성 곤충류에 대하여도 보호효과가 있었다고 한다(Gaume 등 1997). *Macaranga bancana* 대극의 경우 개미의 존재는 엽 면적을 1년 동안에 40% 증가시켰는데 실험적으로 개미를 제거하면 엽 면적이 80%까지 감소하였다고 한다(Heil 등 2001). 이와 같은 개미식물에서의 개미류의 보호효과는 다른 *Macaranga* 대극에서의 수의적 공생관계에서보다 훨씬 큰 듯하다고 Fiala 등(1989)은 보고하고 있다. 아프리카의

Acacia drepanolobium 아카시아는 가시에 의한 직접적인 보호와 *Crematogastar* 꼬리치레개미의 보호를 동시에 받고 있다(Stapley 1998). *Azteca alfari* 개미와 *Pheidole* 혹개미는 각각 *Cecropia*와 *Tococa*에서 잎을 자르는 개미류의 접근을 막아준다. 코스타리카의 *Piper* 풍덩넝쿨 개미식물에서 서식하는 *Pheidole* 혹개미는 이 식물의 줄기를 가해하는 곤충류의 가해까지도 막아준다. *Piper* 풍덩넝쿨과 *Macaranga* 대극에서는 공생개미류가 곰팡이류 감염을 저해하는 것이 알려지고 있는데 이것은 세균이나 곰팡이류의 감염은 상처를 통하여 이루어지는 고로 곤충류의 접근 저해에 의한 간접적인 효과도 있다.

개미식물과 공생하는 개미류에는 외부기생식물이나 엉킨 넝쿨, 때로는 인접한 식물을 제거하는 것이 있는데 이것은 경쟁자 개미류의 숙주식물에의 접근을 방해하고 간접적으로는 식물간의 영양분, 수분, 광선 등에 대한 경쟁을 감소시켜 숙주식물에 도움을 준다.

개미식물은 개미에게 집 자리와 먹이를 제공함으로써 보다 긴밀한 상호관계를 확고히 하고 있는데 이때의 개미류는 식물의 종에 따라 종이 다르고 이런 환경에 특히 잘 적응된 것들이 대부분이다. 그러나 *Conostegia setosa* 산석류와 같은 것에서는 장소나 나무의 크기 그리고 미기상조건에 따라 개미와의 관계에 차이가 있다(Alonso 1998). 몇몇 개미식물에서는 공생개미의 종류에 명백한 차이가 있으며 공생개미의 종류에 따라 보호 정도에 차이가 있다. 아마존 유역의 산석류류인 *Maieta guianensis*와 *Tococa bullitera*는 여러 종의 개미류와 공생하며 공생개미의 종류에 따라 크기에 큰 차이가 보이는데 이것은 아마도 개미의 종에 따라 생장에 미치는 영향이 다르기 때문인 듯하다(Vasconcelos와 Davidson 2000).

어떤 종류의 공생개미류는 개미집속에 많은 양의 탈피각이나 시체 또는 포식한 동물의 잔체와 같은 것을 갖고 있으며 숙주식물은 여기서 양분을 취할 수 있도록 적응한 것이 있다. 이와 같은 일은 주로 외부기생성식물에서 볼 수 있으나 산석류류인 *Tococa*나 *Maieta* 등 수관하 식물들에서도 볼 수 있다. 그러나 대부분의 경우는 식물이 화외밀선이나 영양체를 생산하여 직접 개미류에 제공하거나 매미목 곤충류를 통하여 간접적으로 영양분을 개미류에게 제공하고 있다.

식물의 화외밀은 공생개미류에 대한 중요한 보상물이나 *Acacia*류나 *Leonardoxa* 실거리나무류에서의 개미식물류는 개미친화성 종에 비하여 같은 속일지라도 밀선을 많이 갖고 있으며 꿀의 생산도 왕성하다. 개미친화성 종중에는 화외밀이 유일한 보상물인 수도 있으나 개미식물중에는 꿀 분비가 극도로 감퇴한 것도 있다. *Macaranga* 대극류 중 비개미식물류는 잎의 분비선이 밀선 구실을 하는데 절대적인 개미식물류에서는 이것이 수분을 분비하는 배수세포로 변한다 (Fiala와 Maschwitz 1991).

영양체는 줄기의 일부가 혹모양으로 부풀거나 잎의 끝에 생기며 다량의 지질류나 단백질 그리고 탄수화물을 함유하고 있다. *Macaranga* 대극류나 *Piper* 풍덩넝쿨류 중 절대적인 개미식물류의 영양체는 지질이나 단백질을 많이 함유하고 있으나 개미친화성 식물들의 그것은 주성분이 탄수화물이다. 그리고 개미식물의 영양체에는 glycogen이 포함되어 있는 것이 특이하다.

여러 가지 보상형식의 차이는 이들 공생관계에 있어서 서로 보완적으로 작용하며 그들의 역할은 차이가 있는 듯 하다. 예를 들면 *Macaranga* 대극류와 아열대의 *Acacia* 개미식물류는 체내 공간에 개미류를 살게 하면서 영양체를 먹이로 제공한다. 그러나 대극류의 영양체에는 지질류와 단백질 모두가 많이 함유되어 있으나 *Acacia*의 그것에는 단백질이 많이 함유되어 있는 등 내용에 차이가 있어 이런 차이 때문에 먹이 보상에 차이가 있다. *Acacia*류는 개미에게 화외밀을 제공하는 경우가 많으며 반면에 대부분의 *Macaranga* 대극류 개미식물에서는 화외밀선이 퇴화되어 있는데 이들에서 공생하는 *Crematogaster* 꼬리치레개미류는 *Acacia*와 공생하는 개미와 달리 깍지벌레류를 양육하여 탄수화물원이나 아마도 단백질원으로 이용하는 듯하다(Heckroth 등 1999). 그런데 *M. puncticulata* 대극은 *Crematogaster* 꼬리치레개미 대신 *Camponotus* 왕개미와 공생하며 이 왕개미는 깍지벌레류를 양육하지 않아 이 대극은 *Camponotus* 왕개미에게 화외밀선이 분비하는 꿀을 제공한다고 한다(Federle 등 1998).

제 10장

식식성 곤충류와 식물의 공진화

한 생물의 적응성은 생물체를 구성하고 있는 각 기관의 조화된 활동과 행동에 의하여 결정되며 개체군내의 개체들간 상호작용은 개체들의 행동과 기타의 적응성의 발전에 영향을 미쳐 개체군의 구조나 개체군간의 관계에 영향을 미치게 된다. 같은 맥락에서 생물군집은 그의 구성종 개체군간의 상호작용으로 생기는 고유한 특성과 기능을 갖게 된다고 할 수 있다. 예를 들면 포식자는 피식자에게 영향을 미쳐 피식자의 형태적, 생리적, 행동적 변화를 유발하며 이렇게 변화한 피식자는 포식자의 환경에 변화를 일으켜 포식자로 하여금 보다 효과적인 포식을 할 수 있도록 적응을 유도하게 될 것이다. 이와 같은 상호밀접한 관계에 있는 두 생물간 상호호혜적 진화를 공진화(Coevolution)라고 한다. 이론적으로 생각할 때 숙주와 기생자, 포식자와 피식자, 경쟁자들간 기타에서 일어날 수 있으며 고등식물은 화분매개동물, 균근류, 여러 가지 병원미생물이나 식식동물 등과 공진화할 것이다. 여기서는 고등식물과 식식성 곤충류간의 공진화에 관하여 살펴보려 한다.

식물은 진화과정에 페놀류, 플라보노이드류, 테레핀류, 알칼로이드류 등의 2차대사물질을 생산할 수 있는 기능을 발전시켜 왔다. 이들은 식식성 동물 특히 식식성 곤충류에 여러 가지 불리한 생물학적 영향을 미쳐 공진화에 관한 좋은 예로 알려져 왔다. 그러나 최근 이와 같은 호혜성 진화는 상당히 제한된 조건하에서 일어나(Thompson 1982) 공진화의 일반성이나 그의 곤충군집구조기능에 의문이 제기되고 있다. 예를 들면 글루코시노레이트(겨자유배당체)류는 십자화과 식물과 그들의 해충간의 상호작용에 큰 영향을 미치는 것으로 알려지고 있다. 이것은 여러 가지 식식성 곤충류에 유독한 것이나 십자화과 식물에 적응한 흰나비류나 양배추가루진딧물(*Brevicoryne brassicae*) 그리고 적어도 그의 기생봉인 가루진디벌(*Diaeretilla rapae*)에 대하여는 거부작용보다는 유인작용을 하는 것으로 알려져 있다(Van Emden 1978). 이와 같은 관계는 공진화의 좋은 예라고 할 수 있겠으나 이것은 일반진화이론으로도 설명이 가능하다. 즉 살충제에 대한 저항성계통의 선발이나 새로 침입한 해충의 새로운 숙주이용과 같은 선발이론으로도 설명이 가능하다. 따라서 관련된 두 종이 서로 상대를 선발한다는 확증이 필요하다. 여기서 잘 연구된 한 가지 예를 들어 보자.

1. 쿠마린류 함유식물과 그의 식식성 곤충류

쿠마린류는 여러 가지 식물에서 발견되나 특히 미나리과 식물에 많으며 이들은 세균류, 사상균류, 곤충류, 물고기 그리고 포유류 등 여러 가지 동물에 광증감작용(Phototoxicity: 쿠마린류를 섭취하거나 피부에 접한 다음 태양광선에 접하면 광선의 영향이 증가하여 시력을 잃거나 기타의 불리한 생리작용을 일으키며 치사까지 한다), 변이성, 치사 등 여러 가지 독성을 나타낸다. 푸라노쿠마린류(Furanocoumarins)는 세포핵내의 DNA와 결합하여 유전정보의 복제나 전사를 방해한다. 즉 핵 내에서 두 DNA는 대응하는 염기끼리 수소결합으로 느슨하게 결합된 사슬로 되어 있으며 유전정보의 복제나 전사 시 이 수소결합이 풀려 한 개의 DNA 사슬이 된다. 그런데 푸라노쿠마린은 자외선하에서 세포에 들어가면 DNA 사슬의 피리미딘기와 공유결합하고 다른 DNA 사슬의 피리미딘기와도 결합하여 두 개의 DNA 사슬을 묶어 서로 떨어지는 것을 막아 유전정보의 복제나 전사가 일어나지 못하게 한다.

쿠마린류 중 가장 간단한 것은 하이드록시쿠마린(Hydroxycoumarin)으로 약 30과의 식물에서 보고되었고(Hegnauer 1973), 선형쿠마린(Linear coumarin)은 8과의 식물에서 보고되었는데 대부분이 미나리과와 운향과에 속하는 종이다. 가장 복잡한 구조를 가진 굴절형 쿠마린(Angular coumarin)은 콩과 2속과 미나리과 10속에서 보고되어 있다(Nielson 1970). 쿠마린류는 분자구조가 복잡하여 짐에 따라 곤충류에 대한 독성이 강해진다. 그리고 선형 쿠마린은 광식성 곤충류에 대하여 하이드록시쿠마린보다 독성이 강하고 굴절형 쿠마린은 선형 쿠마린에 내성인 협식성 곤충류에도 독성을 갖고 있다. Berenbaum(1983)은 미나리과 식물류에서 쿠마린을 함유하는 미나리과 식물의 종을 정리하여 푸라노쿠마린이 없거나 디하이드로쿠마린만을 가진 것이 27개 속에 속당 평균종수가 12.1±3.6종, 선형 쿠마린만을 가진 것이 27개 속에 속당 평균종수가 17.4±5.8종 그리고 선형과 굴절형 쿠마린을 가진 것이 11개 속에 속당 평균종수가 67.3±16.8종이라고 하여 복잡한 구조의 쿠마린을 가진 미나리류는 속의 수는 적으나 종수는 많아 쿠마린의 구조가 복잡해짐에 따라 그를 함유하는 미나리류는 분류군 면에서는 좁아지나 속내의 종수는 증가하고 있음을 알 수 있다.

미나리과 식물을 먹을 수 있도록 적응한 곤충류에는 *Euleia fratria* 과실파리와 19종의 *Phtomyza* 굴파리류, *Apion* 참주둥이바구미류 등이 알려져 있으나 가장 중요한 것은 원뿔나방류와 호랑나비류이다. Berenbaum(1983)은 원뿔나방과의 *Agonopterix* 속과 *Depressaria* 속 나방류는 푸라노쿠마린을 가진 미나리류와 콩류 그리고 운향류 외에 물레나물류, 장미류, 두릅나무류 등 하이드록시쿠마린을 함유하는 식물들도 가해한다고 하고 조사된 8속 큰원뿔나방류 중 이 두 속에 속하는 나방류의 종수가 각각 125종과 100종으로 다른 속의 종수보다 훨씬 많았다고 한다. 그리고 이 두 속 나방류의 숙주식물은 하이드록시쿠마린이나 선형 또는 굴절형 쿠마린을 모두 갖고 있었으나 다른 속나방류가 먹는 식물은 하이드록시구마린만을 갖고 있서나 쿠마린을 갖고 있지 않았다고 하는데 이것은 앞에서 설명하는 속당 종수와도 연관되어 있는 것으로 생각된다.

한편 *Papilio* 호랑나비류의 숙주식물은 *Agonopterix*속이나 *Depressaria*속 원뿔나방류의 그것과 비슷하다. 미나리류와 가장 밀접한 관계가 있는 종군은 Munroe(1960) 분류군의 제2종군이었으며 산호랑나비(*P. machaon*) 복합종군은 미나리류, 운향류, 국화류와 같은 푸라노쿠마린을 가진 식물들만을 숙주로 하는데 기타의 *Papilio*속 종들은 콩류, 멀구슬나무류, 무환자나무류, 두릅나무류, 꼭두서니류 등 하이드록시쿠마린을 가진 식물들을 숙주로 한다. 이 속의 제1, 4 그리고 5종군은 제2종군에 비하여 계통학적으로 분화가 덜된 것으로 생각되며 그들이 숙주는 목련류, 녹나무류로 이들 식물들도 하이드록시쿠마린을 갖고 있다. 제3종군은 원뿔나방류와 거의 비슷하였으며 그들 숙주는 하이드록시쿠마린을 갖고 있었다. 그런데 *Papilio*속 호랑나비류에 있어서도 원뿔나방류에서와 마찬가지로 선형 쿠마린 및 굴절형 쿠마린과 하이드록시쿠마린 모두를 가진 식물류를 숙주로 하는 제2종군은 139종으로 가장 많았고 하이드록시쿠마린을 가진 식물을 숙주로 하는 5, 3, 1종군에 속하는 종은 20종 정도로 훨씬 적었다(Berenbaum 1983).

이상에서 보는 바와 같이 미나리과 식물의 다양성은 함유물질의 복잡성 증가에 따라 증가하여 굴절형 쿠마린을 가진 미나리과 식물의 속들은 선형 쿠마린만을 가진 것보다 종수가 많으며 이것은 이 두 종 쿠마린을 갖지 않은 속보다는 종수가 다양하다. 그리고 미나리과 식물을 가해하는 호랑나비류와 원뿔나방류의 종수는 선형과 굴절형 쿠마린을 가진 식물에서 많다. 표 10-1은 미나리과 식물이 함유하는 쿠마린류와 곤충류의 먹이 특이성과의 관계이다(Berenbaum 1981).

표에서 보는 바와 같이 선형과 굴절형 쿠마린을 가진 식물에서는 1~3개 속에 걸쳐 섭식하는 식성상 특이성을 가진 것이 전체의 43% 인데 반하여 푸라노쿠마린을 갖지 않은 식물에서는 0%로 큰 차이가 있다. 반면에 3개과 이상의 식물에 걸친 식성을 가진 광식성 곤충류는 각각에서 28.5%와 64%로 후자에 훨씬 많다.

표 10-1. 화학적 성분이 다른 미나리과 식물에 기생하는 곤충류의 숙주특이성 (Berenbaum 1981)

숙주식물의 성분 \ 숙주식물의 범위	1~3속	4~20속	3과 이상
선형, 굴절형 푸라노쿠마린 모두 존재	0.43	0.285	0.285
선형 쿠마린만 존재	0.30	0.30	0.40
푸라노쿠마린 없음	0.00	0.36	0.64

Berenbaum(1981)은 뉴욕주에서 푸라노쿠마린을 갖고 있지 않는 당근(*Daucus carota*)에서 채집한 곤충류는 79%가 비특이성 식성을 가진 것이었으나 선형과 굴절형 쿠마린을 가진 어수리(*Heracleum lanatum*)에서 채집한 것은 92%가 식성특이종이었다고 하고 지역과는 관계없이 곤충류는 함유물질에 따라 미나리류 식물을 가해하는 듯 하다고 하고 숙주식물이 갖는 물질이 복잡해짐에 따라 가해하는 곤충류의 식성특이성은 증가한다고 하였다. 즉 숙주식물이 갖는 물질의 종류가 가해곤충류의 종분화에 중요한 영향을 미치는 것을 짐작할 수 있다.

이와 같은 식물과 식식성 곤충류간의 관계는 Ehrlich와 Raven(1964)이 제기한 이론을 잘 반영하고 있다. 그러나 공진화의 과정에는 다른 여러 가지 요인이 관련되어 있어 어떤 생물군이 경합적으로 진화하느냐 또는 반대로 상호부조적으로 진화하느냐는 군집내 종간의 전체적 진화상에 대한 포괄적인 측면에서 검토되어야 할 필요가 있다.

2. 식물의 유독성 물질이나 형태적 방어에 대한 곤충의 적응

식물이 생산하는 유독성 물질에 대한 해독작용의 중요한 역할을 하는 것은 혼합 기능 산소첨가효소(Mixed function oxygenase, MFO)이다. 모든 동물에서 이것은 독성을 가진 외래 물질을 무독화시킨다. 포유류에서는 간장이 중요기관이며 곤충류에서는 중장세포나 지방체 또는 말피기관에 주로 존재한다. MFO는 산화, 환원, 수산화 등의 작용을 통하여 유독성 물질을 수용성 물질로 변화시켜 배설하게 한다. 곤충류의 MFO에 대하여는 살충제에 대한 저항성과 관련된 연구도 있으나 이것은 식물체가 함유하는 유독성 물질의 해독에 중요한 역할을 한다. MFO는 유독성 물질을 함유한 식물을 먹여 유도할 수도 있다. 예를 들면 *Spodoptera eridania* 밤나방의 중장내 MFO 농도는 24시간 전에 먹은 식물의 함유물질에 따라 차이가 있다. 실내실험결과 이 해충이 선호하는 먹이는 리마콩인데 리마콩은 토마토, 배질, 고추풀, 파슬리, 당근 등과 같은 이 해충이 잘 먹지 않는 식물들에 비하면 MFO 활성유도성이 극히 약하다(Brattsten 등 1977).

곤충류가 선호하는 식물은 그렇지 않은 것에 비하여 MFO 활성화 정도가 낮을 뿐 아니라 식물의 과를 기준으로 한 식성에서 협식성이나 단식성 곤충류보다 광식성 곤충류에서 MFO 활성도가 높은 것이 보통이다. 이것은 MFO의 합성에도 대사상의 부담이 될 것인 고로 이와 같은 사실은 식성의 특성화는 해독 효소 생산을 줄여 생장효율을 증대시키는 일종의 적응현상이라고 볼 수 있다. 그러나 생장효율을 보면 광식성 곤충류의 먹이 이용효율이 협식성 곤충류의 그것보다 적지는 않다.

MFO 활성도 외에도 식물의 유독성 물질에 대한 식식성 곤충류의 행동이나 생화학적 대응방법은 여러 가지가 있다. 예를 들면 먹기 전에 섭식을 방해하는 물질의 생산을 막기 위하여 잎에 홈을 파는 것과 같은 특이한 행동이나 잎의 울타리조직에 존재하는 유해물질을 피하려고 체관부(篩管部)에서 흡즙하거나 잎 속으로 파고들어가는 등 여러 가지 특이한 가해수단을 가진 곤충류도 있다. 또 형태적 특성에 대하여도 여러 가지 적응적 특성이 발달한다. *Mechanitis isthmia* 왕나비의 유충은 견사를 토하여 발판을 만들어 침상체가 없는 잎의 가장자리로 이동하여 잎을 먹어 숙주식물의 방어용 털을 피한다. 이와 같이 곤충류는 여러 가지 적응적 특성을 갖고 있다. 이들은 진화와 유관한 것은 확실하나 그들이 공진화 한 것이라고 단정하기는 어려운 점이 많다.

3. 공진화면에서 본 식식성 곤충류의 식물에 미치는 영향

공진화는 서로가 상대 생물의 진화에 영향을 미쳐야 하며 다른 종의 선택압으로 생긴 "공진화"한 특성이 적합한 특성을 가진 종을 생태학적으로 걸러내야 한다. 어떤 곤충이 한 식물의 방어수단에 대하여 적응하였다고 할 때 그 곤충이 식물에 대한 선택압이 강하여 식물의 적응성을 심하게 감소시키면 식물은 새로운 적응적 특성을 갖게 될 것이다. 따라서 심한 가해로 선택압이 크다는 것은 공진화를 위하여 필요한 조건의 하나이다.

식식성 곤충류를 그들이 식물에 미치는 영향의 크기에 따라 영향이 명백하지 않은 무관종(Non-interactive species)과 유관종(Interactive species)으로 구분할 수 있다. 일반적으로 어떤 식물에 기생하는 곤충류의 종류는 극히 소수의 유관종들과 다수의 무관종들로 되어 있는 것이 보통이다. 그 원인은 여러 가지가 있겠으나 천적류의 영향도 중요한 것의 하나이다. 이와 같은 것은 중앙아메리카에 도입된 바나나(*Musa*류)와 열대산 *Heliconia* 파초류의 해충에서 볼 수 있다. *Heliconia* 파초에 대한 해충류의 피해량은 아주 적어 엽면적의 1.5% 정도이며 이것은 대부분이 가시잎벌레류에 의한 것이다. 이 파초류와 바나나는 특별한 유독성 물질은 갖고 있지 않고 왁스를 생산하기는 하나 이것은 곤충류에 대한 독성이나 기피 효과는 없다. 대개의 경우 바나나가 *Heliconia* 파초보다는 가해를 약간 더 받는다. 그런데 바나나 재배지에서 살충제를 사용하였을 때는 여러 가지 나방류의 심한 피해를 받는데 이것은 살충제 사용으로 천적류가 감소되고 나방류는 빠른 시일내에 살충제에 대한 저항성을 갖게 되기 때문이다. 살충제 사용을 중지하면 곧 천적류가 회복되고 나방류의 피해는 억제된다. 이 경우 식물에 기생하는 곤충류는 천적류의 영향을 크게 받으며 식물이 갖는 유독성 물질은 별 영향이 없다. *Heliconia* 파초와 곤충류의 이런 관계는 이들에서만 볼 수 있는 특별한 것은 아니고 대부분의 식물류에 기생하는 곤충류는 거의 모든 시기에 밀도가 낮아 식물에 미치는 영향은 별로 없는 것이 보통이다. 따라서 식물들과 그들의 식식성 곤충류가 Ehrlich와 Raven이 제기한 바와 같이 명백한 공진화를 할 것이라고 생각하기는 어렵다.

또 다른 문제점은 여러 식식성 곤충류가 함께 작용하는 경우이다. 어떤 식물의 경우 어떤 한 종 곤충의 피해가 대단히 커서 저항성인 숙주식물을 충분히 선발할 정도인 경우가 있다. 그런데 가해 해충류가 많을 때 이들 해충군을 모두 제거하면 식물의 생장이 명백하게 좋아진다. Waloff와 Richards(1977)는 금작화(*Sarothamus scoparius*)의 해충류를 살충제로 방제하여 높은 종자생산량을 얻었고 5년 후 생존율이 무방제시보다 명백히 증가하는 것을 보았다. 이와 같이 여러 종의 해충이 동시에 관여하고 있을 때는 숙주와 어떤 한 종의 해충과의 호혜적 공진화는 기대하기 힘든 일이다. 여러 가지 해충류가 식물에 영향을 미칠 때는 상반되는 선택압이 작용하기 때문에 공진화는 일어나기 힘들다. Hare와 Futuyma(1978)에 따르면 도꼬마리(*Xanthium strumarium*) 종자의 형태와 함유물질들은 이를 가해하는 *Phaneta imbridana* 애기잎말이나방에 대한 감수성을 감소시키나 *Euaresta aequalis* 과실파리에 대한 감수성은 반대로 증가시킨다. 이와 같이 식물의 특성이 해충에 미치는 영향은 해충의 종에 따라 달라질 수도 있다.

끝으로 어떤 해충은 식물이 자라는 군집에 중대한 영향을 미치는 경우가 있다. 식물들은 군집내에서 같은 종 또는 다른 종 식물과 심한 경쟁을 하기도 하는데 식물의 종에 따르는 비교적 작은 피해의 차이도 경쟁의 결과에 큰 차이를 낳을 수 있다. Bentley와 Whittaker (1979)에 따르면 영국에는 *Rumex crispus*와 *R. obtusifolius* 두 종 수영이 분포하는데 *R. crispus* 수영의 분포는 *Gastrophysa viridula* 잎벌레의 영향을 받으며 특히 경쟁자인 *R. obtusifolius* 수영과 공존할 때 그러하다고 한다. 이 잎벌레는 이 두 종 수영을 가해하나 *R. obtusifolius* 수영을 선호한다. 그리고 *R. crispus* 수영은 *R. obtusifolius* 수영과의 경쟁에서 약자이다. *R. obtusifolius* 수영에서 증식한 이 잎벌레가 *R. crispus* 수영으로 이동하여 *R. crispus* 수영을 완전히 제거할 수도 있다. 이런 경우 *R. obtusifolius*에게 *Gastrophysa* 잎벌레가 해로운 것인지 아니면 경쟁자인 *R. crispus* 수영을 제거해 주어 *R. obtusifolius* 수영에 부분적으로 유익한 것인지를 판단하기는 쉽지 않다.

이상에서 본 바와 같이 모든 곤충류가 숙주식물에 선택적으로 작용하는 것은 아니어서 무관한 관계도 많다. 일부 상호작용관계에는 수종의 곤충류가 포함되는데 이 경우 숙주에 대한 진화적 기능은 서로 상반될 수도 있다. 물론 이 때의 가해 결과는 주위 식물의 종에 따라 달라질 수가 있다. 이런 문제들은 모두가 공진화와 관련되어 있다.

따라서 공진화현상이 식물과 식식성 곤충간에서 흔한 현상이라는 것은 여러 가지 문제가 있다. 첫째로 곤충류만이 식물을 먹는 것이 아니어서 식물이 곤충에 대해서만 방어수단을 발전시킨다고 할 수는 없다. 또 많은 곤충류는 한 종의 식물만을 이용하는 것이 아니다. 따라서 서로 다른 식물이 협식성 곤충류와 광식성 곤충류에 동일한 선택압을 가한다고는 생각하기 힘들어 공진화로 가는데 필요한 호혜적 상호작용이 광식성 곤충류에서는 작용한다고 생각하기는 어렵다. 끝으로 여러 가지 식물-곤충간 상호작용은 다양하며 시간적으로나 공간적으로 불확실하다. 식물은 지리적 분포를 달리하며 여러 가지 환경에서 자란다. 따라서 같은 식물이라도 기생하는 곤충류에는 차이가 있고 한 지역에서도 해에 따라 기생하는 종도 다르다. 선택압의 시기적, 공간적 차이가 공진화에 어떠한 영향을 미치는지는 확실치 않다.

4. 산만공진화

식물-곤충간 상호관계에는 서로 밀접한 관계가 있어 서로 강력한 영향을 미쳐 호혜적 적응의 관계로 몰고 가는 경우도 있으나 대부분의 상호작용관계는 고유한 대응적 적응을 나타내는 일은 없다. Janzen(1980)은 이것을 산만공진화(Diffuse coevolution)라고 하였다. 산만공진화란 서로 상충되는 여러 가지 요구 조건으로 일어나는 진화를 말한다. 식물은 한 가지가 아닌 여러 가지에 대응하여야 하며 곤충의 적응현상을 어떤 한 종의 식물에 대응한 공진화의 결과로 볼 수는 없다.

Ehrlich와 Raven이 생각하였던 공진화는 군집내의 수명이 짧은 식물을 가해하는 숙주특이성이 큰 소수의 곤충류에서 생길 가능성이 크다고 하겠으며 앞서의 미나리과 식물은 그 좋은 예라고 생각된다. 따라서 Ehrlich와 Raven의 말한 전형적 공진화는 곤충에 비하여 한 세대가 대단히 길고 그들을 가해하는 곤충류가 많은 나무류의 경우에는 그 예가 적다. 따라서 참나무류가 그를 가해하는 수많은 곤충류간에 "집중된" 공진화가 일어나는 것을 기대하기는 힘든 일이다.

그리고 군집 내에서 발견되는 식식성 곤충류와 식물간의 흥미로운 현상을 과거의 오랜 진화역사를 생각하지 않고 현재의 현상만으로 공진화의 결과라고 단정하는 것은 문제가 있다. 예를 들면 식물체는 여러 가지 동물에 불리한 물질을 갖고 있는데 그것들은 과거에 유용하였던 "화석적" 적응물질일 수도 있다. Janzen(1979)은 이것을 시대착오성 적응(Anachronism)이라고 하였는데 한 가지만 예를 들면 여러 가지 양치식물에서 발견되는 곤충의 탈피호르몬 유사물질이 그것이다. 여러 가지 양치식물에는 많은 해충류가 기생하기 때문에 이런 탈피호르몬 유사물질(식물성 탈피호르몬류)의 존재를 이들의 곤충류에 대한 반응으로 보고 현재의 이들 식물을 가해하는 곤충류가 이런 물질에 대응하여 공진화한 것이라고 생각할 수도 있다. 그런데 이들이 갖고 있는 정도의 물질 농도로는 양치식물을 가해하는 곤충류는 물론 공진화에서는 제외된 양치식물을 가해하지 않은 광식성 곤충류에 대하여도 아무런 생물학적 영향을 미치지 못한다. 물론 이와 같은 식물성 탈피호르몬류가 공진화에 의한 것인지 그리고 그들이 어떤 생물을 대상으로 한 것인지는 확실치 않으나 이런 물질이 여분의 방어물질일 가능성은 있다.

산만공진화의 개념은 피자식물의 번영이나 그 후의 식식성 곤충류의 번영과 같은 현상을 설명하는 데에 도움이 될 수 있다. 식식성 동물은 식물에 방어기능을 유도하며 식식성 동물은 식물의 개체군을 현저하게 감소시켜 식물들 간의 경쟁을 감소시켜 보다 많은 종들이 공존할 수 있도록 한다. 따라서 장기적으로 보면 곤충류의 종 다양성을 증가시킨다고 하겠으나 그들 곤충류가 숙주와 공진화할 만큼 밀접한 관계를 갖는 것은 아니다.

현(1960)은 저곡해충의 일종인 민다듬이벌레(*Liposcelis divinatorius*)와 저곡곰팡이류와의 관계를 조사하고 그들 간에는 밀접한 관계가 있음을 보고하였다. 이 곤충의 증식력은 곰팡이류가 없는 밀에서보다는 곰팡이류가 있는 곳에서 높았으며 곰팡이류만으로도 생육한다. 여러 가지 종류의 곰팡이류를 먹이로 하여 사육하였을 때 가장 증식률이 큰 곰팡이류는 *Aspergilus glaucus*류였고 뒤이어 *Penicillum*류 그리고 *A. ochraceous*류 등으로 가면서 생식력이 감소하였다. 이들 곰팡이류의 생육은 밀의 함수량의 영향을 받는데 알맞은 밀 함수량은 *A. glaucus*류는 14~15%, *Penicillum*류는 16~17% 그리고 *A. ochraceous*류는 17% 이상이다. 그리고 이 해충의 생육에 최적인 함수량은 14~15%로 *A. glaucus*류의 그것과 일치한다. 이 해충과 *A. glaucus* 곰팡이류는 비슷한 환경조건에서 생활하게 되면서 이 해충은 이 곰팡이류를 먹고 살며 그들의 포자를 옮겨주고 밀의 함수량에 영향을 미쳐 그들 곰팡이류의 증식에 도움을 주는 것으로 생각된다. 이와 같이 비슷한 요구조건을 가진 두 생물군이 같이 생활하면서 서로 도움을 주고받는 일은 자연계에서는 흔히 볼 수 있는 현상이다. 그러나 그들 간의 관계가 꼭 엄밀한 의미의 공진화 관계라고 하기는 어려우며 일종의 산만공진화라고 할 수 있다.

참고문헌

Abrams, P. A. 2000. The evolution of predator-prey interactions: Theory and evidence. Ann. Rev. Ecol. Evol. Syst. 31:79-105.

Andow, D. A. 1991. Vegetational diversity and arthropod population response. Annu. Rev. Entomol. 36:561-586.

Awmack, C. S., and S. R. Leather. 2002. Host plant quality and fecundity in herbivorous insects. Annu. Rev. Entomol. 47:817-844.

Bailey, J. K., and T. G. Whitham. 2002. Interactions among fire, aspen, and elk affect insect diversity: Reversal of community response. Ecology. 83:1701-1712.

Bardner, R., and K. E. Fletcher. 1974. Insect infestations and their effects on the growth and yield of field crops: a review. Bull. Ent. Res. 64:141-160.

Berenbaum, M. 1981. Patterns of franocoumarin distribution and insect herbivory in Umbelliferae: Plant chemistry and community structure. Ecology. 1254-1266.

Berenbaum, M. 1983. Coumarins and caterpillars: A case for coevolution. Evolution. 37:163-179.

Berlow, E. L. , Neutel, A-M., .E. Cohen, P. C. De Tuiter, B. Ebenman, M. Emmerson, J. W. Fox, V. A. A Jansen, J. Iwan jones, G. D. Kokkoris, D. O. Logofet, A. J. McKsanne, J. M. Montoya, and O. Petchey. 2004. Interaction strengths in food webs: issues and opportunities. J. Anim. Ecol. 73:585-598.

Bernays, E. A. 1981. Plant tannins and insect herbivores: an appraisal.

Ecol. Entomol. 6:353-360.

Blackman, R. L. 1974. Life-cycle variation of *Myzus persicae* (Sulz.) (Hom., Aphididae) in different parts of the world, in relation to genotype and environment. Bull. Ent. Res. 63:595-607.

Blossey, B., and T. R. Hunt-Joshi. 2003. Belowground herbivory by insects: Influence on plants and aboveground herbivores. Annu. Rev. Entomol. 48:521-547.

Boiteau, G. 1984. Effect of planting date, plant spacing, and weed cover on populations of insects, arachnids, and entomophthoran fungi in potato fields. Environ. Entomol. 13:751-756.

Bottrell, D. G., and P. Barbosa. 1998. Manipulating natural enemies by plant variety selection and modification: A realistic strategy. Annu. Rev. Entomol. 43:347-367.

Boucher, D. H. 1982. The ecology of mutualism. Annu. Rev. Ecol. Evol. Syst. 13:315-347.

Brakefield, P. M., V. French, and B. J. Zwaan. 2003. Development and the genetics of evolutionary change within insect species. Annu. Rev. Ecol. Evol. Syst. 34:633-660.

Bush, G. L. 1975. Modes of animal speciation. Annu. Rev. Ecol. Evol. Syst. 6:339-364.

Chan, C. K., A. A. R. Foorbes, and D. A. Raworth. (ed.) 1991. Aphid-transmitted viruses and their vectors of the world. Vancouver, British Columbia.

Chesson, P. 2000. Mechanisms of maintenance of species diversity. Annu. Rev. Ecol. Evol. Syst. 31:343-366.

Daly, H. V., J. T. Doyen, and P. R. Ehrlich 1978. Introduction to insect biology and diversity. McGraw-Hill, Inc.

DeAngelis, D. L., and W. M. Mooij. 2005. Individual-based modeling of ecological and evolutionary processes. Annu. Rev. Ecol. Evol. Syst. 36:147-168.

Dearing, M. D., W. J. Foley, and S. McLean. 2005. The influence of plant secondary metabolites on the nutritional ecology of herbivorous terrestrial vertebrates. Annu. Rev. Ecol. Evol. Syst. 36:169-189.

Denno, R. F., M. S. McClure, and J. R. Ott. 1995. Interspecific interactions in phytophagous insects: Competition reexamined and resurrected. Annu. Rev. Entomol. 40:297-331.

Dixon, A. F. G., and S. D. Wratten. 1971. Laboratory studies on aggregation, size and fecundity in the black bean aphid, *Aphis fabae* Scop. Bull. Ent. Res. 61:97-111.

Dixon, A. F. G. 1972. Crowding and nutrition in the induction of macropterous alatae in *Drepanosiphum dixoni.* J. Insect. Physiol. 18:459-464.

Dixon, A. F. G. 1985. Structure of aphid populations. Annu. Rev. Entomol. 30:155-174.

Edmunds, G. F. Jr., and D. N. Alstad. 1978. Coevolution in insect herbivores and conifers. Sci. 199:941-945.

Eisenbach, J., and T. E. Mittler. 1987. Effects of photoperiod and mating on pheromone production and release by oviparae of the aphid *Schizaphis graminum.* Physiol. Entomol. 12:293-296.

Fahring, L. 2003. Effects of habitat fragmentation on biodiversity. Annu. Rev. Ecol. Evol. Syst. 34:487-515.

Febster, C. B., W. S. Armbruster, P. Wilson, M. R. Dydash, and J. D. Thomson. 2004. Pollination syndromes and floral specialization. Annu. Rev. Ecol. Evol. Syst. 35:375-403.

Fitt, G. P. 1989. The ecology of *Heliothis* species in relation to agroecosystems. Annu. Rev. Entomol. 34:17-52.

Fox, C. W., and M. E. Czesak. 2000. Evolutionary ecology of progeny size in arthropods. Annu. Rev. Entomol. 45:341-369.

Futuyma, D. J. 1979. Evolutionary Biology. Sinauer Associates, INC., Mass.

Gaillard, J. M., Festa-Bianchet, N. G. Yoccoz, A. Loison, and C. Toigo.

2000. Temporal variation in fitness components and population dynamics of large herbivores. Annu. Rev. Ecol. Evol. Syst. 31: 367-393.

Gillespie, R. G., and G. K. Roderick. 2002. Arthropods on islands: Colonization, specialization, and conservation. Annu. Rev. Entomol. 47:595-632.

Gray, S. M., and N. Banerjee. 1999. Mechanisms of arthropod transmission of plant and animal viruses. Microbiol. Mol. Biol. Rev. 63:128-148.

Hardie, J. 1987. The photoperiodic control of wing development in the black bean aphid, *Aphis fabae*. J. Insect Physiol. 33:543-549.

Harris, M. O., J. J. Stuart, M. Mohan, S. Nair, R. J. Lamb. And O. Rohfritsch. 2003. Grasses and Gall midges: Plant defense and insect adaptation. Annu. Rev. Entomol. 48:549-577.

Hawkins, C. P., and J. A. MacMahon. 1989. Guilds: The multiple meanings of a concept. Annu. Rev. Entomol. 34:423-451.

Heil, M., and D. McKey. 2003. Protective ant-plant interactions as model systems in ecological and evolutionary research. Annu. Rev. Ecol. Evol. Syst. 34: 425-453.

Hille Ris Lambers, D. 1966. Polymorphism in aphididae. Annu. Rev. Entomol. 11:47-78.

Holway, D. A., L. Lach, A. V. Suarez, N. D. Tsutsui, and T. J. Case. 2002. The causes and consequences of ant invasions. Annu. Rev. Ecol. Evol. Syst. 33:181-233.

Hyun, J. S. 1960. A study on the ecology of the book-louse, *Liposceles divinatorius* (Muller) on grain. MS thesis. Univ. Minnesota.

Hyun, J. S. 1973. Study on the development of overwintered larvae of rice stem borer. SNU. Fac. Papers. 2:55-66.

Inouye, B., and J. R. Stinchcombe. 2001. Relationships between ecological interaction modifications and diffuse coevolution: Similarities, differences, and causal links. Oikos. 95:353-360.

Junipper, B., and R. Southwood. 1986. Insects and the plant surface. Edward Arnold. U.K.

Karban, R., and A. A. Agrawal. 2002. Herbivore offense. Annu. Rev. Ecol. Evol. Syst. 33:641-664.

Karley, A. J., W. E. Parker, J. W. Pitchford, and A. E. Douglas. 2004. The mid-season crash in aphid populations: Why and how does it occur. Ecol. Entomol. 29:383-388.

Kearns, C. A., D. W. Inouye, and N. M. Wasser. 1998. Endangered mutualisms: The conservation of plant-pollinator interactions. Annu. Rev. Ecol. Evol. Syst. 29:83-112.

Kennedy, J. S., and H. L. G. Stroyan. 1959. Biology of aphids. Annu. Rev. Entomol. 4:139-160.

Kennedy, G. G. 2003. Tomato, pests, parasitoids, and predators: Tritrophic interactions involving the genus *Lycopersicon*. Annu. Rev. Entomol. 48:51-72.

Kronfeld-Schor, N., and T. Dayan. 2003. Partitioning of time as an ecological resource. Annu. Rev. Ecol. Evol. Syst. 34:153-181.

Lawton, J. H. 1983. Plant architecture and the diversity of phytophagous insects. Annu. Rev. Entomol. 28:23-39.

Lees, A. D. 1966. The control of polymorphism in aphids. Adv. Insect Physiol. 3:207-277.

Leiberman, B. S. 2003. Paleobiogeography: The relevance of fossils to biogeography. Annu. Rev. Ecol. Evol. Syst. 34:51-69.

Leibold, M. A., J. M. Chase, L. B. Shurin, and A. L. Downing. 1997. Species turnover and the regulation of trophic structure. Annu. Rev. Ecol. Evol. Syst. 28:467-494.

Letourneau, D. K., and M. A. Altieri. 1983. Abundance patterns of a predator, *Orius tristicolor* (Hemiptera:Anthocoridae), and its prey, *Frankliniella occidentalis* (Thysanoptera:Thripidae): habitat attraction in polycultures versus monocultures. Environ. Entomol. 12:1464-1469.

Letourneau, D. K. 1986. Associational resistance in squash monocultures and polycultures in tropical Mexico. Environ. Entomol. 15:285-292.

Letourneau, D. K. 1987. The enemies hypothesis:Tritrophic interactions and vegetational diversity in tropical agroecosystems. Ecology. 68:1616-1622.

Lewinsohn, T. M., V. Novotny, and Y. Basset. 2005. Insects on plants: Diversity of herbivore assemblages revisited. Annu. Rev. Ecol. Evol. Syst. 36:597-620.

Lill, J. T., and R. J. Marquis. 2003. Ecosystem engineering by caterpillars increases insect herbivore diversity on white oak. Ecology. 84:682-690.

Liss, W. J., L. J. Gut.,P. H. Westigard, and C. E. Warren. 1986. Perspectives on arthropod community structure, organization, and development in agricultural crops. Annu. Rev. Entomol. 31:455-478.

MacKay, P. A. 1989. Clonal variation in sexual morph production in *Acyrthosiphon pisum* (Homoptera:Aphididae). Environ. Entomol. 18:558-562.

Maguire, L. A. 1984. Influence of surrounding plants on densities of *Pieris rapae* (L.) eggs and larvae (Lepidoptera:Pieridae) on collards. Environ. Entomol. 13:464-468.

Maramorosch, K., and . K. F. Harris. (ed.) 1981. Plant diseases and vectors. Ecology and epidemiolgy. Academic Press.

Mattson, W. J. Jr. 1980. Herbivory in relation to plant nitrogen content. Annu. Rev. Ecol. Evol. Syst. 11:119-161.

Metcalf, C. L., and R.L. Metcalf. 1951. Destructive and useful insects. McGraw-Hill, Inc. N.Y.

Minks, A. K., and P. Harrewijn. (ed.) 1987. Aphids. Their biology, natural enemies and control. Vol. A. Elsevier. Amsterdam.

Mittler, T. E., and L. Wilhoit. 1990. Sexual morph production by two regional biotypes of *Myzus persicae* (Homoptera:Aphididae) in relation to photoperiod. Environ. Entomol. 19:32-35.

Mittler, T. E., and N. K. N. Gorder. 1991. Variation between clones of *Schizophis graminum* (Homoptera:Aphididae) in the photoperiodic induction of sexual morphs. Environ. Entomol. 20:433-440.

Moran, N. A. 1992. The evolution of aphid life cycles. Annu. Rev. Entomol. 37:321-348.

Moron, J. L., J. K. Combs, and S. M. Louda. 2002. Convergent demographic effects of insect attack on related thistles in costal vs continental dunes. Ecology. 83:3382-3392

Mousseau, T. A., and H. Dingle. 1991. Maternal effects in insect life histories. Annu. Rev. Entomol. 36:511-534.

Ohgushi, T. 2005. Indirect interaction webs: Herbivore-induced effects through trait change in plants. Annu. Rev. Ecol. Evol. Syst. 36:81-105.

Power, A. G. 1987. Plant community diversity, herbivore movement, and insect-transmitted disease of maize. Ecology. 68:1658-1669.

Power, A. G. 2000. Insect transmission of plant viruses: a constraint in virus variability. Current Opinion in Plant Biology. 3:336-340.

Price, P. W., C. E. Bouton, P. Gross, B. A. McPheron, J. N. Thompson, and A. E. Weis. 1980. Interactions among three trophic levels: Influence of plants on interactions between insect herbivores and natural enemies. Annu. Rev. Ecol. Evol. Syst. 11:41-65.

Regal, P. J. 1977. Ecology and evolution of flowering plant dominance. Sci. 196:622-629.

Ricklefs, R. E. 1990. Ecology. W.H. Freeman and Company.

Ries, L., R. J. Fletcher, Jr., J. Battin and T. D. Sisk. 2004. Ecological responses to habitat edges: Mechanisms, models, and variability explained. Annu. Rev. Ecol. Evol. Syst. 35:491-522.

Roderick, G. K. 1996. Geographic structure of insect populations:

Gene flow, phylogeography, and their uses. Annu. Rev. Entomol. 41:325-35.

Rossiter, M. C. 1996. Incidence and consequences of inherited environmental effects. Annu. Rev. Ecol. Syst. 27:451-476.

Simberloff, D. 1976. Species turnover and equilibrium island biogeography. Sci. 194:572-578.

Singer, M. C. 1971. Evolution of food-plant preference in the butterfly *Euphydryas editha*. Evolution. 25:383-389.

Sogawa, K. 1982. The rice brown planthopper: Feeding physiology and host interaction. Annu. Rev. Entomol. 27:49-73.

Srivastava, D. S., and M. Vellend. 2005. Biodiversity-ecosystem function research: Is it relevant to conservation? Annu. Rev. Ecol. Evol. Syst. 36:267-294.

Stadler, B., and A. F. G. Dixon. 2005. Ecology and evolution of aphid-ant interactions. Annu. Rev. Ecol. Evol. Syst. 36:345-372.

Stearns, S. C. 1989. The evolutionary significance of phenotypic plasticity. Bioscin. 39:436-445.

Stiling, P. 1988. Density-dependent processes and key factors in insect populations. J. Anim. Ecol. 57:581-593.

Stowe, K. A., R. J. Marquis, C. G. Ochwender, and E. L. Simms. 2000. The evolutionary ecology of tolerance to consumer damage. Annu. Rev. Ecol. Syst. 31:565-595.

Strauss, S. Y. 1991. Direct, indirect, and cumulative effects of three native herbivores on a shared host plant. Ecology. 72:543-558.

Strauss, S. Y., and P. Murch. 2004. Towards an understanding of the mechanisms of tolerance: Compensating for herbivore damage by enhancing a mutualism. Ecol. Entomol. 29:234-239.

Strauss, S. Y., and R. E. Irwin. 2004. Ecological and evolutionary consequences of multispecies plant-animal interactions. Annu. Rev. Ecol Evol. Syst. 35:435-466.

Strong, D. Jr. 1979. Biogeographic dynamics of insect-host plant communities. Annu. Rev. Entomol. 24:89-119.

Strong, D. R., J. H. Lawton and T. R. E. Southwood. 1984. Insects on plants-Community patterns and mechanisms. Blackwell Sci. Pub. London.

Szentesi, A., and M. Wink. 1991. Fate of quinolizidine alkaloids through 3 trophic levels-*Labutnum anagyroides* (Leguminosae) and associated organisms. J. Chem. Ecol. 17:1557-1573.

Tauber, M. J., C. A. Tauber and S. Masaki. 1986. Seasonal adaptions of insects. Oxford Univ. Press. N.Y.

Tahvanainen, J. O., and R. B. Root. 1972. The influence of vegetational diversity on the population ecology of a specialized herbivore, *Phyllotreta cruciferae* (Coleoptera:Chrysomelidae). Oecologia. 10:321-346.

Thompson, J. N. 1982. Interaction and coevolution. John Wiley & Sons. N.Y.

Thompson, J. N. 1999. The evolution of species interactions. Sci. 284:2116-2118.

Tiffnet, B. H. 2004. Vertebrate dispersal of seed plants through time. Annu. Rev. Ecol. Evol. Syst. 35:1-29.

Trumble, J. T., D. M. Kolodny-Hirsch, and I. P. Ting. 1993. Plant compensation for arthropod herbivory. Annu. Rev. Entomol. 38:93-119.

Tscharnke, T., and H. J. Greiler. 1995. Insect communities, grasses, and grasslands. Ann. Rev. Entomol. 40:535-556.

Turnipseed, S. G., and M. Kogan. 1976. Soybean entomology. Annu. Rev. Entomol. 21:247-282.

Van Zandt, P. A., and. A. A. Agrawal. 2004. Community-wide impacts of herbivore-induced plant responses in milkweed (*Asclepias syriaca*). Ecology. 85:2616-2629.

Vet, L. E., and M. Dicke. 1992. Ecology of infochemical use by natural enemies in a tritrophic context. Annu. Rev. Entomol. 37:141-172.

Waloff, N. 1968. Studies on the insect fauna on Scotch broom

Sarothamnus scoparius (L.) Wimmer. Adv. Ecol. 5:87-208.

Waltz, A. M., and T. G. Whitham. 1997. Plant development affects arthropod communities: opposing impacts of species removal. Ecology. 78:2133-2144.

Way, M. J. 1963. Mutualism between ants and honeydew-producing homoptera. Annu. Rev. Entomol. 8:307-344.

Wiens, J. J., and C. H. Graham. 2005. Niche conservatisms: Integrating evolution, ecology, and conservation biology. Annu. Rev. Ecol. Evol. Syst. 36:519-539.

Willing, M. R., D. M. Kaufman and R. D. Stevens. 2003. Latitudinal gradients of biodiversity: Pattern, process, scale, and synthesis. Annu. Rev. Ecol. Evol. Syst. 34:273-309.

Wink, M., and D. Witte. 1991. Storage of quinolizidine alkaloids in *Macrosiphum albifrons* and *Aphid genistae* (Homoptera:Aphididae). Entomol. Gener. 15:237-254.

Wool, D. 2004. Galling aphids: Specialization, biological complexity, and variation. Annu. Rev. Entomol. 49:175-192.

Wootton, J. T., and M. Emmerson. 2005. Measurement of interaction strength in nature. Annu. Rev. Ecol. Evol. Syst. 36:419-444.

Wratten, S. D., G. P. Goddardd, and P. J. Edwards. 1981: British trees and insects: the role of palatability. Amer. Nat. 118:916-919.

Zera, A. J., and L. G. Harshman. 2001. The physiology of life history trade-offs in animals. Annu. Rev. Ecol. Evol. Syst. 32:95-126.

金相奭, 玄在善. 1979. 끝동매미충 個體群의 密度調節에 關與하는 몇 가지 要因에 關한 研究. 植物保誌. 18(1) : 15~21.

金相奭. 1983. 숫검은밤나방의 生活史 및 夏眠에 關한 研究. 서울大 大學院 博士學位論文. 33pp.

金亨勳, 玄在善. 1989. 造林年度가 다른 잣나무 造林地 土中 톡톡이 群集의 季節的 變動에 關한 研究. 韓應昆誌. 28(4) : 201~209.

농진청. 1997. 벼 병해충 방제 총람. 156~240.

朴基南, 玄在善. 1997. 솔잎혹파리 個體群動態에 關한 研究. 林試研報. 24 : 27~46.

朴晶圭, 玄在善, 李釉植. 1987. 晋州地方에서 고자리파리의 休眠開始 및 終了時期. 農事試驗 年報. 29(1) : 294~300.

朴晶圭. 1989. 고자리파리의 夏眠과 冬眠에 關한 生態學的 研究. 서울大 大學院 博士學位論文. 1~46.

박창규, 최병렬, 이관석, 박홍현, 엄기백, 조점래. 2004. 벼 노린재류 발생생태 및 방제 약제 선발. 농업생물연구. 455~489.

宋裕漢, 崔承允, 玄在善. 1982. 耕種法의 變遷에 따르는 이화명나방 發生相의 變動에 關한 研究. 韓植保誌. 21(1) : 38~48.

李文弘, 玄在善. 1975. 韓國內 二化螟蛾의 地域的 發生相. 서울大 論文集 生農系. 25 : 27~46.

李英仁. 1985. 種子植物과 草食昆蟲의 共進化 關係. 韓生科協. 6(2) : 37~45.

李俊浩, 玄在善. 1984. 벼멸구 生育에 미치는 벼의 生育段階의 影響. 韓植保誌. 23(1) : 49~55.

玄在善. 1968. 솔나방 集團動態에 미치는 主要致死因子에 關한 研究. 植物保護誌 別册. 1 : 1~24.

玄在善, 禹建錫, 柳文一. 1977. 애멸구의 世代別 增殖動態에 關한 研究. 植物保護誌. 16(1) : 13~19.

玄在善. 1977. 애멸구 發生의 地域的 特性 - 誘蛾燈 資料의 統計的 特性. 農學研究. 2(2) : 133~146.

玄在善. 1978. 品種 및 栽培方式의 變遷과 害蟲問題. 農學研究. 3(2) : 39~52.

玄在善. 1983. 솔잎혹파리의 生態와 防除戰略. 學術院 論文集. 22 : 337~363.

玄在善. 1986. 韓國 主要 生態系의 構造와 機能에 關한 研究 Ⅰ. 잣나무 造林地 地上節枝動 物群集의 構造. 韓昆誌. 16(2) : 125~130.

玄在善. 1990. 韓國에서 이화명나방 發生相의 地域的 特性에 關한 研究. 서울大 農大.

玄在善. 2003. 곤충의 분산다형성, 그의 다양성과 생태학적 의의. 한응곤지. 42(4) : 367~381.

Fujisaki, K. 1994. 昆蟲に おける 分散多型性の 適應的 意義と 進化. 岡山大學報. 83 : 113~132.

Hirano, C. 1998. 原點からの 農藥論. 農山漁村文化協會. 東京.

Honda, H., Y. Matsumoto. 1981. 昆蟲と 植物との 相互作用. 石井象二郎編. 昆蟲學 最近の 進步. 77~91.

Masaki, S. 1981. 季節適應の 進化 石井象二郎編. 昆蟲學 最近の 進步. 143~156.

Nakashiji, H. 1997. 綜合的 害蟲 管理學. 養賢堂. 東京.

Yano, K. 2002. 水田の 昆蟲誌. 東海大學出版會.

찾아보기

ㄱ

ㄴ

ㄷ

ㅇ

ㅈ

ㅊ

ㅋ

ㅌ

A

B

C

D

E

F

G

N

O

P

Q

R

S

T

V

X

Y

Z

식물과 곤충의
공존전략

초판 1쇄 인쇄일 2007년 5월 10일
초판 1쇄 발행일 2007년 5월 15일
초판 2쇄 발행일 2010년 7월 30일

저 자 현 재 선
편집자 주 성 필

발행자 주 희 완
발행처 아카데미서적

서울특별시 강남구 신사동 628-39
Tel 516-3131 Fax 542-9254
E-mail: aca97@paran.com
Homepage: http://www.academybook.co.kr

* 파본은 교환해 드립니다.

값 15,000원

ISBN 978-89-7616-377-6 (03470)